TURING

图灵程序
设计丛书

明解Python
算法与数据结构

[日] 柴田望洋 / 著　张弥 / 译

U0262185

人民邮电出版社

北　京

图书在版编目(CIP)数据

明解Python算法与数据结构 / (日) 柴田望洋著；
张弥译. -- 北京：人民邮电出版社，2023.3
（图灵程序设计丛书）
ISBN 978-7-115-60654-9

Ⅰ.①明… Ⅱ.①柴… ②张… Ⅲ.①软件工具—程
序设计 Ⅳ.①TP311.561

中国版本图书馆CIP数据核字(2022)第236053号

内 容 提 要

本书图文并茂，示例丰富，设有136段代码和213幅图表，直观易懂地介绍了算法与数据结构的基础知识，包括数组、查找、栈和队列、递归算法、排序、字符串查找、线性表、树结构和二叉查找树等。本书提供的是可实际运行的程序，可以帮助读者掌握编写实用程序的技术，提高 Python编程能力。本书各章末尾设有练习题，并在书末给出了答案，读者可检测自己对知识的掌握情况，加深理解。

本书适合所有 Python 程序员阅读，也可作为高等院校相关专业师生的参考书。

◆ 著 [日] 柴田望洋

译 张 弥

责任编辑 李 佳

责任印制 彭志环

◆ 人民邮电出版社出版发行 北京市丰台区成寿寺路11号

邮编 100164 电子邮件 315@ptpress.com.cn

网址 https://www.ptpress.com.cn

北京鑫丰华彩印有限公司印刷

◆ 开本：800×1000 1/16

印张：21 2023年3月第1版

字数：492千字 2023年3月北京第1次印刷

著作权合同登记号 图字：01-2020-5367号

定价：99.80元

读者服务热线：(010)84084456-6009 印装质量热线：(010)81055316
反盗版热线：(010)81055315
广告经营许可证：京东市监广登字20170147号

版 权 声 明

Shin Meikai Python de manabu Algorithms to Data Kouzou

Copyright © 2020 BohYoh Shibata

Originally published in Japan by SB Creative Corp.

Chinese (in simplified character only) translation rights arranged with

SB Creative Corp., Tokyo through CREEK & RIVER Co., Ltd.

All rights reserved.

本书中文简体字版由 SB Creative Corp. 授权人民邮电出版社有限公司独家出版。未经出版者书面许可，不得以任何方式复制或抄袭本书内容。

版权所有，侵权必究。

前　言

大家好。

本书是一本教科书，书中使用大量的 Python 编程实例，帮助大家了解算法和数据结构的基础知识。

学习 Python，为什么还要学习算法和数据结构呢？这是因为我们需要具备轻松解决以下问题的能力。

- 查询数据集中是否包含某个值。
- 将数组中的元素按升序排列。
- 构造一组数据，并始终按字母顺序排列数据。

本书首先介绍基本的算法和数据结构，然后介绍如何查找所需数据，如何按照特定顺序对数据排序，还会介绍栈、队列、递归算法、线性表和二叉查找树等内容。

学习算法和数据结构不需要用到非常高深的数学知识，但逻辑思维能力必不可少。因此，为了让读者直观地理解一些晦涩难懂的理论和概念，本书使用了 213 幅图表。

本书的目的并不是单纯地介绍算法和数据结构，而是让读者通过本书学习算法和数据结构的基础知识，并能运用所学知识创建实用的程序。全书使用的 136 段代码并不仅仅是用于介绍算法和数据结构的"示例"，它们是能够实际运行的。读者若能通读所有程序，编程能力定会得到大幅提升。

如果读者通过本书掌握了算法和数据结构的基础知识，并能够运用所学知识进行编程，我将荣幸之至。

柴田望洋

2019 年 11 月

本书结构

本书是一本讲解基本算法和数据结构的教科书，各章的结构如下所示。

第 1 章　基本算法
第 2 章　数据结构和数组
第 3 章　查找
第 4 章　栈和队列
第 5 章　递归算法
第 6 章　排序
第 7 章　字符串查找
第 8 章　线性表
第 9 章　树结构和二叉查找树

本书各章按照从易到难的顺序编排，建议读者按章节顺序学习。

▶　第 1 章和第 2 章是后续所有章节的基础。第 3 章的线性查找会用在后续多个章节中，第 4 章的栈是学习第 5 章和第 6 章时必不可少的知识。

另外，学习第 3 章的散列算法时会用到第 8 章的线性表的知识，学习第 6 章的堆排序时会用到第 9 章的树结构的知识。

请在阅读本书之前，了解以下注意事项。

▪ 关于脚本程序

本书参照 136 个脚本程序进行讲解，但书中只展示了 104 个程序，其余 32 个与书中已呈现的程序大同小异，所以笔者选择将其省略。

本书所有程序都可从以下网址下载。

iZuring.cn/book/2860[①]

对于省略的程序，正文中以"chap99/****.py"的形式给出了文件名和其所在文件夹的名称。

▪ 关于 Python 的基础知识

如果读者能大致理解本书介绍的算法和数据结构，但是不理解程序是如何实现的，则说明 Python 的知识储备不足，建议重新学习基础知识。

请注意，有些书中存在明显的错误。例如，下述表述就是错误的。

[①]　请至"随书下载"处下载本书源码文件等。——编者注

---

① 变量是有生存周期（存储期）的。

② 逻辑运算符中的 **and** 运算符和 **or** 运算符的运算结果是逻辑值 **True** 或 **False**。

③ 赋值运算符具有右结合性。

④ 函数的参数传递可以是"值传递"或"引用传递"。

下面进行简单的说明。

① 与其他语言不同，Python 在调用或退出函数时并不会创建或销毁对象，所以也就不存在生存周期（存储期）这样的概念（详见专栏 1-14）。

② 逻辑表达式 `x and y` 和 `x or y` 的结果是 x 或 y，而不是 `True` 或 `False`（详见专栏 8-2）。这是 Python 编码的常识性知识（例如代码清单 8-5[A] 等）。

③ 赋值语句中使用的 = 不是运算符。有些书上说 `a = b = 1` 可以看作 `a = (b = 1)`，但是代码 `a = (b = 1)` 会出错，并不会运行（详见专栏 2-1）。另外，如果你认为 = 是右结合运算符，则很可能会掉进陷阱（详见专栏 8-3）。

④ 在 Python 中，函数参数的传递机制非常简单，具体来说就是把实参赋给形参。虽然可变类型参数和不可变类型参数在传递过程中的表现并不相同，但 Python 并不会根据参数的类型和性质区分使用"值传递"与"引用传递"（详见专栏 2-6）。

有些书中对上述内容的说明完全错误。除了以上列出的几点，还有很多说明有待商榷，请注意。

目　录

第 9 章　树结构和二叉查找树　　297

第 1 章

基本算法

本章主要介绍算法的定义和各种基本算法。

- 算法定义
- 流程图
- 决策树
- 结构化程序设计（结构化编程）
- 顺序结构、选择结构和循环结构
- 先判断再循环和先循环再判断
- 循环过程中的条件判断
- 中断循环和跳过循环
- 无限循环
- 多重循环
- 结束条件和继续条件
- 德·摩根定律（De Morgan's laws）
- 求 3 个值中的最大值
- 求 3 个值的中值
- 二值交换
- 二值排序
- 约数枚举
- 连续整数之和与高斯算法

1-1　算法

本节将使用一个简短的程序来介绍什么是算法。

■ 求 3 个值中的最大值

首先以一个简短的程序为例来思考**到底什么是算法**。代码清单 1-1 中的程序用于**求 3 个值中的最大值**。

通过键盘输入 3 个整数值，分别赋给变量 a、b、c。使用变量 maximum 计算并显示这 3 个值中的最大值。

首先，我们来确认程序的动作。

代码清单 1-1   chap01/max3.py

```python
# 输入3个整数,计算并显示最大值

print('求3个整数中的最大值。')
a = int(input('整数a的值:'))
b = int(input('整数b的值:'))
c = int(input('整数c的值:'))

maximum = a                    ──❶
if b > maximum: maximum = b    ──❷
if c > maximum: maximum = c    ──❸

print(f'最大值为{maximum}。')
```

运行示例
```
求3个整数中的最大值。
整数a的值: 1 ↵
整数b的值: 3 ↵
整数c的值: 2 ↵
最大值为3。
```

程序的 ❶~❸ 处用于求变量 a、b、c 中的最大值并将其赋给 maximum，步骤如下所示。

---

❶ 把 a 的值赋给 maximum。

❷ 如果 b 的值大于 maximum，就把 b 的值赋给 maximum。

❸ 如果 c 的值大于 maximum，就把 c 的值赋给 maximum。

这 3 条语句是按顺序执行的。像这样按照语句排列顺序逐条依次执行的结构，称为**顺序结构**。

*

上述语句❶是一条赋值语句。Python 中的赋值语句是一种**简单语句**。

上述语句❷和语句❸是 **if 语句**。Python 中的 if 语句是一种**复合语句**，而不是简单语句。

在 if 语句中，if 和冒号之间的表达式（**条件表达式**）的求值结果可以改变程序执行流程，这样的 if 语句属于**选择结构**。

| 专栏 1-1 | 从键盘读取字符串和数字 |

下面是一段人机对话程序。该程序从键盘读取姓名的字符串后，会显示问候语（chap01/input1.py）。

```
# 读取姓名后打招呼
print('姓名:', end='')
name = input()
print(f'你好,{name}。')
```

姓名：福冈太郎⏎
你好，福冈太郎。

input 函数从键盘读取并**返回**字符串（图 1C-1）。在代码中回车键相当于换行符，input 函数读取以回车键结束的一行代码，但在返回时会去掉字符串最后的换行符。

在运行示例中，使用 input() 函数获取字符串类型（str 类型）的 '福冈太郎' 后，该字符串又会被赋给变量 name。

如图 1C-1 所示，我们还可以通过 input（字符串）的形式，把字符串作为实参传递给函数。这时，屏幕上会显示字符串（不含换行符）。接着，函数会读取字符串。

```
name = input(字符串)
```

- 在屏幕上显示输入的字符串。
- 读取以换行符（回车键）结束的字符串。
- 删除字符串末尾的换行符并返回字符串。

读取的字符串
input()
name

图 1C-1 从键盘读取

所以，程序阴影部分的两行代码可以合并成一行，如下所示（chap01/input2.py）。

```
name = input('姓名 : ')
```

其实，代码清单 1-1 中需要的是一个整数，而不是字符串。把 input 函数返回的字符串转换为整数（例如，将 str 类型的字符串 '3' 转换为 int 类型的整数 3）的操作是通过 **int 函数**完成的，该函数可以将传入的参数转换为 int 类型的整数。如图 1C-2 所示，程序调用 int（字符串）后，函数会先将字符串转换为整数，然后将其返回。

另外，使用 int（字符串，基数）可以将表示二进制、八进制、十进制或十六进制整数的字符串转换为整数；使用 float（字符串）调用 **float 函数**可以将字符串转换为 float 类型的实数。

如果传递给函数的字符串不能转换为数值（例如 int('H20') 或 float('5X.2')），则会发生调用错误。

```
int('17')        ➡ 17       int(文字列)       把字符串转换为十进制整数

int('0b110', 2)  ➡ 6
int('0o75', 8)   ➡ 61       int(字符串，基数)  把字符串转换为指定基数的整数
int('13', 10)    ➡ 13
int('0x3F', 16)  ➡ 63

float('3.14')    ➡ 3.14     float(字符串)      把字符串转换为浮点数
```

图 1C-2 把字符串转换为整数

图 1-1 展示了求 3 个值中的最大值的步骤。有多种图形可以表示程序的结构和流程等,本书采用了流程图。

▶ 后面会统一介绍流程图中的常用符号。

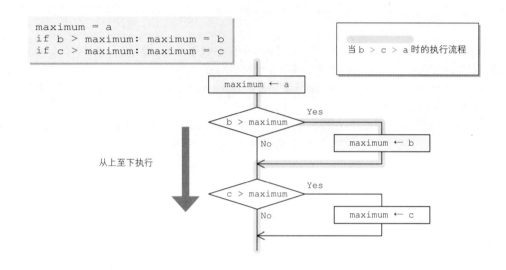

```
maximum = a
if b > maximum: maximum = b
if c > maximum: maximum = c
```

当 b > c > a 时的执行流程

maximum ← a

b > maximum —— Yes

No → maximum ← b

从上至下执行

c > maximum —— Yes

No → maximum ← c

图 1-1　求 3 个值中的最大值的算法流程图

程序沿着流程线从上到下执行,▭中的处理会被执行。

程序在通过判断框 ◇ 时,会根据**判断条件**是否成立来选择执行 Yes **或 No 指向的处理**。

因此,如果 b > maximum 和 c > maximum 的判断条件成立(条件表达式 b > maximum 或 c > maximum 的求值结果为真),则执行右方的 Yes 指向的语句;如果判断条件不成立,则执行下方的 No 指向的语句。

*

在 if 语句的流程图中,程序只能执行两个分支中的一个,因此 if 语句是一种**双分支选择结构**。

▭中的箭头符号←表示赋值。例如,maximum ← a 表示“把变量 a 的值赋给变量 maximum”。

在代码清单 1-1 的运行示例中,如果为变量 a、b、c 分别输入 1、3、2,则程序的执行路径会沿着流程图中的蓝线前进。

我们再假设其他输入值,重新确认流程图。

无论 3 个变量 a、b、c 的输入值是 1、2、3,还是 3、2、1,程序都能准确计算出其中的最大值。另外,取 3 个相等的数值(例如 5、5、5)或其中两个数相等的 3 个数值(例如 1、3、1),程序也能准确计算出其中的最大值(图 1-2)。

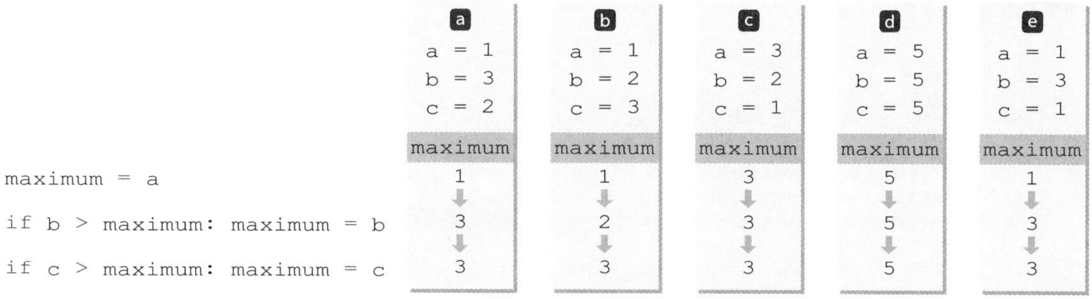

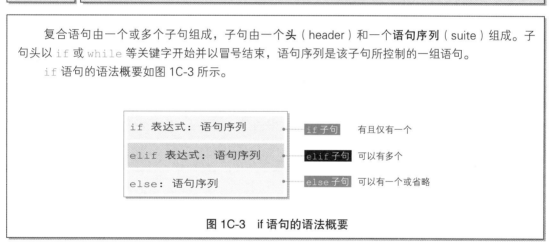

图 1-2　在求 3 个值中的最大值的过程中变量 maximum 的变化

　　无论 3 个变量 a、b、c 的输入值是 6、10、7，还是 -10、100、10，程序的执行路径都会沿着流程图中的**蓝线**前进。也就是说，只要满足 b > c > a，**程序将始终遵循相同的执行路径。**

| 专栏 1-2 | **if 语句的语法** |

　　复合语句由一个或多个子句组成，子句由一个**头**（header）和一个**语句序列**（suite）组成。子句头以 if 或 while 等关键字开始并以冒号结束，语句序列是该子句所控制的一组语句。

　　if 语句的语法概要如图 1C-3 所示。

> if 表达式：语句序列　　　● ─── if 子句　　有且仅有一个
>
> elif 表达式：语句序列　　● ─── elif 子句　　可以有多个
>
> else：语句序列　　　　　　● ─── else 子句　　可以有一个或省略

图 1C-3　if 语句的语法概要

　　接下来，我们看一下如果没有 3 个具体的数值，**只根据大小关系能否求出最大值。**手动确认比较费时，我们使用代码清单 1-2 的确认程序。

代码清单 1-2 chap01/max3_func.py

```python
# 计算并输出3个整数中的最大值( 确认所有大小关系 )

def max3(a, b, c):
    """计算a、b、c中的最大值并返回"""
    maximum = a
    if b > maximum: maximum = b
    if c > maximum: maximum = c
    return maximum      ●────── 将计算出的最大值返回给调用函数
```

运行结果

```python
print(f'max3(3, 2, 1) = {max3(3, 2, 1)}')    # [A] a>b>c
print(f'max3(3, 2, 2) = {max3(3, 2, 2)}')    # [B] a>b=c
print(f'max3(3, 1, 2) = {max3(3, 1, 2)}')    # [C] a>c>b
print(f'max3(3, 2, 3) = {max3(3, 2, 3)}')    # [D] a=c>b
print(f'max3(2, 1, 3) = {max3(2, 1, 3)}')    # [E] c>a>b
print(f'max3(3, 3, 2) = {max3(3, 3, 2)}')    # [F] a=b>c
print(f'max3(3, 3, 3) = {max3(3, 3, 3)}')    # [G] a=b=c
print(f'max3(2, 2, 3) = {max3(2, 2, 3)}')    # [H] c>a=b
print(f'max3(2, 3, 1) = {max3(2, 3, 1)}')    # [I] b>a>c
print(f'max3(2, 3, 2) = {max3(2, 3, 2)}')    # [J] b>a=c
print(f'max3(1, 3, 2) = {max3(1, 3, 2)}')    # [K] b>c>a
print(f'max3(2, 3, 3) = {max3(2, 3, 3)}')    # [L] b=c>a
print(f'max3(1, 2, 3) = {max3(1, 2, 3)}')    # [M] c>b>a
```

```
max3(3, 2, 1) = 3
max3(3, 2, 2) = 3
max3(3, 1, 2) = 3
max3(3, 2, 3) = 3
max3(2, 1, 3) = 3
max3(3, 3, 2) = 3
max3(3, 3, 3) = 3
max3(2, 2, 3) = 3
max3(2, 3, 1) = 3
max3(2, 3, 2) = 3
max3(1, 3, 2) = 3
max3(2, 3, 3) = 3
max3(1, 2, 3) = 3
```

▶ 注释中的 [A] 到 [M] 与图 1C-5（详见专栏 1-5）中的 Ⓐ 到 Ⓜ 对应。

由于计算最大值的代码会被多次重复调用，所以我们可以将这段代码封装成一个独立的**函数**（function）。代码清单中浅蓝色的部分就是 max3 的**函数定义**（function definition），该函数的功能是从 3 个形参 a、b、c 中找出最大值，并将其作为函数值返回。

在主程序中，max3 函数接收 3 个实参的值后，计算并输出最大值，该处理执行了 13 次（详见专栏 1-3）。

为了便于检查输出结果的准确性，程序在设置参数组合值时，使每次调用返回的最大值都为 3。

专栏 1-3 | **函数返回值和调用函数的表达式求值**

使用 return 语句可以把处理结果返回给调用函数。以函数 max3 为例，就是返回变量 maximum 的值并将其放到函数末尾。

通过**表达式求值**能得到函数返回值。例如，当调用 max3(3, 2, 1) 时，函数表达式 max3(3, 2, 1) 的结果就是 int 类型的 3，如图 1C-4 所示。

表达式求值后，
得到函数的返回值。

图 1C-4　表达式求值

我们来运行程序。可以看到 13 种组合对应的结果都是 3，即都准确计算出了最大值。

▶ 通过专栏 1-5，我们可以了解到共有 13 种大小关系。

在 GB/T 5271.1-2000[①] 中，算法的定义如下。

为解决问题严格定义的有限的有序规则集。

当然，无论算法描述多么清晰准确，如果对于不同的参数值，算法时而有解时而无解，那么我们就不能称之为正确的算法。

由上面的内容可知，我们不仅从逻辑上，从程序的运行结果上也确认了求 3 个数中最大值的算法的准确性。

专栏 1-4	代码段的描述

在复合语句中，子句头末尾的冒号表示 "后面还有**语句序列**"（详见专栏 1-2）。

语句序列是指一组语句。关于语句序列的描述如下所示。

▪ 语句序列可以放在子句头的下一行，书写时需要缩进（输入一些空格），如果一个语句序列中有多条语句，它们就必须保持相同的缩进。

注意，语句序列既可以是简单语句，也可以是复合语句（如果是复合语句，就变成复合语句中又包含复合语句的嵌套结构）。

在缩进时，至少要缩进一个空格。

例
```
if a < b:
    min2 = a
    max2 = b
```

▪ 如果语句序列中只包含简单语句，那么该语句序列可以与子句头处于同一行（放在冒号和换行符之间）。

多条简单语句之间用分号分隔（最后一个简单语句的最后可以有分号）。

例 `if a < b: min2 = a`
例 `if a < b: min2 = a; max2 = b`
例 `if a < b: min2 = a; max2 = b;`

如果语句序列与子句头处于同一行，那么语句序列中不能包含复合语句。因此，下面的代码会发生错误。

```
if a < b: if c < d: x = u    # 错误：复合语句不能放在冒号后面
```

---

① 即《信息技术 词汇 第 1 部分：基本术语》，该标准等效采用国际标准 ISO/IEC 2382-1：1993，它定义了信息技术领域的基本概念。——编者注

专栏 1-5 3 个数的大小关系和中值

▪ 枚举 3 个数的大小关系

图 1C-5 给出了 3 个数的 13 种大小关系组合。因为图的形状像树,所以被称为**决策树**(decision tree)。

我们从左侧起始框(a ≥ b)开始向右前进。如果判断框▢内的条件成立,则执行**上方线条**指向的语句,否则执行下方线条指向的语句。

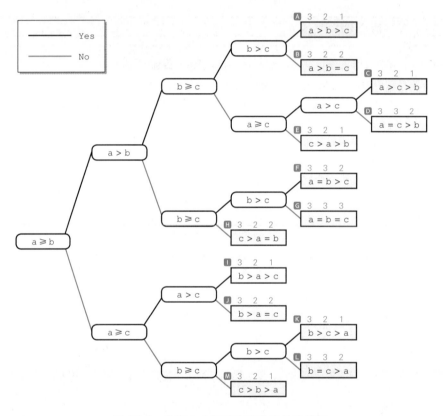

图 1C-5 枚举 3 个数的大小关系的决策树

最右侧的▢内显示了 3 个变量 a、b、c 之间的大小关系。上方蓝色数字正是代码清单 1-2 中程序使用的 3 个值(该程序针对 **A** 到 **M** 这 13 种组合,求 3 个数中的最大值)。

▪ 3 个数的中值

与求最大值和最小值不同,求中值的过程比较复杂(可用的算法数量也相应增加)。

代码清单 1C-1 是一个程序示例。return 语句后面的 **A** 到 **M** 与图 1C-5 中的字母一一对应。

代码清单 1C-1 ┄┄┄┄┄ chap01/median3.py

```python
# 读取3个整数,计算并输出中值

def med3(a, b, c):
    """计算a、b、c的中值并返回"""
    if a >= b:
        if b >= c:
            return b     A B F G
        elif a <= c:
            return a     D E H
        else:
            return c     C
    elif a > c:
        return a         I
    elif b > c:
        return c         J K
    else:
        return b         L M

print('计算3个整数的中值。')
a = int(input('整数a的值:'))
b = int(input('整数b的值:'))
c = int(input('整数c的值:'))

print(f'中值为{med3(a, b, c)}。')
```

运行示例

计算3个整数的中值。
整数a的值: 1↵
整数b的值: 3↵
整数c的值: 2↵
中值为2。

我们先仔细阅读,然后来解读这个程序。

其实,下面这段代码也能实现函数 med3 求中值的目的(chap01/median3a.py)。

```python
def med3(a, b, c):
    """ 求 a、b、c 的中值并返回(另一种解决方案)"""
    if (b >= a and c <= a) or (b <= a and c >= a):
        return a
    elif (a > b and c < b) or (a < b and c > b):
        return b
    return c
```

虽然代码行变短了,但是效率却降低了。我们考虑一下这是为什么。

首先,请注意 if 子句中的条件表达式。

```python
if (b >= a and c <= a) or (b <= a and c >= a):
```

if 语句中对于 b >= a 和 b <= a 的判断,又在后面的 elif 子句中被执行了一次,如下所示。

```python
elif (a > b and c < b) or (a < b and c > b):
```

当 if 子句中的条件表达式不成立时,在后面的 elif 子句中又执行相同的判断会导致效率低下。另外,第 6 章的改进版快速排序算法中,也会用到求 3 个数的中值的步骤。

条件判断和分支

代码清单 1-3 的程序用来判断所读取的整数是正数、负数还是 0,并输出判断结果。我们通过该程序来加深对分支结构的理解。

代码清单 1-3   chap01/judge_sign.py

```
# 显示所读取的整数是正数、负数还是0

n = int(input('整数:'))

if n > 0:
    print('其值为正。')      1
elif n < 0:
    print('其值为负。')      2
else:
    print('其值为零。')      3
```

运行示例
① 整数:17⏎
　其值为正。
② 整数:-5⏎
　其值为负。
③ 整数:0⏎
　其值为零。

程序阴影部分的流程如图 1-3 所示。如果变量 n 的值为正,则执行语句 1;如果为负,则执行语句 2;如果为 0,则执行语句 3。

也就是说,程序**只会执行其中的一条语句**,不会出现执行两条语句或完全不执行的情况。这个程序**有 3 个分支**。

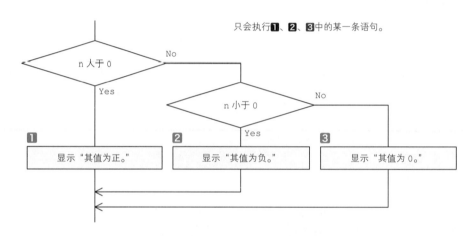

图 1-3　判断变量 n 是正数、负数还是 0

代码清单 1-4 和代码清单 1-5 的程序与代码清单 1-3 的程序相似,我们来验证这两个程序的行为。由于代码行数相同,所以感觉同样是把程序分成了 3 个分支。

这两个程序的相同之处在于,当 n 等于 1 时输出 A;当 n 等于 2 时输出 B;当 n 等于 3 时输出 C。但是,当 n 不等于 1、2 或 3 时,这两个程序的行为是完全不同的。

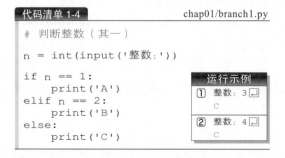

代码清单 1-4   chap01/branch1.py

```
# 判断整数(其一)

n = int(input('整数:'))

if n == 1:
    print('A')
elif n == 2:
    print('B')
else:
    print('C')
```

运行示例
① 整数:3⏎
　C
② 整数:4⏎
　C

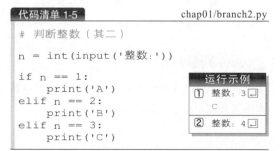

代码清单 1-5   chap01/branch2.py

```
# 判断整数(其二)

n = int(input('整数:'))

if n == 1:
    print('A')
elif n == 2:
    print('B')
elif n == 3:
    print('C')
```

运行示例
① 整数:3⏎
　C
② 整数:4⏎

- **代码清单 1-4 的行为（三分支）**

当 n 等于 1 和 2 之外的数值时，无论数值是多少，程序都会输出 C（运行示例①和②）。与代码清单 1-3 相似，这个程序包括 3 个分支。

- **代码清单 1-5 的行为（四分支）**

当 n 等于 1、2、3 之外的数值时，程序不显示任何输出（运行示例②）。这个程序由 if 子句及其后面的 2 个 elif 子句组成，看起来是将程序分成了 3 个分支，但事实并非如此。

代码清单 1-6 给出了这个程序的真实结构。它实际包括 4 个分支，因为代码清单 1-5 中隐藏了"什么也不做"的 else 子句。

▶ pass 语句表示不执行任何操作。

```
代码清单 1-6                    chap01/branch2a.py
# 判断整数（"其二"的真实程序）
n = int(input('整数:'))

if n == 1:
    print('A')
elif n == 2:
    print('B')
elif n == 3:
    print('C')
else:
    pass
```

运行示例
① 整数: 3 ↵
C
② 整数: 4 ↵

专栏 1-6　运算符和操作数

在编程语言中，执行加、减等操作的符号称为**运算符**（operator），而运算符作用的对象称为**操作数**（operand）。例如，在判断大小关系的表达式 a > b 中，> 是运算符，a 和 b 是操作数。

根据所需操作数的个数，可将运算符分为以下 3 种类型。

- **一元运算符**（unary operator）：1 个操作数。例如：- a
- **二元运算符**（binary operator）：2 个操作数。例如：a < b
- **三元运算符**（ternary operator）：3 个操作数。例如：a if b else c

if ~ else 运算符是唯一的三元运算符，也称为**条件运算符**（conditional operator）。在条件表达式 a if b else c 中，如果 b 的值为真，则整个表达式的值为 a；如果 b 的值为假，则整个表达式的值为 c。

```
1 a = x if x > y else y
2 print('c为0' if c == 0 else 'c不为0')
```

在上述语句 1 中，比较 x 和 y 的值，将较大的值赋给 a。在语句 2 中，如果变量 c 的值为 0，则显示"c 为 0"，否则显示"c 不为 0"。

▨ 流程图符号

流程图是对某一个问题的定义、分析或解法的图形表示，下述标准中定义了流程图及其符号。

GB/T 1526–1989《信息处理　数据流程图、程序流程图、系统流程图、程序网络图和系统资源图的文件编制符号及约定》

下面简要介绍一些常用的术语和符号。

程序流程图（program flowchart）

程序流程图有以下几种符号。

- 指明实际处理操作的处理符号。
- 指明控制流的流线符号。
- 便于读、写程序流程图的特殊符号。

数据（data）

用平行四边形表示数据，此符号不限定数据的媒体（图 1-4）。

图 1-4　数据

处理（process）

用矩形表示各种处理功能（图 1-5）。

比如，为了改变数据的值、类型和位置而执行的运算或运算群，以及在多个程序流程中为决定后继方向而执行的运算或运算群。

图 1-5　处理

既定处理（predefined process）

用带双纵边线的矩形表示已在其他地方定义的一个或一组操作，例如子程序或模块等（图 1-6）。

图 1-6　既定处理

判断（decision）

用菱形表示判断或开关。菱形内可注明判断的条件，它只有一个入口，但可以有若干可供选择的出口。在对符号内定义的条件求值后，有且仅有一个出口被激活（图 1-7）。

求值结果写在表示路径的流线旁边。

图 1-7　判断

循环界限（loop limit）

循环界限符号由两部分组成，分别表示循环的开始和结束（图 1-8）。一对符号内应注明同一循环标识符。

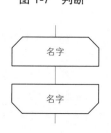

图 1-8　循环界限

如图 1-9 所示，循环的开始符号（先判断再循环）或结束符号（先循环再判断）中标出了初始值（初始化）、增量和结束值（结束条件）。

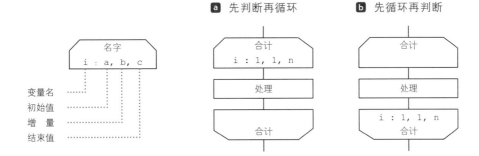

图 1-9　循环界限和初始值、增量、结束值

▶ 图 1-9 a 和图 1-9 b 给出了一个 *n* 次循环的流程图，变量 i 从 1 开始递增到 n。另外，也可以用 1, 2, …, n 代替 1, 1, n 这样的表示方法。

流线（line）

流线表示控制流（图 1-10）。

如果需要指定流向，可以在流线上添加箭头。

如果不需要指定流向，为了方便查看，也可以在流线上添加箭头。

图 1-10　流线

端点（terminator）

端点表示转向外部环境或从外部环境转入（图 1-11）。例如程序的起始或结束。

除此之外，还有并行处理和虚线等符号。

图 1-11　端点

1-2 循环

本节要介绍的简单算法通过程序流的循环结构即可实现。

■ 求 1 和 n 之间所有整数之和

接下来要介绍的是"**求 1 和 n 之间所有整数之和**"的算法。

如果 n 等于 2，和就是 1 + 2；如果 n 等于 3，和就是 1 + 2 + 3。

代码清单 1-7 给出了程序，其中阴影部分的流程如图 1-12 所示。

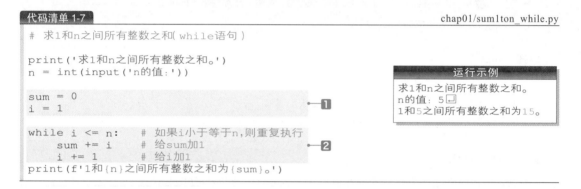

代码清单 1-7   chap01/sum1ton_while.py

```python
# 求1和n之间所有整数之和( while语句 )

print('求1和n之间所有整数之和。')
n = int(input('n的值:'))

sum = 0                                          ← 1
i = 1

while i <= n:        # 如果i小于等于n,则重复执行    ← 2
    sum += i         # 给sum加1
    i += 1           # 给i加1
print(f'1和{n}之间所有整数之和为{sum}。')
```

运行示例

求1和n之间所有整数之和。
n的值: 5⏎
1和5之间所有整数之和为15。

■ 用 while 语句实现循环

循环结构指在满足一定条件时，重复执行一段代码。

while 循环是先判断是否继续循环，再执行语句，这种循环结构称为**当型循环结构**[1]（先判断再循环）。

以下是 while 语句的基本格式。只要条件表达式的求值结果为真，后面的语句序列就会被循环执行。

> **while** 条件表达式 : 语句序列

本书中把需要循环执行的语句序列称为**循环体**。

下面我们来了解代码清单 1-7 中的程序及图 1-12 中的 1 和 2。

1 为求和而进行的事前准备。变量 sum 用于存储总和，它的初始值为 0；变量 i 用于控制循环次数，它的初始值为 1。

2 当变量 i 小于等于 n 时，循环执行循环体中的语句。每次循环时 i 的值加 1，一共循环 n 次。

---

[1] 与之对应的是直到型循环结构，即先循环再判断的循环结构。——编者注

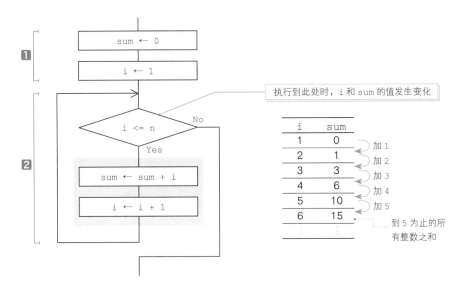

图 1-12　求 1 和 n 之间所有整数之和的流程图和变量的变化

条件表达式 i <= n（流程图中的菱形框）用于判断 i 是否小于等于n。下面我们对程序和执行该条件表达式时 i 和 sum 的变化进行对比，来加深对算法的理解。

在程序第一次执行条件表达式时，变量 i 和 sum 分别为 **1** 中设置的 1 和 0。之后每执行一次循环体，变量 i 都会加1。

变量 sum 是"**到该数为止的所有整数之和**"，变量 i 是"**下一次要加上的值**"。

例如，当i等于5时，变量sum等于10，是"**1 和 4 之间所有整数之和**"（即还未加上变量 i 的值5）。

＊

需要注意的是，**i 的最终值为 n + 1，而不是 n**，因为 while 语句会在 i 大于 n 时结束循环。我们把下述语句添加到程序末尾（chap01/sum1ton_while2.py）。

```
print(f'i的值为{i}。')
```

运行结果如右侧所示，我们可以确认 i 的最终值为 n + 1，而不是n。

```
求1和n之间所有整数之和。
n的值: 5␣
1和5之间所有整数之和为15。
i的值为6。
```

＊

像变量 i 这样能够控制循环体执行次数的变量，通常称为**计数变量**。

用 for 语句实现循环

与 while 语句相比，for 语句可以更加灵活地使用一个变量控制循环体。

我们用 for 语句改写求 1 和 n 之间所有整数之和的程序，具体如代码清单1-8所示。

代码清单 1-8   chap01/sum1ton_for.py

```
# 求1和n之间所有整数之和（for语句）

print('求1和n之间所有整数之和。')
n = int(input('n的值：'))

sum = 0
for i in range(1, n + 1):
    sum += i     # 给sum加i

print(f'1和{n}之间所有整数之和为{sum}。')
```

```
运行示例
求1和n之间所有整数之和。
n的值：5 ⏎
1和5之间所有整数之和为15。
```

图 1-13 展示了程序阴影部分的流程图。六边形的**循环界限**符号表示循环的开始和结束。循环上界和循环下界要使用同一循环标识符，开始符号和结束符号包围的部分会进行循环。

程序将变量 i 从 1 递增到 n，像 1，2，3，…这样每次加 1，同时执行循环体内的赋值语句 sum += i。

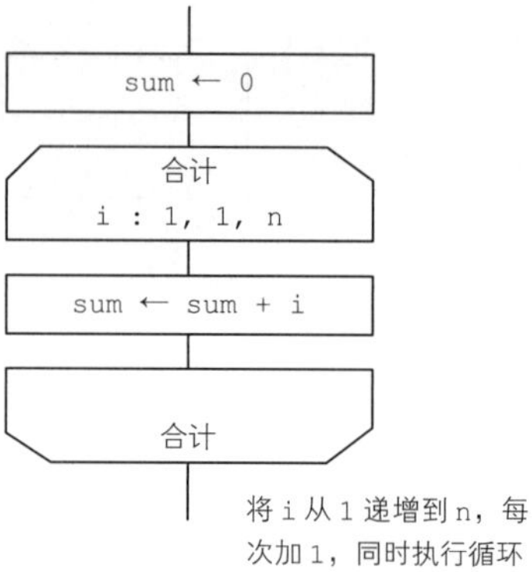

高斯算法

众所周知，可以用 (1 + 10) * 5 求 1 和 10 之间所有整数之和。

这就是**高斯算法**，使用高斯算法求总和不需要循环，代码如下所示（chap01/sum_gauss.py）。

```
sum = n * (n + 1) // 2
```

```
sum ← 0
┌──────────┐
│  合计    │
│ i : 1, 1, n │
└──────────┘
sum ← sum + i
┌──────────┐
│  合计    │
└──────────┘
```

将 i 从 1 递增到 n，每次加 1，同时执行循环

图 1-13　1 和 n 之间所有整数之和

专栏 1-7 | range 函数

range 函数可创建一个整数列表（可迭代对象），如图 1C-6 所示。

range(n)	创建一个从0开始到n - 1结束的整数列表
range(a, b)	创建一个从a开始到b - 1结束的整数列表
range(a, b, step)	创建一个从a开始到b - 1结束，按指定步长step递增的整数列表

图 1C-6　range 函数创建的整数列表

二值排序和二值交换

我们把前面程序中求和范围的起始值由 1 改为任意整数，代码清单 1-9 是求 a 和 b 之间所有整数之和的程序。

代码清单 1-9   chap01/sum.py

```
# 求a和b之间所有整数之和(for语句)

print('求a和b之间所有整数之和。')
a = int(input('整数a:'))
b = int(input('整数b:'))

if a > b:
    a, b = b, a        将a和b按升序排列

sum = 0
for i in range(a, b + 1):
    sum += i        # 给sum加i

print(f'{a}和{b}之间所有整数之和为{sum}。')
```

运行示例

① 求a和b之间所有整数之和。
　　整数a: 3 ↵
　　整数b: 8 ↵
　　3和8之间所有整数之和为33。

② 求a和b之间所有整数之和。
　　整数a: 8 ↵
　　整数b: 3 ↵
　　8和3之间所有整数之和为33。

程序阴影部分的代码将 a、b 按升序**排序**（sort），使 a 小于等于 b。仅当 a 大于 b 时，才会交换两个变量的值，进行二值交换。

▶ 也就是说，运行示例①中并未进行交换，运行示例②中才进行了二值交换。

Python 中使用下面的一条赋值语句就能直接交换变量 a 和 b 的值，这是一种常规做法（详见专栏 1-8）。

```
a, b = b, a        # 交换a和b的值
```

求和算法本身和前面的程序没有差别。只是由于起始值和结束值发生了变化，求和范围才由 `range(1, n + 1)` 变成了 `range(a, b + 1)`。

▶ 第 6 章将介绍有关排序的内容。

专栏 1-8 | 二值交换（其一）

只需 "a, b = b, a" 这一条赋值语句就能直接交换变量 a 和 b，这正是通过图 1C-7 所示的赋值操作实现的。

- 赋值运算符右侧的两个数值会被存入一个元组中，变成 (b, a)。
- 将元组 (b, a) 解包，（从头开始按顺序）取出 b 和 a，并依次赋给 a 和 b。

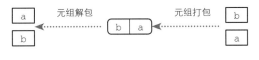

图 1C-7　二值交换

循环过程中的条件判断（其一）

接下来，我们改变程序，让其显示求 a 和 b 之间所有整数之和的过程中所用的式子。程序如代码清单 1-10 所示。

```python
# 求a和b之间所有整数之和( 显示求和过程中的式子:其一 )

print('求a和b之间所有整数之和。')
a = int(input('整数a:'))
b = int(input('整数b:'))

if a > b:
    a, b = b, a

sum = 0
for i in range(a, b + 1):
    if i < b:          # 中间
        print(f'{i} + ', end='')    ←1
    else:              # 最后
        print(f'{i} = ', end='')    ←2
    sum += i           # 给sum加i

print(sum)
```

- 执行 *n* 次循环。
- 执行 *n* 次 if 判断语句。

运行示例

求a和b之间所有整数之和。

① 整数a：3⏎
　整数b：3⏎
　3 = 3

② 整数a：3⏎
　整数b：4⏎
　3 + 4 = 7

③ 整数a：3⏎
　整数b：7⏎
　3 + 4 + 5 + 6 + 7 = 25

首先运行程序。在对 *n* 个数求和时，需要显示 *n* – 1 个加号。

▶ 例如运行示例 ③ 的 3 + 4 + 5 + 6 + 7 = 25，是 5 个数求和，需要显示 4 个加号（通过 b – a + 1 即可得到需要求和的数的个数 *n*）。

程序中的 for 语句让 i 从 a 递增到 b，这与前面的程序一样。

在 for 语句循环体中，阴影部分的显示内容因 if 语句而异。

1　显示中间值：输出 "数字 + "。例如 '3 + '、'4 + '、'5 + '、'6 + '。

2　显示最终值：输出 "数字 = "。例如 '7 = '。

但是，这种实现方式是不可取的。假如 a 等于 1，b 等于 10000，就需要执行 10 000 次 for 循环语句。在前面的 9999 次，条件表达式 i < b 都是成立的，所以程序会一直执行 if 子句内的语句 1。只在最后一次条件表达式不成立时，才会执行 else 子句内的语句 2。也就是说，为了这唯一的一次执行，需要进行 10 000 次条件判断。

明明已经知道执行条件只在某一次成立，还在每次循环中都进行条件判断，这显然是在做无用功。

*

事实证明，当 i 等于 b 时最好 "特事特办"。代码清单 1-11 是改写后的程序。

代码清单 1-11   chap01/sum_verbose2.py

```python
# 求a和b之间所有整数之和( 显示求和过程中的式子:其二 )

print('求a和b之间所有整数之和。')
a = int(input('整数a:'))
b = int(input('整数b:'))

if a > b:
    a, b = b, a

sum = 0
for i in range(a, b):
    print(f'{i} + ', end='')      ◆1
    sum += i          # 给sum加i

print(f'{b} = ', end='')          ◆2
sum += b              # 给sum加b

print(sum)
```

■ 执行 *n*-1 次循环。
■ 执行 *n* 次 if 判断语句。

运行示例

运行结果与代码清单1-10相同。

在本程序中，显示分两个步骤完成。

1 显示中间值：执行 for 语句，先在 a 和 b - 1 之间的数值后面加上符号 "+" 再输出。

2 显示最终值：先在 b 后面加上符号 "=" 再输出。

循环次数由 *n* 变成 *n*-1，同时 if 语句的条件判断次数由 *n* 变成了 0。

▶ 虽然循环次数减少了一次，但同时也额外增加了一次语句**2**的执行，二者相互抵消。

专栏 1-9 | **二值交换（其二）**

如果你不知道只需一条赋值语句 "a, b = b, a" 就能实现二值交换，那就只能以迂回的方式实现，具体如下所示（图 1C-8）。

1 将 a 的值赋给 t。
2 将 b 的值赋给 a。
3 将 t 中保存的 a 的原值赋给 b。

专栏 6-4 也会介绍排序的实现，包括二值排序。

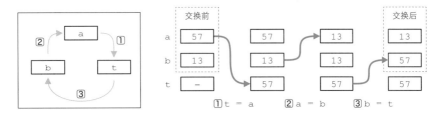

图 1C-8 使用临时变量进行二值交换

■ 循环过程中的条件判断（其二）

下面我们来创建一个程序，用于连续输出指定个数的符号（不使用换行符）。本程序会在屏幕上交替显示 + 和 -，具体如代码清单 1-12 所示。

代码清单 1-12   chap01/alternative1.py

```
# 交替显示+和-（其一）

print('交替显示+和-。')
n = int(input('符号总数:'))

for i in range(n):
    if i % 2:                    # 奇数
        print('-', end='')
    else:
        print('+', end='')       # 偶数
print()
```

- 执行 n 次循环。
- 执行 n 次除法运算。
- 执行 n 次 if 判断语句。

运行示例

交替显示+和-。
符号总数: 12 ⏎
+-+-+-+-+-+-

在 for 语句的执行过程中，变量 i 从 0 开始递增到 n-1，屏幕输出如下所示。

- 如果 i 为奇数（除以 2，余数不为零）：输出 ' - '。
- 如果 i 为偶数   ：输出 ' + '。

这个程序有两个缺点。

① 每次循环都要执行 if 语句的判断

for 语句每循环一次，就会执行一次 if 语句。所以，总共要执行 *n* 次 if 语句，判断 i 是否为奇数（如果 n 等于 50000，就需要执行 50 000 次）。

② 难以灵活应对变化

在本程序中，计数变量 i 是从 0 递增到 n-1 的。如果变量 i 不再从 0 开始，而是从 1 递增到 n，就需要修改程序中的 for 语句，具体如下所示（chap01/alternative1a.py）。

```
for i in range(1, n + 1):
    if i % 2:                    # 奇数
        print('+', end='')
    else:
        print('-', end='')       # 偶数
```

也就是说必须修改循环体部分的 if 语句（需要调换两个 print 函数的调用顺序）。

*

为了解决这个问题，我们改进了程序，具体如代码清单 1-13 所示。

```python
# 交替显示+和-(其二)

print('交替显示+和-。')
n = int(input('符号总数:'))

for _ in range(n // 2):
    print('+-', end='')          1

if n % 2:
    print('+', end='')           2
print()
```

- 执行 n // 2 次循环。
- 执行 2 次除法运算。
- 执行 1 次 if 判断语句。

运行示例
运行结果与代码清单1-12相同。

程序主体包括两个步骤。下面笔者结合图 1-14 进行说明。

1 输出 n // 2 个 '+-'

执行 n//2 次 for 循环语句输出 '+-'。如果 n 等于 12,就输出 6 次;如果 n 等于 15,就输出 7 次。因此,如果 n 是偶数,只执行这一段代码就能完成输出。

另外,循环计数变量前加了一个下划线做标识。**在变量前面加一个下划线用于提示程序员不要在循环体内使用这个变量的值。**

▶ 在循环体内能读取和使用变量 _ 的值。

2 只在 n 为奇数时输出 '+'

如果 n 为奇数,就输出最后的 '+'。执行这一段代码就能完成输出。

本程序不需要在每次循环时都执行 if 语句进行条件判断。所以,只需要在语句 2 中执行一次 if 语句的条件判断即可。

此外,只需要两次除法运算,即语句 1 中的 n // 2 和语句 2 中的 n % 2。

▶ 当计数变量的起始值由 0 变成 1 时,程序也能灵活应对。只需要按如下方式对语句 1 中的 for 语句进行修改即可(chap01/alternative2a.py:只修改 range 函数的参数即可,无须修改循环体)。

```python
for _ in range(1, n // 2 + 1):
    print('+-', end='')
```

a 当n为偶数时的输出

```
输出的符号个数: 12⏎
+-+-+-+-+-+-
```

b 当n为奇数时的输出

```
输出的符号个数: 15⏎
+-+-+-+-+-+-+-+
```

1 输出 n // 2 个 '+-'
2 输出'+'

图 1-14 交叉显示 n 个 + 和 -

■ 循环过程中的条件判断(其三)

下面我们来创建一个程序,用于输出 n 个 *,并在每输出 w 个符号后进行一次换行。

程序如代码清单 1-14 所示。

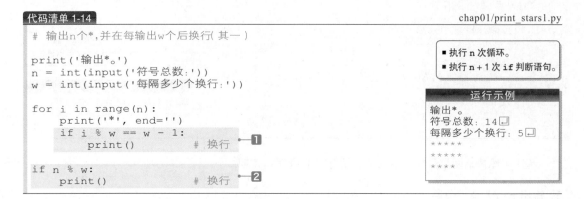

代码清单 1-14　　　　　　　　　　　　　　　　　　　　　　chap01/print_stars1.py

```
# 输出n个*,并在每输出w个后换行( 其一 )

print('输出*。')
n = int(input('符号总数:'))
w = int(input('每隔多少个换行:'))

for i in range(n):
    print('*', end='')
    if i % w == w - 1:
        print()          # 换行    ①

if n % w:
    print()              # 换行    ②
```

- 执行 n 次循环。
- 执行 n + 1 次 if 判断语句。

运行示例
```
输出*。
符号总数: 14↵
每隔多少个换行: 5↵
* * * * *
* * * * *
* * * *
```

程序以 0，1，2，…的形式递增变量 i 的值，并输出 '*'。以下两处会执行换行。

① 在 for 循环语句的执行过程中，在输出符号时，用变量 i 除以 w。在余数等于 w － 1 时换行。如图 1-15 所示，如果 w 为 5，则当 i 等于 4，9，14，…时换行。

② 如图 1-15 **a** 所示，如果 n 是 w 的倍数，则执行语句 ①，输出最后一个 *，也就完成了最后一次换行。而在图 1-15 **b** 中，n 不是 w 的倍数，执行语句 ① 后，不会进行最后一次换行。所以，仅当 n 不是 w 的倍数时，程序才需要执行语句 ② 进行换行操作。

图 1-15　输出 n 个 *，并在每输出 w 个后换行（其一）

该程序的缺点是执行效率低，因为每次执行 for 循环语句都要进行 if 语句的条件判断。代码清单 1-15 解决了这个问题。

代码清单 1-15　　　　　　　　　　　　　　　　　　　　　　chap01/print_stars2.py

```
# 输出n个*,并在每输出w个后换行( 其二 )

print('输出*。')
n = int(input('符号总数:'))
w = int(input('每隔多少个换行:'))

for _ in range(n // w):
    print('*' * w)          ①

rest = n % w
if rest:                    ②
    print('*' * rest)
```

- 执行 n ∥ w 次循环。
- 执行一次 if 判断语句。

运行示例
运行结果与代码清单1-14相同。

这个程序主要包括 2 个步骤。下面笔者结合图 1-16 进行说明。

◼ 执行 n // w 次 "输出 w 个 '*'"

执行 n // w 次 for 循环语句，输出 w 个 '*'（末尾换行）。

如果 n 等于 15，w 等于 5，就输出 3 次 '*****'；如果 n 等于 14，w 等于 5，就输出 2 次 '*****'。当 n 为 w 的倍数时，只执行这一段代码就能完成输出。

▶ 表达式 '*' * w 的功能是创建一个字符串，重复输出字符 '*' w 次。

◻ 输出 n % w 个 '*' 和换行符

当 n 不为 w 的倍数时，输出最后一行的剩余字符。

用变量 rest 求 n 除以 w 的余数，在屏幕上输出 rest 个（例如，当 n 等于 14，w 等于 5 时，rest 为 4）'*' 后输出换行符。

▶ 当 n 为 w 的倍数时，变量 rest 为 0，这时程序既不会输出符号也不会输出换行符。

图 1-16　输出 n 个 *，并在每输出 w 个后换行（其二）

专栏 1-10	为什么将变量 i 和 j 用作计数变量

很多程序员使用变量 i 和 j 控制 for 语句等循环结构。

这个习惯可以追溯到早期的 FORTRAN 编程语言。FORTRAN 是一种科学计算语言，原则上使用实数变量。但是，以字母 I，J，…，N 开头的变量会自动被看作整数类型。因此，使用变量 I，J，… 控制循环结构是一种最简单、最常见的方法。

▇ 读取正数

我们回到代码清单 1-8 这个求 1 和 n 之间所有整数之和的程序。执行该程序，给 n 输入负值 -5，程序输出如下所示。

1 和 -5 之间所有整数之和为 0。

即使不进行数学计算，我们也可以凭感觉知道这个结果是不对的。

这个程序应该限制输入的 n 是一个**正数**。代码清单 1-16 是改进后的程序。

代码清单 1-16   chap01/sum1ton_positive.py

```
# 求1和n之间所有整数之和（输入的n是正数）

print('求1和n之间所有整数之和。')

while True:
    n = int(input('n的值：'))
    if n > 0:                       当 n 大于 0 时跳出循环
        break

sum = 0
i = 1

for i in range(1, n + 1):
    sum += i        # 给sum加i
    i += 1          # 给i加1
print(f'1和{n}之间所有整数之和为{sum}。')
```

运行示例

求1和n之间所有整数之和。
n的值：-6↵
n的值：0↵
n的值：10↵
1和10之间所有整数之和为55。

当 n 小于等于 0 时重新输入

■ 无限循环和 break 语句

程序阴影部分的 while 语句中使用了一条赋值语句，用于将读取的值赋给 n。while 语句的条件表达式里只有一个 True，它意味着判断结果为真，因此 while 语句会不断地重复下去。这种循环称为**无限循环**（死循环）。

*

从键盘输入一个整数后，使用 if 语句判断 n 是否为正数。当判断条件成立时，程序会执行 **break** 语句（break statement）。

如果在循环语句中执行 break 语句，循环就会被强制终止，程序跳出无限循环。

▶ break 语句的作用如图 1-18 所示。

如果输入的整数 n 小于等于 0，程序则不会执行 break 语句，而是会继续执行 while 语句（提示用户输入 n 的值，并继续从键盘读取整数）。

因此，当 n 为正数时，结束循环。

许多编程语言使用 do-while 或 repeat-until 语句，**先执行循环语句再判断**，也就是在执行完循环体之后，判断是否继续循环。

Python 中没有提供先循环再判断的循环语句，所以我们需要将先判断再循环的循环语句（while 语句或 for 语句）和 break 语句组合起来使用。

*

图 1-17 是程序阴影部分的流程图。

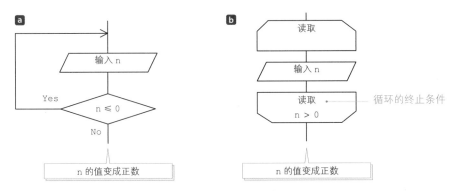

图 1-17　读取正数

图 1-17**a**和图 1-17**b**所示的两个流程图本质上是一样的。图 1-17**b**把循环结束条件写在了循环下界中，**很难与执行先判断再循环的代码区分开**，所以图 1-17**a**更可取。

专栏 1-11 | **for 语句结束时的计数变量值**

由代码清单 1-7 可知，`while` 语句头为 `while i <= n:`，当 `while` 语句结束时，计数变量 i 等于 n + 1，而不是 n。

另外，由 `for` 语句实现的代码清单 1-8 的程序中，`for` 语句头为 `for i in range(1, n + 1):`，当 `for` 语句结束时，计数变量 i 等于 n。

通常，`for` 语句 `for i in range(a, b):` 会创建一个可迭代对象 [a, a + 1, a + 2, …, b - 1]，i 从中迭代取值进行循环。因此，当 `for` 语句结束时，i 等于 b - 1，而不是 b。

以防混乱，我们再总结一下（当循环体放在最后执行时，i 的值都为 n）。

```
while i <= n:                           循环结束时 i 等于 n + 1。
for i in range(起始值, n + 1):          循环结束时 i 等于 n。
```

■ 边长和面积均为整数的矩形

接下来创建一个程序，该程序用于枚举矩形的边长，该矩形的边长和面积都是整数。在给定面积枚举边长时，不用区分短边和长边。

例如，矩形的给定面积是 32，需要枚举的边长组合有 1 和 32、2 和 16、4 和 8（枚举了 2 和 16，就不再需要枚举 16 和 2 了）。

程序如代码清单 1-17 所示。

代码清单 1-17　　　　　　　　　　　　　　　　　　　　　chap01/rectangle.py

```python
# 枚举边长为整数且面积为area的矩形的边长

area = int(input('面积是:'))

for i in range(1, area + 1):
    if i * i > area: break
    if area % i : continue
    print(f'{i}×{area // i}')
```

```
运行示例
面积是: 32 ⏎
1×32
2×16
4×8
```

虽然我们使用了矩形和边长这样的术语，但实际上，程序要做的是枚举**约数**（因子）。运行示例枚举了 32 的约数。

在 `for` 循环语句的执行过程中，计数变量 `i` 从 1 递增到 `area`，程序同时进行以下操作（变量 `i` 相当于矩形的短边长度）。

① 当 `i * i` 大于 `area` 时强制终止 `for` 循环语句

当 `i*i` 大于 `area` 时，计数变量 `i` 表示矩形的长边，而不是短边。在运行示例中，当 `i` 等于 6 时（`6 * 6` 等于 36，大于 32），`break` 语句会强制终止 `for` 循环语句。

② 如果面积 **area** 不能被 **i** 整除，则执行 **for** 循环的下一步操作

如果面积 `area` 不能被 `i` 整除，则 `i` 不是整数边长（约数）。

在运行示例中，当 `i` 等于 3 时，取余运算 `32%3` 的结果为 2。因为 32 不能被 3 整数，所以不用输出 3。

这里使用了一个 `continue` 语句（continue statement），它常与 `break` 语句放在一起比较。如图 1-18 所示，**当在循环语句中执行 `continue` 语句时，程序流将跳过循环体内 `continue` 后面的语句，返回到下一次循环的条件判断。**

如图 1-18 所示，`else` 子句可以放在 `while` 语句或 `for` 语句等循环语句的末尾。在带有 `else` 子句的循环语句中，只要循环不是被 `break` 语句强制终止的，在循环结束后都会执行 `else` 子句中的语句序列。

③ 显示边的长度

变量 `i` 和 `area // i` 分别作为短边和长边的长度输出。

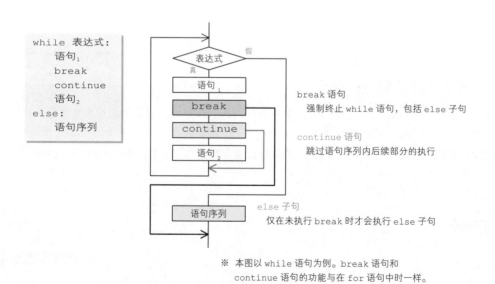

```
while 表达式:
    语句₁
    break
    continue
    语句₂
else:
    语句序列
```

`break` 语句
　强制终止 `while` 语句，包括 `else` 子句

`continue` 语句
　跳过语句序列内后续部分的执行

`else` 子句
　仅在未执行 `break` 时才会执行 `else` 子句

※ 本图以 `while` 语句为例。`break` 语句和 `continue` 语句的功能与在 `for` 语句中时一样。

图 1-18　`while` 语句、`break` 语句和 `continue` 语句

接下来，我们创建一个带有 else 子句的 for 语句程序，具体如代码清单 1-18 所示。

代码清单 1-18　　　　　　　　　　　　　　　　　　　　　　　　　　　chap01/for_else.py

```
# 创建n个10～99的随机数（如果生成13就中断）

import random

n = int(input('随机数的个数:'))

for _ in range(n):
    r = random.randint(10, 99)
    print(r, end=' ')
    if r == 13:
        print('\n因特殊情况而终止。')
        break
else:
    print('\n随机数生成结束。')
```

运行示例

① 随机数的个数: 5⏎
　87 82 48 83 62
　随机数生成结束。

② 随机数的个数: 5⏎
　39 72 86 13●
　因特殊情况而终止。

生成了随机数 13

执行 for 循环语句，创建 n 个两位数的（10 到 99）随机整数。

在循环过程中，如果生成 13，break 语句会强制终止 for 循环语句，并显示"因特殊情况而终止。"，程序也就不会执行 else 子句。

如果一直未生成 13，程序则在循环结束后执行 else 子句，显示"随机数生成结束。"。

▶ 专栏 1-13 中会介绍 random.randint 函数，该函数用于生成随机数。

▣ 跳过循环和遍历多个范围

在 for 循环语句的执行过程中，在某些特定条件下可能不需要执行处理。例如，从 1 循环到 12，但要跳过 8。

代码清单 1-19 是相应的程序。在 for 循环语句中，当 i 等于 8 时，执行 continue 语句跳过循环。

代码清单 1-19　　　　　　　　　　　　　　　　　　　　　　　　　　　chap01/skip1.py

```
# 从1循环执行到12,不过要跳过8（其一）

for i in range(1, 13):
    if i == 8:
        continue
    print(i, end=' ')
print()
```

运行结果

1 2 3 4 5 6 7 9 10 11 12

有些入门教材曾在介绍 continue 语句时使用该程序作为例题。但是请注意，这种实现方式是不可取的，因为该程序在判断某一步是否应该跳过时非常耗时。如果在 100 000 次循环中仅有 1 次需要跳过，那么为了这一次跳过，必须进行 100 000 次判断。

当然，在执行 for 循环语句时，如果已事先决定了应该跳过的值（例如，从键盘读取或由随机数决定等），或者应该跳过的值会发生变化，就不得不像上面这样结合使用 if 语句和 continue 语句。

*

如果事先知道要跳过的值，就可以在代码中定义。代码清单 1-20 是示例程序。

代码清单 1-20   chap01/skip2.py

```
# 从1循环执行到12,不过要跳过8( 其二 )

for i in list(range(1, 8)) + list(range(9, 13)):
    print(i, end=' ')
print()
```

运行结果
1 2 3 4 5 6 7 9 10 11 12

该程序使用了一个列表。先串联两个列表 [1, 2, 3, 4, 5, 6, 7] 和 [9, 10, 11, 12]，从而创建新列表 [1, 2, 3, 4, 5, 6, 7, 9, 10, 11, 12]，然后执行循环。

for 语句遍历列表，逐个取出数值进行循环。所以，循环体内不会进行不必要的判断。

▶ 下一章会介绍列表。

专栏 1-12 | **比较运算符的连用和德·摩根定律**

代码清单 1C-2 是读取 "两位数的正整数" 的程序。

代码清单 1C-2   chap01/2digits1.py

```
# 读取两位数的正整数( 10 ~ 99 )

print('请输入一个两位数的正整数。')

while True:
    no = int(input('值为:'))
    if no >= 10 and no <= 99:
        break
print(f'读取的是{no}。')
```

运行示例
请输入一个两位数的正整数。
值为: 9 ↵
值为: 146 ↵
值为: 57 ↵
读取的是57。

在程序运行过程中，根据阴影部分的条件表达式，当变量 no 读取的整数大于等于 10 且小于等于 99 时，就会跳出 while 语句。结合使用 while 语句和 break 语句来限制要读取的数，这一点与代码清单 1-16 是一样的。

· 比较运算符的连用

比较运算符连用时会被视为 "and 连接"，因此程序阴影部分的条件表达式可以用更简单的方式实现，如下所示 (chap01/2digits2.py)。

```
10 <= no <= 99                          # 与no >= 10 and no <= 99 相同
```

· 德·摩根定律

使用**逻辑非运算符 not** 改写程序阴影部分的条件表达式，具体如下所示 (chap01/2digits3.py)。

```
not(no < 10 or no > 99)                 # 与no >= 10 and no <= 99 相同
```

原始的条件表达式 no >= 10 and no <= 99 是循环**结束条件**，而表达式 not(no < 10 or no > 99) 是循环**继续条件**的否定。

具体请见图 1C-9。

*

德·摩根定律就是，"对每个条件取反，交换逻辑与或逻辑或的表达式，再取反后与原始条件相同"。其常规描述如下所示。

① x and y 的逻辑值等同于 not(not x or not y)。
② x or y 的逻辑值等同于 not(not x and not y)。

※ 关于逻辑运算符的更多信息，请见专栏 8-2。

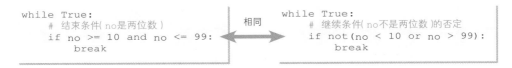

```
while True:
    # 结束条件( no是两位数 )
    if no >= 10 and no <= 99:
        break
```
相同
```
while True:
    # 继续条件( no不是两位数 )的否定
    if not(no < 10 or no > 99):
        break
```

图 1C-9　循环的继续条件和结束条件

结构化程序设计

结构化程序设计是把只有一个入口和一个出口的构成组件按层次排列，从而创建程序的方法。结构化程序设计包括顺序、选择和循环 3 种基本控制结构。

▶ 结构化程序设计也称为结构化编程。

多重循环

之前介绍的程序都是简单循环。其实还可以在循环中嵌套循环语句。

根据循环的嵌套深度，循环还可称为**双重循环**、**三重循环**等。这样的循环统称**多重循环**。

九九乘法表

接下来要介绍的输出九九乘法表的程序就是一个使用了双重循环的算法示例。程序如代码清单 1-21 所示。

代码清单 1-21　　　　　　　　　　　　　　　　chap01/multiplication_table.py

```python
# 显示九九乘法表

print('-' * 27)
for i in range(1, 10):      # 行循环
    for j in range(1, 10):  # 列循环
        print(f'{i * j:3}', end='')
    print()
print('-' * 27)
```

运行结果
```
---------------------------
 1  2  3  4  5  6  7  8  9
 2  4  6  8 10 12 14 16 18
 3  6  9 12 15 18 21 24 27
 4  8 12 16 20 24 28 32 36
 5 10 15 20 25 30 35 40 45
 6 12 18 24 30 36 42 48 54
 7 14 21 28 35 42 49 56 63
 8 16 24 32 40 48 56 64 72
 9 18 27 36 45 54 63 72 81
---------------------------
```

图 1-19 是程序阴影部分的流程图。这部分代码用于显示九九乘法表。图的右侧显示了变量 i 和 j 的变化。

在**外层 for 循环语句（行循环）**中，变量 i 从 1 递增到 9。该循环对应表中的第 1 行到第 9 行，为纵向循环。

在各行执行的内层 for 循环语句（列循环）中，变量 j 从 1 递增到 9。该循环对应各行的横向循环。

行循环执行了 9 次，变量 i 从 1 递增到了 9。在每次循环中，再循环执行 9 次列循环，将变量 j 从 1 递增到 9。列循环结束后输出换行符，为进入下一行做准备。

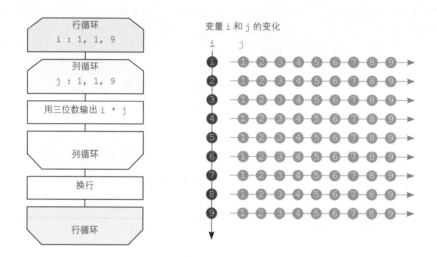

图 1-19 输出九九乘法表的流程图

因此，该双重循环中会执行下述处理。

- 当 i 等于 1 时：将 j 从 1 递增到 9，用三位数输出 1 * j 后换行。
- 当 i 等于 2 时：将 j 从 1 递增到 9，用三位数输出 2 * j 后换行。
- 当 i 等于 3 时：将 j 从 1 递增到 9，用三位数输出 3 * j 后换行。

······中间省略······

- 当 i 等于 9 时：将 j 从 1 递增到 9，用三位数输出 9 * j 后换行。

专栏 1-13 | **生成随机数的 random.randint 函数**

代码清单 1-18 中使用了 random 模块中的 **randint** 函数。

random.randint(a, b) 可以生成一个范围为 a~b 的随机数（从 a~b 随机抽取一个整数），并返回该随机整数（图 1C-10）。

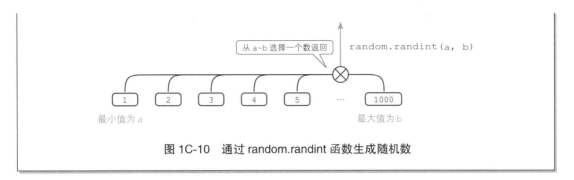

图 1C-10 通过 random.randint 函数生成随机数

■ 输出直角三角形

在使用双重循环的情况下，我们可以通过排列符号输出三角形和四边形等图形。代码清单 1-22 中的程序可以输出直角在左下角的等腰三角形。

代码清单 1-22   chap01/triangle_lb.py

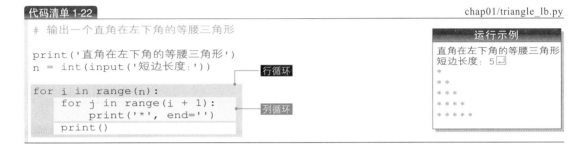

```python
# 输出一个直角在左下角的等腰三角形

print('直角在左下角的等腰三角形')
n = int(input('短边长度:'))

for i in range(n):
    for j in range(i + 1):
        print('*', end='')
    print()
```

行循环
列循环

运行示例
直角在左下角的等腰三角形
短边长度: 5⏎
*
* *
* * *
* * * *
* * * * *

图 1-20 是程序阴影部分的流程图。其中，右侧显示了变量 i 和 j 的变化。

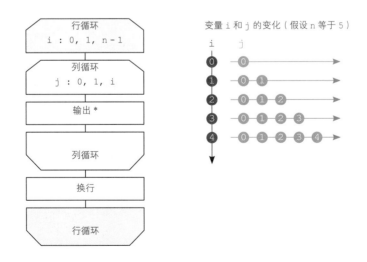

图 1-20 输出一个直角在左下角的等腰三角形的流程图

假设 n 等于 5，我们来看运行示例中的程序是如何运行的。

在**外层 for 循环语句**（行循环）中，变量 i 从 0 递增到 n-1，即递增到 4。这是与三角形各行对应的**纵向循环**。

在各行执行的**内层 for 循环语句**（列循环）中，变量 j 从 0 递增到 i 并被输出，这是各行内的**横向循环**。

因此，该双重循环中会执行下述处理。

- 当 i 等于 0 时，将 j 从 0 递增到 0，输出 '*' 后换行　　*
- 当 i 等于 1 时，将 j 从 0 递增到 1，输出 '*' 后换行　　**
- 当 i 等于 2 时，将 j 从 0 递增到 2，输出 '*' 后换行　　***
- 当 i 等于 3 时，将 j 从 0 递增到 3，输出 '*' 后换行　　****
- 当 i 等于 4 时，将 j 从 0 递增到 4，输出 '*' 后换行　　*****

假设三角形的顶部为第 0 行，底部为第 n-1 行，则第 i 行会输出 i+1 个 '*'，最后的第 n - 1 行会输出 n 个 '*'。

*

下面我们来创建一个程序，输出一个直角在右下角的等腰三角形。程序如代码清单 1-23 所示。

代码清单 1-23　　　　　　　　　　　　　　　　　　　　　　　　　chap01/triangle_rb.py

```python
# 输出一个直角在右下角的等腰三角形

print('直角在右下角的等腰三角形')
n = int(input('短边长度：'))

for i in range(n):
    for _ in range(n - i - 1):
        print(' ', end='')
    for _ in range(i + 1):
        print('*', end='')
    print()
```

```
运行示例
直角在右下角的等腰三角形
短边长度：5⏎
        *
       **
      ***
     ****
    *****
```

该程序比前面的程序复杂，因为需要在 * 前先输出适当数量的空格。因此，我们在 for 语句中又嵌套了 2 个 for 语句。

- **第 1 个 for 语句**：显示 n - i - 1 个空格 ' '
- **第 2 个 for 语句**：显示 i + 1 个 '*'

空格和 * 的总数每一行都为 n。

*

在本程序中，两个内层 for 循环语句都在计数变量前加了一个下划线（代码清单 1-13 中介绍过这种格式）。

▶ 在变量前面加一个下划线用来提示程序员不要在循环内使用计数变量的值。

另外，代码清单 1-22 中的计数变量 j 前面也可以加一个下划线 _（chap01/triangle_lb2.py）。

专栏 1-14	关于 Python 的变量

在 Python 中，数据、函数、类、模块、包等都是**对象**（object）。对象有明确的**类型**（type）并占用内存空间。

在 Python 中一切皆为对象，变量也不同于其他语言，Python 中的变量并不直接存储值。

例如，使用 x = 17 赋值后，变量 x 并没有存储值 17。

我们常说变量是存储数据的容器，但这个比喻并不适用于 Python。

下面笔者来简单介绍一下 Python 的变量和对象。

变量是对象的一个引用，也就是说，变量只是一个和对象关联的名字罢了。

对象除了具有明确的类型并且会占用内存空间，还有能够唯一标识对象的标识符，即具有同一性。

我们在交互式运行环境（interactive shell）中进行确认。

```
>>> n = 17 ⏎
>>> id(17) ⏎
140711199888704          ← 17 的标识符
>>> id(n) ⏎
140711199888704          ← n 的标识符（与 17 的标识符相同）
```

注意：显示的数值可能因环境而异，余同。

把 17 赋给变量 n 后，程序调用了两次内置函数——**id 函数**。id 函数用于返回对象的唯一标识符（同一性）。

Python 中的赋值不会像图 1C-11 **a** 那样复制数值。

如图 1C-11 **b** 所示，首先有一个对象，类型为 int，值为 17。引用对象时需要把对象和名称 n **绑定**（bind）起来。

使用标识符赋值后，整数 17 的标识号和变量 n 的标识号就变成了相同的值。

如果一定要使用容器来表示，那么 int 类型的对象 17 就是容器。变量并不是存储数值的容器。变量 n 只是与 int 类型的物理对象（容器）17 绑定的一个名称。

如果要变更 n 的值，Python 会重新创建新值的数值对象，再把 n 指向新的数值对象。当然，n 的标识符也会随之改变（详见专栏 2-1）。

下面我们通过代码清单 1C-3 中的程序，来确认"变量只是一个名称"这件事。

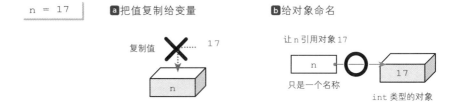

图 1C-11　给变量赋值

代码清单 1C-3　　　　　　　　　　　　　　　　　　　　　　　　object_function.py

```
# 在函数内部和外部定义的变量和对象
# 输出对象和变量的标识符

n = 1                    # 全局变量( 在函数内部和外部均可使用 )
def put_id():
    x = 1               # 局部变量( 仅在函数内部使用 )
    print(f'id(x) = {id(x)}')
print(f'id(1) = {id(1)}')
print(f'id(n) = {id(n)}')
put_id()
```

```
                            运行结果示例
id(1) = 140736956818064
id(n) = 140736956818064
id(x) = 140736956818064
```

该程序中定义了两个变量。

变量 n 是在 (所有) 函数的外部定义的, 是可以在整个程序中使用的**全局变量**。

另一个变量 x 是在函数 put_id 中定义的, 是只能在函数中使用的**局部变量**。

如图 1C-12 所示, 从运行结果可以看出每个变量都只是引用 int 类型对象 1 的名称。

这是因为 1、变量 n 和变量 x 的标识符都是相同的值。

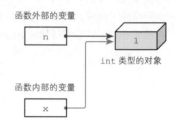

图 1C-12　函数内部和外部的变量

*

在 C 等语言中, 在函数内部定义的局部变量在函数被调用时创建, 并在函数运行结束时被释放。这类变量的存储期为**自动存储期**; 而在所有函数外部定义的变量, 在程序的整个运行过程中始终存在, 这类变量的存储期为**静态存储期**。

通过上述程序, 我们可以看到 Python 中并没有存储期的概念, 因为整数对象 1 始终存在, 和 put_id 函数如何运行并无关系。

在 Python 中, 函数开始执行或结束执行时都不会创建或销毁对象。所以 Python 中不可能存在存储期的概念。

在 Python 中, 仅通过改变变量值就可以创建另一个对象。例如, 仅使用 for 语句从 1 循环到 100, 就能创建 100 个对象。我们来通过代码清单 1C-4 进行确认。

代码清单 1C-4　　　　　　　　　　　　　　　　　　　　　　　　　　　for.py

```
# 从1到100循环输出

for i in range(1, 101):
    print(f'i = {i:3}   id(i) = {id(i)}')
```

```
                            运行结果示例
i =   1  id(i) = 140706589794960
i =   2  id(i) = 140706589794992
i =   3  id(i) = 140706589795024
i =   4  id(i) = 140706589795056
            … 以下省略 …
```

该程序生成一个从 1 排列到 100 的可迭代对象, 并逐一将其取出赋值给变量 i (详见专栏 1-11)。

从运行结果可以看出, 变量 i 的值和标识符均被更新了 (为变量 i 创建新的数值对象, 即可让变量 i 指向 100 个新的数值对象)。

章末习题

本书每章末列举出一些曾在日本基础信息技术工程师考试（以前的"2 型信息处理技术工程师考试"）中出现的题目。答案详见本书末尾附录。

▪1997 年秋季考试第 37 题

请从以下程序的控制结构中选出选择结构。

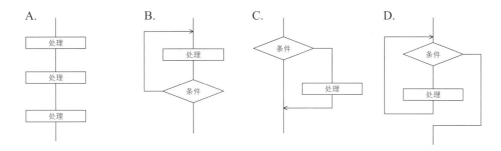

▪2006 年春季考试 第 36 题

请从以下程序的控制结构中选出 while 循环结构。

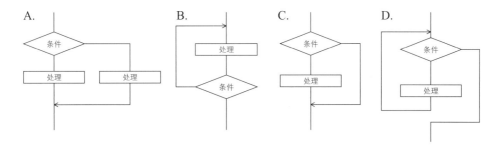

▪2004 年秋季考试 第 41 题

请从以下对控制结构的描述中选出正确的描述。

A. "先循环再判断"指开始循环前先判断结束条件

B. "双分支选择"指是选择返回到上一步处理还是执行下一步处理

C. "多分支选择"指并行执行两个以上的处理

D. "先判断再循环"可能不会执行循环体的处理

▪ 1994 年秋季考试 第 41 题

请从以下流程图符号中，选出与结构化程序设计的 3 种基本结构关系最密切的组合。

a 数据
  （输入与输出）

e 判断

b 内部存储

f 既定处理
  （子例程）

c 处理

g 循环界限
  （循环）

d 并行处理

h 连接符

i 端点

A. a, b, c   B. a, b, d   C. c, e, g

D. d, e, g   E. f, h, i

▪ 2000 年春季考试 第 16 题

下面的流程图给出的算法是求 1 和 N（$N \geq 1$）之间所有整数之和（$1 + 2 + \cdots + N$），并将结果赋值给变量 x。流程图的 ▭a▭ 中应该使用哪个式子？

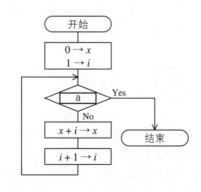

A. $i = N$ B. $i < N$ C. $i > N$ D. $x > N$

第 2 章

数据结构和数组

本章主要介绍数据结构的定义和基础数据结构，即数组（列表和元组）。

- 数据结构的定义
- 数组
- 元素
- 下标和索引
- 列表
- 元组
- 索引表达式
- 切片表达式
- 遍历
- 求数组元素的最大值
- 反转数组元素顺序
- 进制转换
- 质数枚举
- 注释
- 函数和模块
- 可变对象
- 不可变对象

2-1 数据结构和数组

数组（array）可以把一组杂乱无章的变量整合到一起，以便批量处理。本节首先介绍数组的基础知识。

数组的必要性

首先思考如何统计学生的考试成绩。代码清单 2-1 是一个从键盘读取 5 名学生的成绩，然后求总分和平均分的程序。

代码清单 2-1   chap02/total.py

```
# 读取5名学生的成绩后,输出总分和平均分

print('求5名学生成绩的总分和平均分。')

point1 = int(input('第1名学生的成绩:'))
point2 = int(input('第2名学生的成绩:'))
point3 = int(input('第3名学生的成绩:'))
point4 = int(input('第4名学生的成绩:'))
point5 = int(input('第5名学生的成绩:'))

total = 0
total += point1
total += point2
total += point3
total += point4
total += point5

print(f'总分为{total}分。')
print(f'平均分为{total / 5}分。')
```

运行示例
```
求5名学生成绩的总分和平
均分。
第1名学生的成绩：32↵
第2名学生的成绩：68↵
第3名学生的成绩：72↵
第4名学生的成绩：54↵
第5名学生的成绩：92↵
总分为318分。
平均分为63.6分。
```

如图 2-1 **a** 所示，程序中使用变量 point1、point2 等来表示每名学生的成绩。程序中两处阴影部分都循环执行了 5 行相似的代码。

下面我们要对程序进行修改，具体如下所示。

① 使人数可变

在本程序中，人数为 5 人，是固定不变的，接下来我们将程序改为在程序运行时，从键盘读取人数并求总分和平均分。

② 查找或修改指定学生的成绩

例如，增加查找或修改第 3 名或第 4 名学生的成绩这样的功能。

③ 求最低分和最高分或排序

增加求最低分和最高分，或按照成绩升序排列或降序排列的功能（当然也要能像①那样支持灵活变更人数）。

但事实上，想通过扩展程序完成这些更改是不可能的，我们必须从根本上改变程序的开发方式。

首先，学生成绩不能是无序的，要作为一个整体来处理。为了实现这个目的，我们使用图 2-1 **b** 所示的数据结构——**数组**。

数组是存储对象的"容器"，组成数组的各个变量称为数组的**元素**（element）。数组中每个元素的**下标**从第一个元素开始依次为 0, 1, 2, …。

▶ 后面还会介绍如何使用负数下标或切片表达式从数组中获取元素。

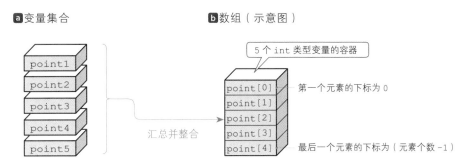

a 变量集合　　　　　　　　　　　　　　**b** 数组（示意图）

图 2-1　单变量与数组的对比

在创建数组时，我们可以随意指定元素个数，因此可以轻松实现①。而且，在创建数组后，也可以轻松对数组中的元素实施增减操作。

第 3 个元素是 point[2]、第 4 个元素是 point[3]……我们可以像这样在表达式中使用元素下标查找或修改指定学生的成绩，因此可以轻松实现②。

综上所述，通过下标可以访问数组中的任意元素，所以③也很容易实现。

＊

由此可见，在处理数据集合时，数组是必不可少的。

数组中的元素可以是任意类型，例如 int 类型或 float 类型等。不仅如此，数组中还可以包含不同类型的元素，甚至元素本身也可以是一个数组。

列表和元组

Python 中没有数组类型，取而代之的是列表（list）和元组（tuple）。二者都是功能强大的数据容器。

列表

列表是 **list 类型**的**可变对象**。

在表示列表的方括号 [] 中，用半角逗号隔开各元素，这样就可以创建一个包含这些元素的列表了。里面没有任何内容的方括号用于创建一个空列表。

```
list01 = []                # []
list02 = [1, 2, 3]         # [1, 2, 3]
list03 = ['A', 'B', 'C', ] # ['A', 'B', 'C']
```

▶ chap02/list_tuple.py 的程序可以创建并输出从 list01 到 list12 的列表，以及从 tuple01 到 tuple15 的元组。

如 list03 所示，列表中最后一个元素后面也要加上半角逗号。

使用 **list** 函数可以基于字符串和元组等各种类型的对象创建列表。如果是传递参数为空的 list()，则将创建一个空列表。

```
list04 = list()                # []                    空列表
list05 = list('ABC')           # ['A', 'B', 'C']       根据字符串的单个字符创建列表
list06 = list([1, 2, 3])       # [1, 2, 3]             根据列表创建列表
list07 = list((1, 2, 3))       # [1, 2, 3]             根据元组创建列表
list08 = list({1, 2, 3})       # [1, 2, 3]             根据集合创建列表
```

通过 list 函数转换 range 函数创建的整数列表（可迭代对象）后，由特定范围内的整数组成的列表就会被创建出来。

```
list09 = list(range(7))        # [0, 1, 2, 3, 4, 5, 6]
list10 = list(range(3, 8))     # [3, 4, 5, 6, 7]
list11 = list(range(3, 13, 2)) # [3, 5, 7, 9, 11]
```

在创建列表时，如果元素个数确定，但是元素值不确定，则使用默认的语句。将只包含一个空元素 None 的列表 [None] 重复 n 次，即可创建一个元素个数为 n 并且元素值均为 None 的列表。下面的代码以包含 5 个元素的列表为例。

```
# 创建一个包含5个元素并且所有元素均为空的列表
list12 = [None] * 5            # [None, None, None, None, None]
```

可以使用乘法运算符 * 进行重复，这一点和字符串一样。

▊ 元组

元组是一组有序元素的集合，也是 **tuple** 类型的**不可变对象**。

表示元组的符号是小括号 ()，元组中各元素之间要用半角逗号隔开。元组与列表的相同之处在于最后一个元素后面都要加逗号，**不同之处在于，在不构成歧义时，元组的小括号可以省略**。此外，一对空的小括号用于创建一个空元组。

```
tuple01 = ()                   # ()
tuple02 = 1,                   # (1,)
tuple03 = (1,)                 # (1,)
tuple04 = 1, 2, 3              # (1, 2, 3)
tuple05 = 1, 2, 3,             # (1, 2, 3)
tuple06 = (1, 2, 3)            # (1, 2, 3)
tuple07 = (1, 2, 3, )          # (1, 2, 3)
tuple08 = 'A', 'B', 'C',       # ('A', 'B', 'C')
```

在创建 **tuple02** 和 **tuple03** 这种只包含一个元素的元组时，必须在元素后面加半角逗号。如果不加，程序会认为该变量只是一个单一的值。

```
# 以下变量都是单一的值，不是元组
v01 = 1                        # 1      ※该变量是一个int类型变量，不是元组
v02 = (1)                      # 1      ※该变量是一个int类型变量，不是元组
```

▶ 小括号也能作为括号运算符使用，例如加法运算式 (5 + 2) 的结果就等于整数 7，而在定义元组时，(7) 也只表示一个整数 7。为了与括号运算符区分开来，必须在元素后面加半角逗号。

使用内置函数 **tuple** 函数，可以基于字符串和列表等各种类型的对象创建元组。另外，如果创建的是一个没有实参的 tuple()，则 tuple() 会返回一个空元组。

```
tuple09 = tuple()              # ()                         空元组
tuple10 = tuple('ABC')         # ('A', 'B', 'C')   根据字符串的各个字符创建元组
tuple11 = tuple([1, 2, 3])     # (1, 2, 3)          根据列表创建元组
tuple12 = tuple({1, 2, 3})     # (1, 2, 3)          根据集合创建元组
```

tuple 函数转换 range 函数创建的整数列表（可迭代对象）后，就会创建出由特定范围内的整数组成的元组。

```
tuple13 = tuple(range(7))          # (0, 1, 2, 3, 4, 5, 6)
tuple14 = tuple(range(3, 8))       # (3, 4, 5, 6, 7)
tuple15 = tuple(range(3, 13, 2))   # (3, 5, 7, 9, 11)
```

■ 解包

如果允许将列表或元组赋给多个变量，则可通过解包操作，获取列表或元组中的元素，并依次赋给每个变量。

我们在交互式运行环境中进行确认（列表 x 的元素被提取到 a、b、c 中）。

示例2-1　从列表中批量提取元素
```
>>> x = [1, 2, 3]↵
>>> a, b, c = x↵                  ← 列表的解包
>>> a, b, c↵
(1, 2, 3)
```

如上所示，从一个列表或元组中提取元素，拆分成独立的多个元素的过程就称为**解包**（unpack）。

■ 通过索引表达式访问

我们可以使用**索引**访问列表和元组中的元素。基本思路如图 2-2 所示。

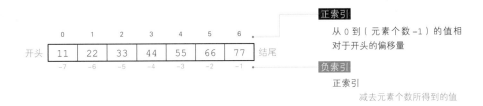

正索引
从 0 到（元素个数 −1）的值相对于开头的偏移量

负索引
正索引
减去元素个数所得到的值

图 2-2　列表和索引

■ 索引表达式

索引表达式用于在索引运算符 [ ] 中指定整数索引，查找列表中的指定元素。我们在交互式运行环境中进行确认。

```
示例2-2    列表和索引表达式
>>> x = [11, 22, 33, 44, 55, 66, 77]⏎
>>> x[2]⏎
33
>>> x[-3]⏎
55
>>> x[-4] = 3.14⏎    •                                            元素置换
>>> x
[11, 22, 33, 3.14, 55, 66, 77]
>>> x[7]⏎    •                                          不能提取索引不存在的元素
Traceback (most recent call last):
  File "<stdin>", line 1, in <module>
IndexError: list index out of range
>>> x[7] = 3.14⏎    •                                   不能通过给不存在的索引赋值来添
Traceback (most recent call last):                      加元素
  File "<stdin>", line 1, in <module>
IndexError: list assignment out of range
```

前半部分很容易理解，就是提取并输出 x[2] 和 x[-3] 的值。

接下来，我们来看如何对 x[-4] 进行赋值。将列表的索引表达式放在赋值符号的左边，赋值完成后，x[-4] 由 int 类型转换为 float 类型，即这个元素由整数 44 转换成了浮点数 3.14。

因为赋值语句只是复制新对象的引用，不复制对象本身（详见专栏 1-14），所以 x[-4] 要引用的对象只会由 int 类型的 44 更新为 float 类型的 3.14。

如果 x 是一个元组，这个赋值就会出现错误（因为元组属于不可变类型）。

接下来，我们要求程序输出 x[7]。由于 7 是非法索引，所以会发生错误。给 x[7] 赋值也会发生错误。**将索引表达式放在赋值符号左边来给不存在的索引赋值，是无法添加元素的。**

■ 通过切片表达式访问

所谓**切片**（slice），就是连续或以固定间隔截取列表或元组的一部分，生成新的列表或元组。

■ 通过切片表达式截取

切片表达式（slicing）包括以下两种形式。

---
s[i:j]   ：返回从 **s[i]** 到 **s[j-1]** 的子序列。   切片表达式

s[i:j:k]：返回从 **s[i]** 到 **s[j-1]** 的步长为 **k** 的子序列。

首先，我们来确认切片表达式的基本用法。

```
示例2-3    列表和切片表达式
>>> s = [11, 22, 33, 44, 55, 66, 77]⏎
>>> s[0:6]⏎
[11, 22, 33, 44, 55, 66]
>>> s[0:7]⏎
[11, 22, 33, 44, 55, 66, 77]
>>> s[0:7:2]⏎
[11, 33, 55, 77]
>>> s[-4:-2]⏎
[44, 55]
>>> s[3:1]⏎
[]
```

i、j、k 的定义规则如下所示。

- 如果 **i** 和 **j** 大于 **len(s)**，则返回 **len(s)** 指定的长度。

  这与索引不同。即使指定的值超出了有效值范围，也不会发生错误。
- 如果 **i** 为 **None** 或被省略，则从第 0 个元素开始截取。
- 如果 **j** 为 **None** 或被省略，则截取到 **len(s)** 指定的元素为止。

这些规则乍一看很复杂，但正因为有了这些规则，我们才能更便捷地指定要截取的元素。
另外还有一些省略 i、j、k 的模式，具体如下所示。

`s[:]`	截取所有元素	`s[:]`	`[11, 22, 33, 44, 55, 66, 77]`
`s[:n]`	截取前 n 个元素	`s[:3]`	`[11, 22, 33]`
`s[i:]`	截取从 `s[i]` 到最后的元素	`s[3:]`	`[44, 55, 66, 77]`
`s[-n:]`	截取后 n 个元素	`s[-3:]`	`[55, 66, 77]`
`s[::k]`	每隔 k-1 个截取一次	`s[::2]`	`[11, 33, 55, 77]`
`s[::-1]`	反向截取	`s[::-1]`	`[77, 66, 55, 44, 33, 22, 11]`

▶ 如果 n 大于元素个数，则截取所有元素。

专栏 2-1 ┃ 可变类型与不可变类型以及赋值

在 Python 中，一个变量可以被赋值成不同的类型。下面我们在交互式运行环境中进行确认。

```
>>> n = 5 ⏎          ← 把 int 类型整数赋给变量
>>> id(n) ⏎
140711199888732
>>> n = 'ABC' ⏎      ← 把 str 类型字符串赋给变量
>>> id(n) ⏎
140711199888764      ← 标识符发生改变
```

把字符串赋给变量后，n 的标识符发生了变化。

如图 2C-1 所示，变量 n 的引用对象由 int 类型的整数 5 更
新为 str 类型的字符串 'ABC'。

图 2C-1　不同类型变量的赋值

当然，原本的 int 类型对象 5 本身的类型和值都不会发生变化。

在给变量赋值时，只复制对象的引用，即标识符，不会复制对象本身（详见专栏 1-14）。因此，
我们可以将任意类型的对象赋给变量。

Python 的赋值语句功能非常强大。我们知道第一次给变量赋值会创建变量并使用那个值进行初
始化。除此之外，Python 的赋值语句还有很多其他功能。

例如，可以同时给多个变量赋值。下面我们来进行确认。

```
>>> a, b, c = 1, 2, 3 ⏎    ← 把 1、2、3 分别赋给 a、b、c
>>> a ⏎
1
>>> b ⏎
```

```
2
>>> c↵
3
```

下面我们来简单应用一下。

```
>>> x = 6↵
>>> y = 2↵
>>> x, y = y + 2, x + 3↵    ← 把y + 2赋给x，把x + 3赋给y
>>> x↵
4
>>> y↵
9
```

这段代码用于给 x 和 y 赋值。如果按顺序执行赋值，则应该首先通过 x = y + 2 将 x 更新为 4，然后通过 y = x + 3 将 y 更新为 7（更新后的 x 为 4，加上 3 后赋给 y）。

但实际上并非如此。在逻辑上两次赋值是同时进行的。赋值过程如下所示。

- 通过 x = y + 2，将 x 更新为 4。
- 通过 y = x + 3，将 y 更新为 9。

接下来，我们尝试通过增量赋值使 n 的值递增。

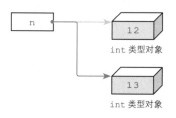

```
>>> n = 12↵
>>> id(n)↵
140711199888768
>>> n += 1↵         ← 将 n 的值增加 1
>>> id(n)↵
140711199888800    ← 标识符发生改变
```

图 2C-2　增量赋值

通过增量赋值 += 使 n 的值递增后，n 的标识符发生了改变。

如图 2C-2 所示，n 的引用对象由 int 类型对象 12 更新为 int 类型对象 13（详见专栏 1-14）。

数据类型 int 和字符串类型 str 是不可变类型，一旦被赋值，就不能改变。

也许有人反驳说变量 n 的值发生了改变，但事实并非如此。正是因为 int 类型的整数对象 12 不能改变，为了引用另外的整数对象 13，变量 n 才发生了改变。

还有一种可变类型，赋值后还能改变，也就会说，数据类型有如下两种。

- 可变类型　：列表、字典、集合等。　　　　　※ 值可变。
- 不可变类型：数值、字符串、元组等。　　　　※ 值不可变。

现在，我们了解了 Python 赋值的一些知识。

- 如果一个变量名第一次出现在赋值语句的左边，则创建该变量。
- 在赋值语句中，赋给变量的是引用对象（标识符），而不是值。
- 可以同时给多个变量赋值。

这里介绍的只是赋值功能的冰山一角。正是由于赋值语句的功能多种多样，所以在 Python 中，赋值符号 = 与 +、* 等运算符不同，它不属于运算符。

我们很容易就能确认 x + 17 是一个表达式，而 x = 17 不是表达式。

```
>>> x = 0↵
>>> type(x + 17)↵                    ← 获取 x + 17 的类型
<class 'int'>
```

```
>>> type(x = 17) ⏎                          ← 获取 x = 17 的类型（发生错误）
Traceback (most recent call last):
  File "<stdin>", line 1, in <module>
TypeError: type() takes 1 or 3 arguments
```

后者不是表达式，没有可供程序查看的类型，所以会发生错误。二者的根本差异如下所示。

- **x + 17** 是一个表达式（expression）。　　　※ **+** 是加法运算符。
- **x = 17** 是一条语句（statement）。　　　　　※ **=** 不是运算符。

顺便说一下，在 C 语言、C++ 和 Java 等语言中，= 是右结合运算符。所以，赋值表达式

```
a = b = 1                                   /*C 语言、C++、Java*/
```

会先将 1 赋给 b，再把赋值表达式 b = 1 的求值结果 1 赋给 a，即 a = (b = 1)。

在 Python 中，由于 = 不是运算符，所以也就不存在右结合性或左结合性等结合性的概念了。
因此在 Python 中，a = (b = 1) 肯定会发生错误。

```
>>> a = (b = 1) ⏎
File "<stdin>", line 1
    a = (b = 1)
          ^
SyntaxError: invalid syntax
```

学过其他编程语言的人要格外注意，不要误以为 = 是右结合运算符而陷入思维陷阱（详见专栏 8-3）。

数据结构

数据结构（data structure）是指相互之间存在一种或多种特定关系的数据元素的集合，是数据之间的逻辑结构。

GB/T 5271.15-2008[①] 中对数据结构的定义如下所示。

数据单元间的物理联系或逻辑联系和数据本身。

也就是说，数据结构是聚集了多个数据的结构。

▶ 当然，偶尔也存在只有 1 个数据或没有数据的情况。

本书中把列表和元组统称为**数组**。另外，将索引值称为**下标**，并且基本只使用非负数（0 和正数）。

---

① 即《信息技术 词汇 第 15 部分：编程语言》，该标准等效采用国际标准 ISO/IEC 2382-15：1999，它给出了与信息处理领域相关的概念的术语和定义。——编者注

专栏 2-2 | **列表和元组（其一）**

下面要介绍的是与列表和元组相关的重要的基础知识。

▪ 通过 `len` 函数获取元素个数

我们可以通过 `len` 函数获取列表和元组的元素个数（长度）。

```
>>> x = [15, 64, 7, 3.14, [32, 55], 'ABC']⏎
>>> len(x)⏎
6
```

元素本身如果是一个列表（或元组、集合等），也只算作一个元素。元素中包含的元素不计算在内（即 x 中包含的 [32, 55] 算作一个元素，不能算作两个）。

▪ 通过 `min` 函数或 `max` 函数获取最小值或最大值

列表和元组也可以作为参数传递给内置函数 min 函数和 max 函数。所以，如果 x 是列表或元组，则可以通过 min(x) 或 max(x) 来获取列表或元组中元素的最小值或最大值（详见专栏 6-1）。

▪ 判断空列表或空元组

不含任何元素的空列表或空元组的返回值为假。因此，要根据 x 是否为空列表（或空元组）来执行不同的操作，我们可以使用以下程序实现这一点。

```
if x:
    # 当 x 为非空列表时执行的语句序列
else:
    # 当 x 为空列表时执行的语句序列
```

当然，条件表达式也可以使用 not x（需要调换两个语句序列的顺序）。

▪ 通过值比较运算符判断大小关系和等价性

通过值比较运算符可以判断列表之间或元组之间的大小关系和等价性。以下判断的返回值都为真。

```
[1, 2, 3]       == [1, 2, 3]
[1, 2, 3]       <  [1, 2, 4]
[1, 2, 3, 4]    <= [1, 2, 3, 4]
[1, 2, 3]       <  [1, 2, 3, 5]
[1, 2, 3]       <  [1, 2, 3, 5]   <  [1, 2, 3, 5, 6]   # and连接
```

按顺序从第一个元素开始比较，如果元素值相等，则继续比较下一个元素。

如果元素值不相等，则判定较大元素所属的列表（或元组）较大。此外，如最后的两个例子所示，开头的 [1, 2, 3] 是相同的，这时判定元素个数较多的列表较大。

▪ 列表和元组的相同点和不同点

列表和元组之间既有相同的地方又有不同的地方，具体如表 2C-1 所示。

表 2C-1　比较列表和元组

性质或功能	列表	元组
可变	○	× 不可变
可以作为字典的键	×	○
可迭代	○	○
成员运算符 in 运算符或 not in 运算符	○	○
通过加法运算符 + 进行连接	○	○
通过乘法运算符 * 进行循环	○	○
通过复合赋值运算符 += 进行连接赋值	○	△ 不能原地进行
通过复合赋值运算符 *= 进行循环赋值	○	△ 不能原地进行
索引表达式	○	△ 不能放在等号左边
切片表达式	○	△ 不能放在等号左边
通过 len 函数获取元素个数	○	○
通过 min 函数或 max 函数获取最小值或最大值	○	○
通过 sum 函数获取总和	○	○
使用 index 方法进行查找	○	○
使用 count 方法获取出现次数	○	○
使用 del 语句删除元素	○	×
使用 append 方法添加元素	○	×
使用 clear 方法删除所有元素	○	×
使用 copy 方法进行复制	○	×
使用 extend 方法进行扩展	○	×
使用 insert 方法插入元素	○	×
使用 pop 方法提取元素	○	×
使用 remove 方法删除指定元素	○	×
使用 reverse 方法进行原地反转	○	×
通过推导式创建	○	×

※ 本专栏未完，后续内容详见专栏 2-3。

2-2　数组

上一节介绍了数据结构的定义和数组的基础知识。本节将介绍数组中的一些基本算法。

■ 求数组中元素的最大值

首先我们来思考如何求数组中元素的最大值。如果数组 a 中有 3 个元素，我们可以通过以下程序求 3 个元素 a[0]、a[1] 和 a[2] 中的最大值。

```
maximum = a[0]
if a[1] > maximum: maximum = a[1]   如果元素个数为 3，则执行 2 次 if 语句。
if a[2] > maximum: maximum = a[2]
```

虽然变量名不同，但是求数组中元素的最大值与第 1 章中求 3 个数中的最大值的过程是相同的。如果元素个数为 4，则程序如下所示。

```
maximum = a[0]
if a[1] > maximum: maximum = a[1]   如果元素个数为 4，则执行 3 次 if 语句。
if a[2] > maximum: maximum = a[2]
if a[3] > maximum: maximum = a[3]
```

无论数组中有多少个元素，程序都会先把第一个元素 a[0] 赋给 maximum。然后，在 if 语句的执行过程中，根据需要更新 maximum 的值。

如果元素个数为 n，则需要执行 n-1 次 if 语句。这时，与 maximum 进行比较的元素，以及赋给 maximum 的元素的下标会按照 1，2，…的形式依次递增。

因此，求数组 a 中元素最大值的算法流程如图 2-3 所示。

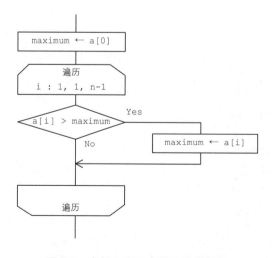

图 2-3　求数组中元素最大值的算法

基于该算法定义求数组 a 中元素最大值的函数，以及使用该函数求最大值的过程如图 2-4 所示。

▶ 图中以一个包含 5 个元素的数组为例。

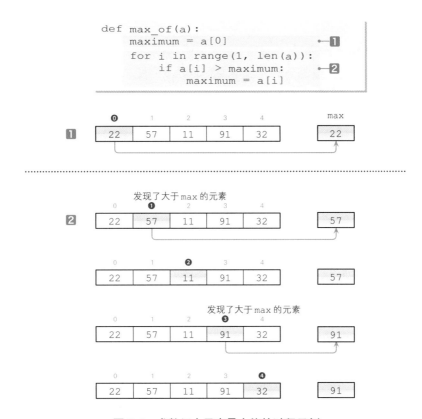

图 2-4　求数组中元素最大值的过程示例

图中●内的数值，就是我们**要关注的元素的下标**。

从数组的第一个元素开始逐一向后扫描关注的元素。语句**1**中关注 a[0]，把 a[0] 赋给了 maximum。语句**2**的 `for` 语句从 a[1] 开始依次向后扫描到最后一个元素。

这种按顺序依次扫描数组元素的过程称为**遍历**（traverse）。后面章节中会频繁使用遍历，请务必牢记这个术语。

*

在语句**2**的遍历过程中，如果 `if` 语句的条件表达式 a[i] > maximum 的求值结果为真（关注的元素 a[i] 的值大于之前的最大值），则把 a[i] 赋给 maximum。当遍历完数组中的所有元素后，maximum 就是数组 a 中元素的最大值。

■ 实现求数组中元素最大值的函数

代码清单 2-2 中的程序以更实用的形式实现了前面的函数。

```python
# 输出序列中元素的最大值

from typing import Any, Sequence

def max_of(a: Sequence) -> Any:
    """返回序列a中元素的最大值"""
    maximum = a[0]
    for i in range(1, len(a)):
        if a[i] > maximum:
            maximum = a[i]
    return maximum

if __name__ == '__main__':
    print('求数组的最大值。')
    num = int(input('元素个数:'))
    x = [None] * num    # 创建包含num个元素的列表

    for i in range(num):
        x[i] = int(input(f'x[{i}]:'))

    print(f'最大值为{max_of(x)}。')
```

```
运行示例
求数组的最大值。
元素个数: 5 ↵
x[0]: 172 ↵
x[1]: 153 ↵
x[2]: 192 ↵
x[3]: 140 ↵
x[4]: 165 ↵
最大值为192。
```

程序中的浅蓝色阴影部分是 max_of 函数的定义,该函数用于求数组 a 中元素的最大值。程序后半部分的 if 语句中的灰色阴影部分是 max_of 函数的测试代码。

▶ 术语的使用原则为,正文中使用数组,程序注释中使用序列或列表。

本程序中使用了**注释**和**构建模块**(根据 __name__ 和 '__main__' 的等价性选择性地执行程序)等技术。

后面我们在创建程序时还会使用与代码清单 2-2 相同的结构,所以需要了解采用这种实现方式的原因。

注释和类型提示

首先,请注意程序中第一行的 import 语句。

```python
from typing import Any, Sequence
```

导入后,Any 和 Sequence 可以作为一个普通变量名使用。

Any 表示无限制(任意)类型,Sequence 表示**序列类型**(sequence type)。序列类型又包括**列表类型**(list 类型)、**字节数组类型**(bytearray 类型)、**字符串类型**(str 类型)、**元组类型**(tuple 类型)和**字节类型**(bytes 类型)。

所以,max_of 函数在头部注释中声明了以下内容。

- 希望接收一个序列类型的形参 a。
- 返回值为任意类型。

综上所述,max_of 函数应具有以下特征。

- 数组 a 中元素的值在函数中不会改变。
- 调用者传递的实参只要是序列类型即可，它可以是可变类型的列表，也可以是不可变类型的元组或字符串等。
- 调用者传递的序列元素中，可以混合不同类型的数据（例如 int 类型和 float 类型），只要它们之间可以通过值比较运算符 > 进行比较即可。
- 返回具有最大值的元素（如果具有最大值的元素是 int 类型，则返回值为 int 类型；如果是 float 类型，则返回值为 float 类型）。

请注意，若函数中改变了形参数组中某元素的值，就需要注释该数组为可变序列（MutableSequence），而不能只将其注释为序列（Sequence）。

▶ 注释为可变序列后，实参可以传递可变类型的列表，不能传递不可变类型的字符串、元组和字节字符串。

构建可复用模块

在 Python 中，每个脚本程序都是一个模块（module）。
不带扩展名 .py 的文件名就是模块名，所以本程序中的模块名就是 max。

*

在后半部分的 if 语句中，程序判断了 __name__ 和 '__main__' 的等价性。
左操作数的变量 __name__ 表示模块名，其决定方式如下所示。

- 如果直接运行脚本程序，则变量 __name__ 就是 '__main__'。
- 如果导入脚本程序，则变量 __name__ 就是原始的模块名（这里为 max）。

在 Python 中一切皆为对象，模块自然也是对象。在程序中首次导入某个模块时，Python 会创建模块对象并进行初始化。
因此，只有在直接运行 max.py 时，程序后半部分 if 语句的判断结果才会为真，才会执行程序中灰色阴影部分的代码。如果模块是从其他脚本程序导入的，那么 if 语句的判断结果为假，不会执行程序中灰色阴影部分的代码。

▶ 除 __name__ 之外，模块对象中还包含 __loader__、__package__、__spec__、__path__、__file__ 等变量（属性）。

模块测试

下面我们从其他脚本程序调用代码清单 2-2 的模块 max 中定义的 max_of 函数。

在读取数值时确定元素个数

代码清单 2-3 中的程序可以从键盘依次读取 int 类型的整数，并在收到结束指令时（如输入了 'End'）完成读取（这时元素个数已经确定）。

▶ max_of 函数的调用程序（也包括本程序）必须与 max.py 放在同一个源程序文件中。

代码清单 2-3   chap02/max_of_test_input.py

```
# 求数组中元素的最大值并输出( 读取元素值 )

from max import max_of

print('求数组的最大值。')
print('备注:收到"End"后结束输入。')

number = 0
x = []                              # 空列表

while True:
    s = input(f'x[{number}]:')
    if s == 'End':
        break
    x.append(int(s))         # 添加到末尾
    number += 1

print(f'已读取{number}个元素。')
print(f'最大值为{max_of(x)}。')
```

```
运行示例
求数组的最大值。
备注: 收到"End"后结束输入。
x[0]: 15⏎
x[1]: 72⏎
x[2]: 64⏎
x[3]: 7⏎
x[4]: End⏎
已读取4个元素。
最大值为72。
```

当程序阴影部分的 import 语句从模块 max 导入 max_of 函数后，max_of 就变成一个普通的变量名。

程序首先创建一个空数组（空列表），即列表 x。

while 语句作为无限循环，会不断读取字符串。如果读取的字符串 s 是 'End'，则执行 break 语句强制终止 while 语句。

如果读取的字符串 s 不是 'End'，则将读取的整数（该整数由 int 函数对字符串 s 进行转换得到）添加到数组 x 的末尾。

变量 number 的初始值为 0，每读取一次整数，其值就递增 1，因此变量 number 中存储了从键盘读取整数的次数（与数组 x 的元素个数相同）。

▶ 前面介绍过，如果模块是从其他脚本程序导入的，那么 __name__ == '__main__' 的判断结果为假，所以只有要导入的模块 max.py 会被执行，即代码清单 2-2 中 max_of 函数（灰色阴影部分）的部分，其他部分不会被执行。

使用随机数给数组元素赋值

代码清单 2-4 中的程序可以从键盘读取数组的元素个数，并使用随机数给数组元素赋值。

代码清单 2-4   chap02/max_of_test_randint.py

```
# 求数组中元素的最大值并输出( 使用随机数给数组元素赋值 )

import random
from max import max_of

print('求随机数的最大值。')
num = int(input('随机数的个数:'))
lo = int(input('随机数下限:'))
hi = int(input('随机数上限:'))
x = [None] * num    # 创建一个包含num个元素的列表

for i in range(num):
    x[i] = random.randint(lo, hi)

print(f'{(x)}')
print(f'最大值为{max_of(x)}。')
```

```
运行示例
求随机数的最大值。
随机数的个数: 5⏎
随机数下限: 10⏎
随机数上限: 99⏎
[15, 33, 74, 89, 85]
最大值为89。
```

▶ 使用 random.randint(a, b) 调用 random 模块的 randint 函数，返回一组 [a, b] 之间的随机整数（详见专栏 1-13）。

▌求元组中元素最大值、字符串的最大值和字符串列表的最大值

代码清单 2-5 中的程序用于求出元组中元素的最大值、字符串（中的字符）的最大值和字符串列表的最大值。

代码清单 2-5   chap02/max_of_test.py

```python
# 求数组元素的最大值并输出( 元组、字符串和字符串列表 )

from max import max_of

t = (4, 7, 5.6, 2, 3.14, 1)
s = 'string'
a = ['DTS', 'AAC', 'FLAC']

print(f'{t}的最大值为{max_of(t)}。')
print(f'{s}的最大值为{max_of(s)}。')
print(f'{a}的最大值为{max_of(a)}。')
```

运行结果
```
(4, 7, 5.6, 2, 3.14, 1)的最大值为7。
string的最大值为t。
['DTS', 'AAC', 'FLAC']的最大值为FLAC。
```

元组 t 中同时存在整数和实数元素，它的最大值为 7。

字符串 s 内的最大值是字符编码最大的字符 't'（因为字符串也是序列）。

a 是字符串列表（list 类型的列表，所有元素都是 str 类型的字符串）。按照字典顺序求出其中最大的字符串为 'FLAC'。

▶ 使用标准库中的 max 函数和 min 函数可以求出列表和元组（或字符串等）中的最大值和最小值（详见专栏 2-2）。

专栏 2-3 | 列表和元组（其二）

下面继续介绍列表和元组。

· 分别创建的列表或元组的同一性

分别创建的两个列表，即便所有元素的值都相同，也是两个不同的对象实体。

```
>>> lst1 = [1, 2, 3, 4, 5]
>>> lst2 = [1, 2, 3, 4, 5]
>>> lst1 is lst2
False
```

使用 is 运算符判断 lst1 和 lst2 是否具有相同的**标识符**（同一性），返回结果为 False（元组也是如此）。

[1, 2, 3, 4, 5] 是一个表达式，**它通过 [] 运算符创建新的列表对象**，所以并不是所谓的字面量。

· 列表和元组的赋值

在把列表中的值赋给变量时，列表中的元素本身（元素序列）并不会被复制，因为赋值语句只会

复制对象的引用，不会复制对象本身。

```
>>> lst1 = [1, 2, 3, 4, 5]⏎
>>> lst2 = lst1⏎
>>> lst1 is lst2⏎
True
>>> lst1[2] = 9⏎
>>> lst1⏎
[1, 2, 9, 4, 5]
>>> lst2⏎
[1, 2, 9, 4, 5]
```

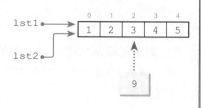

图 2C-3 列表和赋值

赋值后，lst2 会引用 lst1 所引用的对象列表，即 lst2 和 lst1 引用的是同一个实体（列表）（图 2C-3）。

因此，使用索引表达式（或切片表达式）改变 lst1 中的元素后，lst2 中的元素也发生了改变。

另外，元组中可以进行元组赋值，但是不能对元组中的元素进行赋值。

▪ **列表遍历**

列表的 4 种遍历方式如代码清单 2C-1~ 代码清单 2C-4 所示。

①代码清单 2C-1：先使用 len 函数获取列表中的元素个数，然后从 0 遍历到（元素个数 −1）。

②代码清单 2C-2：使用 enumerate 函数获取下标和元素，然后进行遍历。

③代码清单 2C-3：同上，不同之处是从 1 开始计数。

④代码清单 2C-4：不使用下标时，使用 in 语句从第一个元素开始依次遍历列表，获取列表中的元素。

程序②和程序③中使用的 **enumerate 函数**是一个内置函数，它可以将列表元素和该元素的下标打包成一个元组并列举出来。

程序②以 (0, 'John')、(1, 'George')……的形式按顺序获取下标和元素；程序③以 (1, 'John')、(2, 'George')……的形式按顺序获取下标和元素。

由于列表是**可迭代对象**，所以程序④才能逐一获取列表 x 中的元素并将其添加到 i 中。

代码清单 2C-1   chap02/list1.py

```
# 遍历列表中的所有元素( 提前获取元素个数 )

x = ['John', 'George', 'Paul', 'Ringo']

for i in range(len(x)):
    print(f'x[{i}] = {x[i]}')
```

运行结果
```
x[0] = John
x[1] = George
x[2] = Paul
x[3] = Ringo
```

代码清单 2C-2   chap02/list2.py

```
# 使用enumerate函数遍历列表中的所有元素

x = ['John', 'George', 'Paul', 'Ringo']

for i, name in enumerate(x):
    print(f'x[{i}] = {name}')
```

运行结果
```
x[0] = John
x[1] = George
x[2] = Paul
x[3] = Ringo
```

代码清单 2C-3   chap02/list3.py

```python
# 使用enumerate函数遍历列表中的所有元素（从1开始计数）
x = ['John', 'George', 'Paul', 'Ringo']

for i, name in enumerate(x, 1):
    print(f'第{i}个 = {name}')
```

运行结果
第1个 = John
第2个 = George
第3个 = Paul
第4个 = Ringo

代码清单 2C-4   chap02/list4.py

```python
# 遍历列表中的所有元素（不使用索引值）
x = ['John', 'George', 'Paul', 'Ringo']

for i in x:
    print(i)
```

运行结果
John
George
Paul
Ringo

▪ 元组遍历

按如下格式修改上述程序中对 x 的赋值语句，就可以得到元组遍历程序。

```python
x = ('John', 'George', 'Paul', 'Ringo')
```

本书源程序中也包含了修改后的元组遍历程序（chap02/tuple1.py、chap02/tuple2.py、chap02/tuple3.py、chap02/tuple4.py）。

如果要以相反的顺序从列表或元组的末尾开始遍历，就需要将遍历对象由 x 改为 reversed(x) 或 x[::-1]。

▪ 可迭代

字符串、列表、元组、集合和字典等类型的共同点是，它们都是**可迭代对象**。

可迭代对象是指该对象中的元素可以逐个迭代获取。

在将可迭代对象作为参数传递给内置函数 **iter** 时，程序将返回该可迭代对象的**迭代器**（iterator）。

迭代器是一个对象，表示可迭代的数据集合。通过调用迭代器的 __next__ 方法或将迭代器传递给内置函数 **next**，程序将按顺序提取数据集合中的元素。

所有元素都遍历结束后，next 函数会抛出一个 **StopIteration** 异常。

■ 反转数组中元素的顺序

接下来介绍的算法用于反转数组中元素的顺序。例如，数组 a 中包含 7 个元素，从第一个元素开始依次为 2，5，1，3，9，6，7，反转后就变成了 7，6，9，3，1，5，2。

图 2-5 展示了反转过程。如图 2-5 ⓐ所示，首先将第一个元素 a[0] 和最后一个元素 a[6] 交换。接下来如图 2-5 ⓑ和图 2-5 ⓒ所示，从两侧开始逐渐向中间移动，进行两两交换。

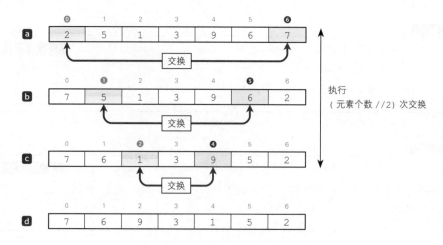

图 2-5 反转数组中元素的顺序

需要执行（元素个数 // 2）次交换操作。该除法运算会舍掉余数。如图 2-5 所示，当元素个数为奇数时，中间元素不动。

▶ "整数 // 整数"的结果仍为整数，余数部分一律舍掉，非常方便（当然，当元素个数为 7 时，交换次数为 7 // 2，等于 3）。

对一个包含 n 个元素的数组进行 ⓐ→ⓑ→……的处理，将变量 i 按照 0，1，…的形式递增，需要交换的数组元素的下标就会按照下面的方式变化。

- 左侧元素的下标（图 2-5 中●内的值）：i   →如果 n 为 7，则为 0→1→2
- 右侧元素的下标（图 2-5 中●内的值）：n - i - 1   →如果 n 为 7，则为 6→5→4

因此，对于一个包含 n 个元素的数组，我们可以使用以下算法反转数组中元素的顺序。

```
for i in range(n // 2):
    交换a[i]和a[n - i - 1]的值。
```

▶ 本书的一些地方会混合使用 Python 和汉字进行表述。

代码清单 2-6 中的程序用于反转数组中元素的顺序。

代码清单 2-6   chap02/reverse.py

```python
# 反转可变序列中元素的顺序

from typing import Any, MutableSequence

def reverse_array(a: MutableSequence) -> None:
    """反转可变序列a中元素的顺序"""
    n = len(a)
    for i in range(n // 2):
        a[i], a[n - i - 1] = a[n - i - 1], a[i]

if __name__ == '__main__':
    print('反转数组中元素的顺序。')
    nx = int(input('元素个数:'))
    x = [None] * nx         # 创建一个包含nx个元素的列表

    for i in range(nx):
        x[i] = int(input(f'x[{i}]:'))

    reverse_array(x)        # 反转x中元素的顺序

    print('已反转数组中元素的顺序。')
    for i in range(nx):
        print(f'x[{i}]={x[i]}')
```

```
        运行示例
反转数组中元素的顺序。
元素个数：7↵
x[0]  : 2↵
x[1]  : 5↵
x[2]  : 1↵
x[3]  : 3↵
x[4]  : 9↵
x[5]  : 6↵
x[6]  : 7↵
已反转数组中元素的顺序。
x[0] = 7
x[1] = 6
x[2] = 9
x[3] = 3
x[4] = 1
x[5] = 5
x[6] = 2
```

reverse_array 函数接收参数数组 a 后，会反转其中元素的顺序。

程序从键盘读取数组的元素个数和每个元素的值，然后通过 reverse_array 函数反转并输出数组元素。

▶ 即使不引入变量 n 来存储数组 a 的元素个数，也能实现反转的目的，只是程序的可读性较差（chap02/reverse2.py）。

专栏 2-4 | 反转列表

我们可以使用标准库来反转列表或创建新的反转的列表。

· 反转列表

使用 list 类型的 reverse 方法可以原地反转列表中元素的顺序。使用下面的语句可以反转列表 x（元组是不可变类型，不能原地反转）

```python
x.reverse()                    # 反转列表 x 中元素的顺序
```

· 创建反转的列表

reversed(x) 可以调用 reversed 函数来反转序列（不是列表）并创建一个可迭代对象（严格来讲，它会返回一个反转序列的迭代器）。

因此，如果需要反转一个列表并输出新的列表，就可以将 reversed 函数返回的可迭代对象传递给 list 函数，创建新的列表（转换为列表）。例如，下面的语句可以将 x 的反转列表赋给 y。

```python
y = list(reversed(x))          # 将列表 x 的反转列表赋给 y
```

进制转换

接下来，我们思考如何通过进制转换算法把整数转换为任意进制的数。

我们以十进制数为例，在将十进制整数转换为 n 进制数时，可以用该十进制整数除以 n，记下余数，整数商作为新的十进制整数继续除以 n，直到商等于 0。最后**把所有余数倒序排列**，就得到了转换结果。

基于该思路，图 2-6 展示了把十进制整数 59 转换为二进制数、八进制数和十六进制数的过程。

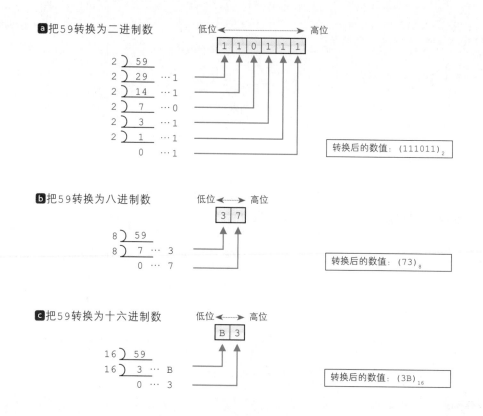

图 2-6 进制转换的过程

十六进制数用以下十六个字符来表示（详见专栏 2-5）。

0、1、2、3、4、5、6、7、8、9、A、B、C、D、E、F

当进制数大于等于 10 时，除了使用 0 ~ 9，还会用到字母 A, B, …。

▶ 采用数字 0 ~ 9 和字母 A ~ Z，最多可以表示到三十六进制数。

专栏 2-5	关于基数

　　n 进制数是指进制的基数为 n。这里笔者以十进制数、八进制数和十六进制数为例，简单介绍各进制。

▪ 十进制数

十进制数用以下 10 个数来表示。

```
0  1  2  3  4  5  6  7  8  9
```

十进制数逢十进一，一旦某一位的值达到 10，就需要向高位进位。2 位数的十进制数包括 10 到 99，之后再进一位就变成 100。具体如下所示。

```
1 位数          … 用 0 到 9 这 10 个数来表示。
1 位数 ~ 2 位数   … 用 0 到 99 这 100 个数来表示。
1 位数 ~ 3 位数   … 用 0 到 999 这 1000 个数来表示。
```

十进制数中各数位的位权是 10 的幂。第 1 位的位权为 10^0，第二位的位权为 10^1，第 3 位的位权为 10^2，以此类推。例如，1234 按位权展开后如下所示。

```
1234 = 1 × 10³ + 2 × 10² + 3 × 10¹ + 4 × 10⁰
```

※10^0 等于 1。不论是 2^0 还是 8^0，结果都等于 1。任意数的 0 次幂都等于 1。

▪ 八进制数

八进制数用以下 8 个数来表示。

```
0  1  2  3  4  5  6  7
```

八进制数逢八进一，一旦某一位的值达到 8，就向高位进位变成 10，它的下一个数为 11。2 位数的八进制数包括 10 到 77，之后再进一位就变成 100。具体如下所示。

```
1 位数          … 用 0 到 7 这 8 个数来表示。
1 位数 ~ 2 位数   … 用 0 到 77 这 64 个数来表示。
1 位数 ~ 3 位数   … 用 0 到 777 这 512 个数来表示。
```

八进制数中各数位的位权是 8 的幂。第 1 位的位权为 8^0，第 2 位的位权为 8^1，第 3 位的位权为 8^2，以此类推。例如，5306（整数字面量表示为 `05306`）按位权展开后如下所示。

```
5306 = 5 × 8³ + 3 × 8² + 0 × 8¹ + 6 × 8⁰
```

用十进制数表示则为 2758。

▪ 十六进制数

十六进制数用以下 10 个数和 6 个字母来表示。

```
0 1 2 3 4 5 6 7 8 9 A B C D E F
```

从第一个数字开始分别对应十进制数的 0 ~ 15（A ~ F 也可以为小写字母）。

> 十六进制数逢十六进一，一旦某一位的值达到 16，就向高位进位变成 10。2 位十六进制数包括 10 到 FF，之后再进一位就变成 100。
>
> 十六进制数中各数位的位权是 16 的幂。第 1 位的位权为 16^0，第 2 位的位权为 16^1，第 3 位的位权 16^2，以此类推。例如，12A0（整数字面量表示为 0x12A0）按位权展开后如下所示。
>
> $$12A0 = 1 \times 16^3 + 2 \times 16^2 + 10 \times 16^1 + 0 \times 16^0$$
>
> 用十进制数表示则为 4768。

代码清单 2-7[A] 和代码清单 2-7[B] 是用于转换进制的程序。

代码清单 2-7[A]　　　　　　　　　　　　　　　　　　　　　　　chap02/card_conv.py

```python
# 将读取的十进制数转换为二进制数~三十六进制数后输出

def card_conv(x: int, r: int) -> str:
    """将整数x转换为r进制数后,再以字符串的形式输出"""

    d = ''                # 转换后的字符串
    dchar = '0123456789ABCDEFGHIJKLMNOPQRSTUVWXYZ'

    while x > 0:
        d += dchar[x % r]     # 提取相应字符后连接  ━1
        x //= r                                   ━2

    return d[::-1]        # 反转后返回
```

card_conv 函数将整数 x 转换为 r 进制数后，再以字符串的形式返回。

图 2-7 展示了将十进制数 59 转换为十六进制数的过程，我们来看一下。

首先，创建一个空字符串 d，然后 while 语句的循环体中会执行以下处理。

1 将 x 除以 r 的余数作为下标，提取对应字符 dchar[x % r] 并将其添加到字符串 d 中

▶ 字符串 dchar 中包含了 '0123456789ABCDEFGHIJKLMNOPQRSTUVWXYZ'，所以要从第一个元素开始通过 dchar[0], dchar[1], …, dchar[35]，按顺序访问其中的每个字符。

这里的 x % r 等于 11，因此要将 dchar[11] 对应的 'B' 添加到字符串 d 中（向空字符串中添加 'B' 后，字符串 d 中就包含了 'B'）。

2 用 x 除以 r（把 x // r 得到的商赋给 x）

▶ x 由 59 更新为 3。

重复该过程，直到 x 等于 0。

向字符串 d 中添加字符是按照取余数的顺序进行的，所以先得到的余数为低位。也就是说，转换后的字符串 d 的顺序与原本的字符串顺序相反。

return 语句返回的是由切片表达式 d[::-1] 反转后的字符串。

▶ 图 2-7 中的字符串 d 中包含 'B3'，因此要创建并返回反转后的字符串 '3B'。

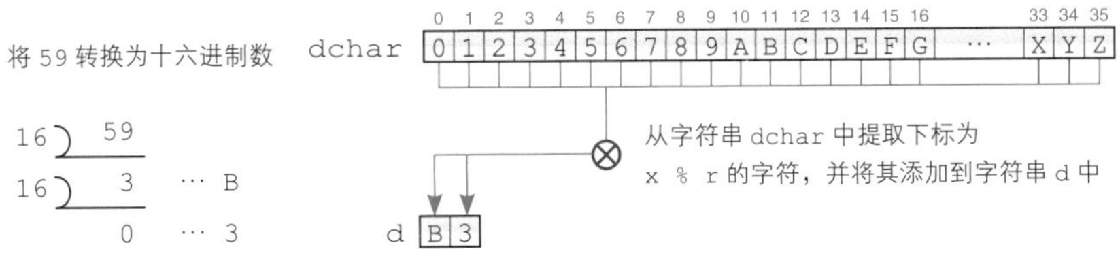

将 59 转换为十六进制数   dchar

从字符串 dchar 中提取下标为
x % r 的字符，并将其添加到字符串 d 中

图 2-7 进制转换

在主程序部分交互式执行进制转换。

代码清单 2-7[B]   chap02/card_conv.py

```python
if __name__ == '__main__':
    print('对十进制数进行进制转换。')

    while True:
        while True:                                    # 读取非负整数
            no = int(input('要转换的非负整数:'))
            if no > 0:
                break

        while True:                                    # 读取2~36的整数
            cd = int(input('转换成几进制数( 2-36 ):'))
            if 2 <= cd <= 36:
                break

        print(f'用{cd}进制数表示为{card_conv(no, cd)}。')

        retry = input("是否再转换一次( Y表示是 / N表示否 ):")
        if retry in {'N', 'n'}:
            break
```

运行示例
```
对十进制数进行进制转换。
要转换的非负整数: 29⏎
转换成几进制数（ 2-36 ）: 2⏎
用二进制数表示为11101。
是否再转换一次（ Y表示是 / N表示否 ）: N⏎
```

首先读取要转换的非负整数和转换后的基数（ 2～36 的整数 ）。

然后在程序阴影部分调用函数 card_conv，并输出返回的字符串。在输出完成后，询问用户是否再次执行。当用户输入 'N' 或 'n' 时，程序运行结束。

▶ card_conv 函数是一个黑盒子函数。即使执行该程序，我们也看不到具体的转换过程。
我们可以像下面这样改写 card_conv 函数（chap02/card_conv_verbose.py）。

```python
def card_conv(x: int, r: int) -> str:
    """将整数 x 转换为 r 进制数后，再以字符串的形式输出"""

    d = ''          # 转换后的字符串
    dchar = '0123456789ABCDEFGHIJKLMNOPQRSTUVWXYZ'
    n = len(str(x)) # 转换前的位数

    print(f'{r:2} | {x:{n}d}')
    while x > 0:
        print('   +' + (n + 2) * '-')
        if x // r:
            print(f'{r:2} | {x // r:{n}d} … {x % r}')
        else:
```

```
2 | 29
  +----
2 | 14 … 1
  +----
2 | 7 … 0
  +----
2 | 3 … 1
  +----
2 | 1 … 1
  +----
  0 … 1
```

```
            print(f'      {x // r:{n}d} … {x % r}')
        d += dchar[x % r]        # 提取相应字符后连接
        x //= r

    return d[::-1]               # 反转后返回
```

专栏 2-6 | 在函数之间传递参数

我们通过代码清单 2C-5 来看一看函数的形参和调用时传递的实参。该程序定义了一个 sum_1ton 函数，用于求出并返回 1 和 n 之间所有整数之和。

代码清单 2C-5   chap02/sum_1ton.py

```python
# 用于求1和n之间所有整数之和的程序

def sum_1ton(n):
    """求1和n之间所有整数之和"""
    s = 0
    while n > 0:
        s += n
        n -= 1
    return s

x = int(input('x的值:'))
print(f'1和{x}之间所有整数之和为{sum_1ton(x)}。')
```

运行示例
```
x的值: 5⏎
1和5之间所有整数之和为15。
```

如运行示例所示，在 sum_1ton 函数的执行过程中，形参 n 的值按 5 → 4 →…的形式递减。在函数运行结束时，n 的最终值为 0。

调用时传递给 sum_1ton 的实参是 x。在运行示例中，程序调用 sum_1ton 函数后，返回输出的结果 "1 和 5 之间所有整数之和为 15。"，由此我们可以确认变量 x 的值为 5，与调用前相比没有发生改变。

看到这个结果，请不要产生以下错觉。

✗ 程序将实参 x 的值复制给了形参 n。

在 Python 中，**实参会被赋给形参**。赋值时复制的是对象的引用，而不是对象本身，所以在复制后，n 和 x 都指向相同的引用对象（图 2C-4 **ⓐ** ）。

因为整数是不可变类型，所以即使在 sum_1ton 函数里改变形参 n 的值，实参 x 的值也不会发生改变。

改变形参的值，就是改变变量 n 的引用对象。如图 2C-4 **ⓑ** 所示，在函数执行结束时，变量 n 的引用对象为整数 0。

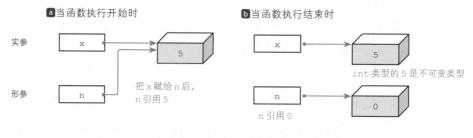

图 2C-4　不可变的实参和形参

Python 中的参数传递机制是实参把引用传递给形参。

许多编程语言采用**值传递**（call by value）和**引用传递**（call by reference）这两种参数传递方式或其中之一。值传递是把实参的值复制给形参；引用传递是在函数内部把实参的引用复制给形参，使形参和实参具有相同的引用对象。

Python 的参数传递介于二者之间，采用的是引用的值传递。Python 官方文档中使用的是**传递对象的引用**（call by object reference）这一说法。

函数之间传递参数的内容汇总如下。

在函数执行开始时，形参与实参都指向相同的对象。根据参数类型的不同，在函数中改变形参值时，后续动作有所不同。

① 如果参数是不可变类型，在函数中改变形参值时，一个新的对象就会被创建出来，并且参数会引用新的对象。所以，改变形参的值不会影响调用者传入的实参。

② 如果参数是可变类型，在函数中改变形参值时，对象本身会被更新。所以，如果改变形参的值，那么调用者传入的实参也会发生改变。

在代码清单 2C-5 的程序示例中参数是不可变类型，下面我们来看一下可变类型参数的情况。

列表可以说是最典型的可变类型对象，我们就以列表为例来运行代码清单 2C-6 中的程序。

代码清单 2C-6	chap02/pass_list.py

```
# 修改列表中任意元素的值

def change(lst, idx, val):
    """将lst[idx]的值修改为val"""
    lst[idx] = val

x = [11, 22, 33, 44, 55]
print('x =', x)

index = int(input('下标:'))
value = int(input('新的值    :'))

change(x, index, value)
print(f'x = {x}')
```

```
运行示例
x = [11, 22, 33, 44, 55]
下标: 2⏎
新的值    : 99⏎
x = [11, 22, 99, 44, 55]
```

change 函数是一个简单函数，它可以将 val 赋给列表 lst 中下标等于 idx 的元素，即 lst[idx]。

在运行示例中，函数返回后，x[2] 从 33 变为 99（图 2C-5）。

事实证明，如果参数是可变类型，函数中更新的值会传递给调用者。

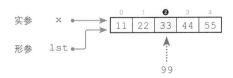

图 2C-5　修改列表

质数枚举

下面要介绍的算法可以枚举所有小于等于某个整数的**质数**（prime number）。

质数是**只能被 1 和自身整除的整数**。例如，质数 13 不能被 2, 3, …, 12 中的任意一个整数整除。因此，只要满足以下条件，整数 n 就可以被判定为质数。

> 整数 n 不能被 2 和 $n-1$ 之间的任意一个整数整除。

如果 n 还能被其他整数整除，则这个 n 称为**合数**（composite number）。代码清单 2-8 给出的程序可以枚举所有小于等于 1000 的质数。

双层的 `for` 循环语句结构用来求质数。

外层 `for` 循环语句将 n 从 2 递增到 1000，并判断其是否为质数。质数的判断过程如图 2-8 所示。

> 质数
> 合数
>
> **黑色粗体（3）**：表示用 n 除以这个数，不能整除。
> 蓝色细体（3）：表示用 n 除以这个数，可以整除。
> 黑色细体（~~3~~）：表示不需要除以这个数，未进行除法运算。

---

n	除数	除法运算的次数
2		
3	2	1
4	2 ~~3~~	1
5	2 3 4	3
6	2 ~~3 4 5~~	1
7	2 3 4 5 6	5
8	2 ~~3 4 5 6 7~~	1
9	2 3 ~~4 5 6 7 8~~	2
10	2 ~~3 4 5 6 7 8 9~~	1
11	2 3 4 5 6 7 8 9 10	9
12	2 ~~3 4 5 6 7 8 9 10 11~~	1
13	2 3 4 5 6 7 8 9 10 11 12	11
14	2 ~~3 4 5 6 7 8 9 10 11 12 13~~	1
15	2 3 ~~4 5 6 7 8 9 10 11 12 13 14~~	2
16	2 ~~3 4 5 6 7 8 9 10 11 12 13 14 15~~	1
17	2 3 4 5 6 7 8 9 10 11 12 13 14 15 16 17	16
18	2 ~~3 4 5 6 7 8 9 10 11 12 13 14 15 16 17 18~~	1

图 2-8　通过除法运算判断一个数是否为质数

代码清单 2-8   chap02/prime1.py

```
# 枚举1000以内的质数( 第1版 )

counter = 0              # 除法运算的次数

for n in range(2, 1001):
    for i in range(2, n):
        counter += 1
        if n % i == 0:      # 如果能整除,则不是质数
            break           # 不需要继续循环
    else:                   # 直到最后都无法整除
        print(n)
print(f'执行除法运算的次数:{counter}')
```

运行结果
2
3
5
7
… 中间省略 …
991
997
执行除法运算的次数: 78022

下面笔得以 9 和 13 为例进行说明。

▪ 判断 9 是否为质数

在内层的 for 语句中，i 的值以 2，3，…，8 的形式递增。但是，当 i 等于 3 时，n 可以被 i 整除，所以程序将执行 break 语句，中断 for 语句的循环。因此，程序只在 i 等于 2 和 3 时执行两次除法运算。

▪ 判断 13 是否为质数

在内层的 for 语句中，i 的值以 2，3，…，12 的形式递增。n 一直不能被 i 整除，所以程序会执行 11 次除法运算。

总结如下。

- 当 n 为质数时，for 语句一直执行到最后。   → 执行 else 子句。
- 当 n 为合数时，for 语句被中断。

在 for 语句的 else 子句中，变量 n 的值将作为质数输出。

如运行结果所示，一共执行了 78022 次除法运算。

▶ 每执行一次除法运算，变量 counter 就增加 1，以此来统计除法运算的执行次数。

*

我们知道，如果 n 不能被 2 或 3 整除，那么它也不能被 4（即 2×2）或 6（即 2×3）整除。很明显该程序执行了一些不必要的除法运算。

事实上，只要满足以下条件，就能判断整数 n 为质数。

整数 n 不能被 2 和 n-1 之间的任意质数整除。

例如，在判断 7 是否为质数时，只要除以比 7 小的质数 2、3、5 即可（不需要除以 4 和 6）。下面我们基于该思路尝试缩短计算时间。

■ 算法改进 (1)

基于上述思路对算法进行改进后，程序如代码清单 2-9 所示。

在求质数的过程中，把找到的质数逐个存储到数组 prime 中。在判断 n 是否为质数时，只要除以数组中的质数即可。

图 2-9 展示了在程序运行的过程中，数组中元素的变化过程。如图中的虚线框所示，我们知道 2 是质数，所以首先把 2 存储到数组的第一个元素 prime[0] 中（**❶**）。

图 2-9 中●内的变量 ptr 表示存储在数组中的质数的个数。把 2 存储到 prime[0] 后，ptr 的值变为 1。

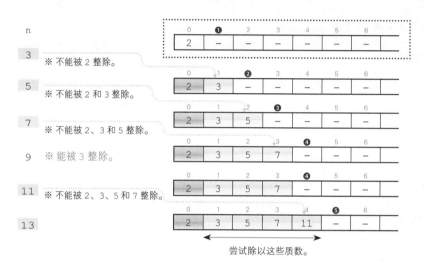

图 2-9　通过除法运算判断一个数是否为质数

双层 for 循环语句用于求大于等于 3 的质数。

因为**大于等于 4 的偶数（能被 2 整除）都不是质数**，所以外层的 for 语句将 n 的值递增 2，只生成奇数 3，5，7，9，…，999。

为了使用图 2-9 中蓝色方框内的数值进行除法运算，内层 for 语句从 i 等于 1 开始循环执行 ptr-1 次。

▶ 变量 i 从 1 开始递增，而不是从 0 开始。因为要判断的目标 n 是奇数，所以不必除以 prime[0] 中存储的 2。

我们通过下面 4 个示例来看具体的运算过程。

◼ⓐ 判断 3 是否为质数（当 n 等于 3 时，ptr 等于 0）

因为 ptr 为 0，所以不会执行内层 for 语句的循环。在 else 子句中，将 n 的值 3 赋给 prime[1]。

▶ 即使不执行 for 语句的循环，也会执行 else 子句。所以，程序会判断 n 是质数，也会执行语句**❷**中的处理，把 n 的值 3 赋给 prime[ptr]，并递增 ptr。

```
# 枚举1000以内的质数( 第2版 )

counter = 0              # 除法运算的次数
ptr = 0                  # 得到的质数的个数
prime = [None] * 500     # 存储质数的数组

prime[ptr] = 2           # 2是质数                              ←1
ptr += 1

for n in range(3, 1001, 2):          # 判断对象只有奇数
    for i in range(1, ptr):          # 除以已经得到的质数
        counter += 1
        if n % prime[i] == 0:        # 如果能够整除,则不是质数
            break                    # 不需要继续循环
    else:                            # 如果直到最后都无法整除
        prime[ptr] = n               # 则作为质数存储在数组中      ←2
        ptr += 1

for i in range(ptr):                 # 输出得到的ptr个质数
    print(prime[i])
print(f'执行除法运算的次数:{counter}')
```

运行结果

··· 中间省略 ···
执行除法运算的次数: 14622

b 判断 5 是否为质数（当 n 等于 5 时，ptr 等于 1）

用 5 除以 prime[1] 的 3（不能整除）。

可以判断 5 为质数，所以把 n 的值 5 赋给 prime[2]。

▶ 如果所有蓝色方框内的数都不能整除，内层 for 语句一直执行到最后（没有中断），则 n 为质数，程序执行 else 子句中的语句 **2**。

c 判断 7 是否为质数（当 n 等于 7 时，ptr 等于 2）

用 7 除以 prime[1] 的 3 和 prime[2] 的 5（都不能整除）。

可以判断 7 为质数，所以把 n 的值 7 赋给 prime[3]。

d 判断 9 是否为质数（当 n 等于 9 时，ptr 等于 3）

用 9 除以 prime[1] 的 3，能够整除，由此可以判断 9 是合数，不是质数（不会存储到数组 prime 中）。

▶ 如果 n 能被蓝色方框内的数整除，则 n 为合数，不是质数。内层 for 语句会被中断，else 子句也不会被执行。

除法运算的执行次数由 78022 降低到 14622。比较这两个程序，我们能得到以下结论。

- 求解一个问题的算法不是唯一的。
- 高速算法往往需要更多的内存空间。

算法改进 (2)

接下来继续改进算法。笔者以图 2-10 所示的 100 的约数为例进行说明（不包括 1 × 100）。

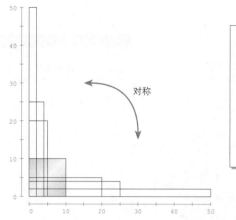
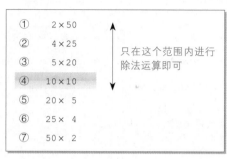

图 2-10　100 的约数的对称性

假设一个矩形的面积为 100，那么这些数值就等于该矩形的长和宽。例如 5 × 20 和 20 × 5，虽然长和宽有所不同，但它们构成的是同一个矩形。

因此，所有矩形都相对于 10 × 10 的正方形对称。

如果 100 不能被 5 整除，那么它也不能被 20 整除。这意味着，如果在正方形的边长范围内进行除法运算，一直无法整除，则这个数肯定是质数。

*

也就是说，只要满足以下条件，就可以将整数 n 判断为质数。

整数 n 不能被小于等于 n 的平方根的任意质数整除。

基于该思路改进的程序如代码清单 2-10 所示。

程序中蓝色阴影部分利用如下乘法运算来判断 prime[i] 是否小于等于 n 的平方根，这比求 n 的平方根更简单也更快捷。

---

prime[i] 的平方是否小于等于 n。

---

*

前面的程序统计了除法运算的次数。但由于乘法和除法的运算开销相同，所以在本程序中，counter 中存储的是乘法运算和除法运算的总次数。

代码清单 2-10   chap02/prime3.py

```python
# 枚举1000以内的质数(第3版)

counter = 0                    # 乘法运算和除法运算的次数
ptr = 0                        # 得到的质数的个数
prime = [None] * 500           # 存储质数的数组

prime[ptr] = 2                 # 2是质数
ptr += 1
prime[ptr] = 3                 # 3是质数
ptr += 1

for n in range(5, 1001, 2):              # 只针对奇数
    i = 1
    while prime[i] * prime[i] <= n:
        counter += 2
        if n % prime[i] == 0:    # 如果能够整除,则不是质数
            break                # 不需要继续循环       ■1
        i += 1
    else:                                # 如果直到最后都无法整除
        prime[ptr] = n                   # 则作为质数存储到数组中
        ptr += 1                                              ■2
        counter += 1

for i in range(ptr):                     # 输出得到的ptr个质数
    print(prime[i])
print(f'执行乘法运算和除法运算的次数:{counter}')
```

运行结果

··· 中间省略 ···
执行乘法运算和除法运算的次数: 3774

程序中两处灰色阴影部分用于递增变量 counter,统计的是乘法运算和除法运算的次数。每执行一次 while 语句,counter 会增加 2,以统计下面两项运算的执行次数。

- 乘法运算: prime[i] * prime[i]
- 除法运算: n % prime[i]

但是,如果 prime[i] * prime[i] <= n 不成立,则程序流不会执行 while 语句中的循环体,因此这里的乘法运算不纳入统计。当 while 语句循环结束后,程序执行 else 子句中的语句■2,这里的乘法运算会纳入统计。

▶ 语句■1中的 break 语句强制结束 while 语句后,程序已经统计完 prime[i] * prime[i] 的次数,所以只在未强制结束 while 语句的情况下,语句■2中的 counter 才会递增。

乘除法运算的次数一下子减少到了 3774。

*

改进第 1 版的程序后,得到了第 2 版和第 3 版程序。我们能够从中感受到算法改变了计算速度。

▶ 在第 2 版和第 3 版的程序中,存储质数的数组 prime 的元素个数为 500。我们知道偶数肯定不是质数,所以只需二分之 n 个数组元素,就能把所有质数存储到数组中。

还有一种解法不需要事先确定数组 prime 的元素个数(甚至不需要变量 ptr),具体请参照 chap02/prime3a.py。

专栏 2-7 | 列表的元素和复制

由于 Python 中的变量只是一个与对象关联的名称，所以列表和元组的元素类型不必相同。我们通过代码清单 2C-7 进行确认。

代码清单 2C-7   chap02/list_element.py

```
# 确认列表的元素类型不必相同

x = [15, 64, 7, 3.14, [32, 55], 'ABC']

for i in range(len(x)):
    print(f'x[{i}] = {x[i]}')
```

运行结果
```
x[0] = 15
x[1] = 64
x[2] = 7
x[3] = 3.14
x[4] = [32, 55]
x[5] = ABC
```

图 2C-6 是 x 的示意图。元素 x[0]、x[1]、x[2]、x[3]、x[4]、x[5] 分别是引用 int 类型、int 类型、int 类型、float 类型、list 类型、str 类型对象的名称。列表的元素类型可以不同，这在 Python 中不足为奇，可以说是理所当然的。

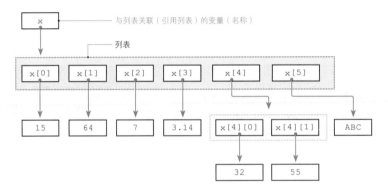

图 2C-6   列表内部示意图

Python 中可以使用 copy 方法复制列表，但是当列表中的元素又是列表（或元组等）时，就无法顺利进行复制。我们来确认一下。

```
>>> x = [[1, 2, 3], [4, 5, 6]]
>>> y = x.copy()                    ← 把 x 浅复制到 y
>>> x[0][1] = 9
>>> x
[[1, 9, 3], [4, 5, 6]]
>>> y
[[1, 9, 3], [4, 5, 6]]
```

复制后，如果将 x[0][1] 的值改成 9，则 y[0][1] 的值也变成 9。

由于列表中进行的是浅复制（shallow copy），所以才会出现这个结果。

如图 2C-7 ⓐ 所示，在浅复制中，列表中的所有元素都会被完整复制。此时，被复制的元素为 x[0] 和 x[1]。如图所示，x[0] 的引用对象和 y[0] 的引用对象是相同的，因此 x[0][1] 和 y[0][1] 的引用对象也是相同的。

为了避免出现这种情况，我们需要将构成元素（元素的元素）一并复制，这种复制形式称为深复制（deep copy）。

使用 copy 模块内的 deepcopy 函数可以进行深复制，下面我们来确认一下。

```
>>> import copy↵
>>> x = [[1, 2, 3], [4, 5, 6]]↵
>>> y = copy.deepcopy(x)↵          ← 把 x 深复制到 y
>>> x[0][1] = 9↵
>>> x↵
[[1, 9, 3], [4, 5, 6]]
>>> y↵
[[1, 2, 3], [4, 5, 6]]
```

结果如预期所示。如图 2C-7 **b** 所示，除列表元素之外，还复制了构成元素。因此，把 9 赋给 x[0][1] 后（x[0][1] 的引用对象从 2 变成 9），y[0][1] 的值不会发生改变（y[0][1] 的引用对象不会被更新）。

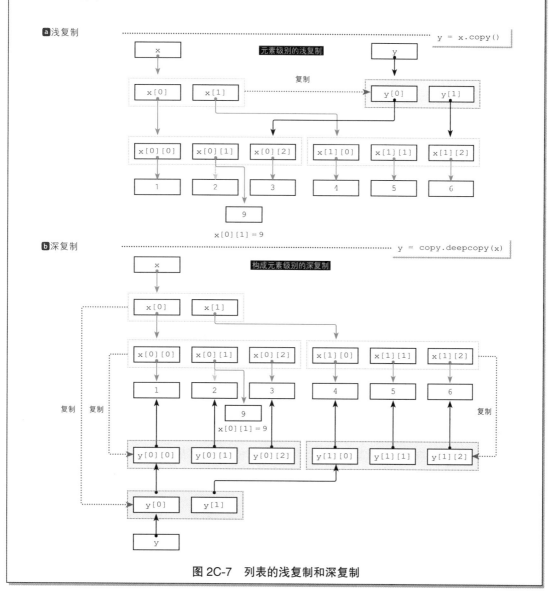

图 2C-7　列表的浅复制和深复制

章末习题

■2019 年秋季考试 第 1 题

下面的流程图给出了将十进制数 j（$0 < j < 100$）转换为 8 位二进制数的过程。把二进制数从低位开始依次存储到数组 Binary(1) 到 Binary(8) 中。流程图中的 a 及 b 中应该是什么处理？这里，j div 2 表示 j 除以 2 的整数商，j mod 2 表示 j 除以 2 的余数。

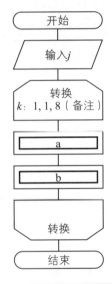

（备注）循环界限的循环指定
表示"变量名：初始
值, 增量, 结束值"。

	a	b
A.	$j \leftarrow j$ div 2	Binary(k) $\leftarrow j$ mod 2
B.	$j \leftarrow j$ mod 2	Binary(k) $\leftarrow j$ div 2
C.	Binary(k) $\leftarrow j$ div 2	$j \leftarrow j$ mod 2
D.	Binary(k) $\leftarrow j$ mod 2	$j \leftarrow j$ div 2

■2011 年秋季考试 第 7 题

数组 Word 的元素编号从 0 开始。从 Word[1] 到 Word[n] 共存储了 n 个单词。为了将第 n 个单词移动到 Word[1]，需要重建单词表，把 Word[1] 到 Word[n–1] 的单词依次向后移动一位。流程图如下所示，a 中应该是什么处理？

A. TANGO[i] → TANGO[i + 1]

B. TANGO[i] → TANGO[n – i]

C. TANGO[i + 1] → TANGO[n – i]

D. TANGO[n – i] → TANGO[i]

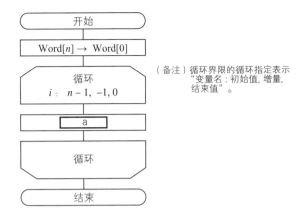

执行图 1 的流程图，当数组 A 处于图 2 的状态时，数组 B 变成图 3 的状态。图 1 的 ▢ a ▢ 中应该是什么操作？请分别用 A(i, j) 和 B(i, j) 表示数组 A 和数组 B 的元素。

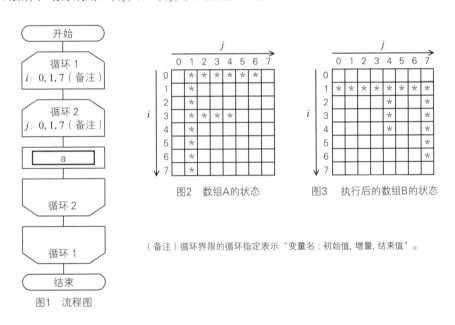

（备注）循环界限的循环指定表示"变量名：初始值, 增量, 结束值"。

A. B ($7 - i, 7 - j$) ← A (i, j)　　　　B. B ($7 - j, i$) ← A (i, j)

C. B ($j, 7 - j$) ← A (i, j)　　　　　D. B ($j, 7 - i$) ← A (i, j)

第 3 章

查找

本章主要介绍几种在数组中查找指定元素的查找算法。

- 查找
- 关键字
- 线性查找（顺序查找）
- 哨兵和哨兵法
- 二分查找
- 查找过程可视化
- 散列法
- 散列值和散列函数
- 散列冲突和再散列
- 拉链法（开散列方法）
- 开放地址法（闭散列方法或线性探测法）
- 复杂度
- 时间复杂度和空间复杂度
- 大 O 表示法

3-1 查找算法

本章介绍的查找算法用于在一个数据集合中查找包含目标值的元素。

查找和关键字

下面以**查找**（searching）通讯录为例进行说明。虽然统称为查找，但其实包括多种查找方法。

- 查找拥有日本国籍的人。
- 查找年龄在 21 和 27 岁之间的人。
- 查找姓名读音与某个词语最接近的人。

这几种查找方法的相同之处在于都有一个关注点，这个关注点就称为**关键字**（key）。在根据国籍查找时，国籍就是关键字；在根据年龄查找时，年龄就是关键字。

在多数情况下，**关键字也是数据的一个组成部分**。如果数据是一个整数或字符串，那么数据本身也可以直接作为关键字使用。

上面的查找还指定了以下与关键字相关的内容。

- 指定待查找元素要与关键字**一致**。
- 指定关键字的**区间**。
- 指定关键字的**相邻**数据。

当然，这些条件有时并不是被单独指定的，我们还可以通过逻辑与、逻辑或等运算符来指定它们。

根据某个目标值，查找其关键字与目标值一致的数据元素是一种基本操作。根据其他条件进行的查找都是在此基础上完成的。

数组查找

人们设计了多种查找方法。

图 3-1 给出了一些查找示例。

有些查找算法依赖于数据的存储结构。第 8 章将介绍图 3-1 **b** 所示的线性表的查找，第 9 章将介绍图 3-1 **c** 所示的二叉查找树的查找。

另外，第 7 章将介绍如何从字符串中查找子字符串。

查找是指寻找符合指定条件的数据

a 数组查找

查找 2

b 线性表的查找

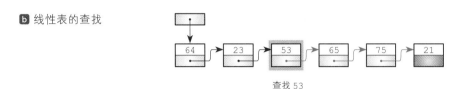

查找 53

c 二叉查找树的查找

查找 4

图 3-1 查找示例

本章会介绍图 3-1 **a** 所示的数组查找。具体算法如下所示。

- **线性查找**：从随机排列的数据集合中查找数据。
- **二分查找**：从有序排列的数据集合中快速查找数据。
- **散列法**：从支持快速插入和删除数据的数据集合中快速查找数据。
  - □ **拉链法**：将散列值相同的数据存储在线性表中。
  - □ **开放地址法**：当出现散列冲突时，进行再散列操作。

如果只是对数据集合进行查找操作，就应该选择用时较短的查找算法。

但是，如果还需要频繁地插入和删除数据，那么在选择算法时，就需要综合评估所有操作的计算开销。例如，当我们需要频繁地向数据集合中插入数据时，如果某个算法执行插入操作的开销很大，那么即使这个算法的查找速度很快，我们也不应该使用它。

如果有多个算法可以解决某个特定课题，我们就要综合考虑用途、目的、运行速度和数据结构，从中选择合适的算法。

3-2 线性查找

本节要介绍的线性查找（linear search）是最基本的数组查找算法。后面也会用到线性查找，所以请大家认真学习。

线性查找

数组中的元素呈直线状排列。从数组中查找某个元素时，可以从数组的第一个元素开始遍历数组，直到找到含有某个关键字的元素。

这种算法称为**线性查找**，也称为**顺序查找**（sequential search）。

线性查找的具体过程如图 3-2 所示，该图以数组 6，4，3，2，1，2，8 为例展示了查找目标值的过程。图 3-2 A 是查找成功的示例，图 3-2 B 则是查找失败的示例。

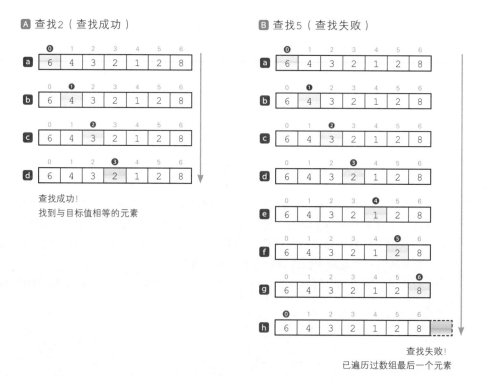

图 3-2 线性查找的示例

图 3-2 ● 内的数字就是遍历对象的元素下标。图 3-2 A 的查找过程如下所示。

ⓐ 检查下标为 0 的元素 6。其与目标值不相等。

ⓑ 检查下标为 1 的元素 4。其与目标值不相等。

ⓒ 检查下标为 2 的元素 3。其与目标值不相等。

ⓓ 检查下标为 3 的元素 2。其与目标值相等，所以查找成功。

图 3-2 **Ｂ** 从第一个元素开始遍历数组，可是到最后都没有发现与目标值相等的元素，这表示数组中没有所要查找的元素，查找失败。

＊

通过成功的示例和失败的示例，我们看到有两个条件可以终止遍历数组。**满足以下两个条件中的任意一个，遍历就会终止。**

◆　线性查找中终止遍历数组的条件　◆

① 直到越界（即将越界）都没有找到与目标值相等的元素。　　　→　**查找失败**

② 找到与目标值相等的元素。　　　　　　　　　　　　　　　→　**查找成功**

如果数组中的元素个数为 n，那么这两个条件的平均比较次数都是 $n/2$。

▶　如果目标值不存在于数组中，则条件①的比较次数为 $n+1$，条件②的比较次数为 n。

＊

对数组 a 进行查找的代码如下所示。

```
i = 0
while True:
    if i == len(a):                              ━━━ ❶
        # 查找失败
    if a[i] == key:                              ━━━ ❷
        # 查找成功（找到的元素下标为i）
    i += 1
```

在遍历数组时，用计数变量 i 表示遍历对象的下标（相当于图 3-2 中●内的值）。首先将 i 设为 0，每遍历一个元素，就在 while 语句的最后将 i 递增 1。

当满足终止条件①或②时，程序便跳出 while 循环语句，两个 if 语句分别判断两个条件。

❶ i == len(a) 条件成立（终止条件①）。

❷ a[i] == key 条件成立（终止条件②）。

＊

代码清单 3-1 是实现该算法的程序。

代码清单 3-1   chap03/ssearch_while.py

```python
# 线性查找( while语句 )

from typing import Any, Sequence

def seq_search(a: Sequence, key: Any) -> int:
    """从序列a中线性查找与key相等的元素( while语句 )"""
    i = 0

    while True:
        if i == len(a):
            return -1      # 查找失败( 返回-1 )
        if a[i] == key:
            return i       # 查找成功( 返回下标 )
        i += 1

if __name__ == '__main__':
    num = int(input('元素个数:'))
    x = [None] * num       # 创建一个元素个数为num的数组

    for i in range(num):
        x[i] = int(input(f'x[{i}]:'))

    ky = int(input('目标值:')) # 读取关键字ky

    idx = seq_search(x, ky)        # 在x中查找与ky相等的元素

    if idx == -1:
        print('不存在与该值相等的元素。')
    else:
        print(f'元素下标为x[{idx}]。')
```

```
运行示例
元素个数: 7↵
x[0]: 6↵
x[1]: 4↵
x[2]: 3↵
x[3]: 2↵
x[4]: 1↵
x[5]: 2↵
x[6]: 8↵
目标值: 2↵
元素下标为x[3]。
```

seq_search 函数用于从数组 a 中查找值为 key 的元素。

如果找到了，则返回该元素的下标。如果数组中存在多个值为 key 的元素，则返回遍历过程中第一个找到的元素的下标。

若数组中不存在值为 key 的元素，则返回 -1。

▶ 运行示例是从数组 6，4，3，2，1，2，8 中查找 2。x[3] 和 x[5] 中都有 2，函数会找到第一个元素 2 并返回其下标 3。

使用 for 语句实现数组查找算法，可以使代码变得简洁明了，具体如代码清单 3-2 所示。

代码清单 3-2   chap03/ssearch_for.py

```python
def seq_search(a: Sequence, key: Any) -> int:
    """从序列a中线性查找与key相等的元素( for语句 )"""
    for i in range(len(a)):
        if a[i] == key:
            return i      # 查找成功( 返回下标 )
    return -1             # 查找失败( 返回-1 )
```

线性查找是从数组的第一个元素开始遍历数组的，这是从无序数组中查找元素的唯一方法。

专栏 3-1	多种类型的序列查找

代码清单 3-1 中的 `seq_search` 函数可以在任意类型的序列中查找指定元素。它与代码清单 2-2 中的 `max_of` 函数可以求任意类型序列中的最大值是同样的道理。

首先，我们来确认代码清单 3C-1 中的程序。

代码清单 3C-1   chap03/ssearch_test1.py

```python
# 调用seq_search函数进行线性查找的示例( 其一 )

from ssearch_while import seq_search

print('查找实数。')
print('备注:输入"End"结束输入。')

number = 0
x = []                          # 空列表

while True:
    s = input(f'x[{number}]:')
    if s == 'End':
        break
    x.append(float(s))     # 添加到末尾
    number += 1

ky = float(input('目标值:'))     # 读取关键字ky

idx = seq_search(x, ky)          # 在x中查找与ky相等的元素
if idx == -1:
    print('不存在与该值相等的元素。')
else:
    print(f'元素下标为x[{idx}]。')
```

```
运行示例
查找实数。
备注: 输入"End"结束输入。
x[0]: 12.7 ⏎
x[1]: 3.14 ⏎
x[2]: 6.4 ⏎
x[3]: 7.2 ⏎
x[4]: End ⏎
目标值: 6.4 ⏎
元素下标为x[2]。
```

本程序是从 `float` 类型的浮点数（实数）数组中查找目标值的。

下面我们来确认代码清单 3C-2 中的程序。

代码清单 3C-2   chap03/ssearch_test2.py

```python
# 调用seq_search函数进行线性查找的示例( 其二 )

from ssearch_while import seq_search

t = (4, 7, 5.6, 2, 3.14, 1)
s = 'string'
a = ['DTS', 'AAC', 'FLAC']

print(f'{t}中的元素5.6的下标为{seq_search(t, 5.6)}。')
print(f'{s}中的元素"n"的下标为{seq_search(s, "n")}。')
print(f'{a}中的元素"DTS"的下标为{{seq_search(a, "DTS")}}。')
```

```
运行结果
(4, 7, 5.6, 2, 3.14, 1) 中的元素5.6的下标为2。
string中的元素"n"的下标为4。
['DTS', 'AAC', 'FLAC']中的元素"DTS"的下标为0。
```

元组 t 中的元素是混合类型，包括 `int` 类型的整数和 `float` 类型的实数，可见 `seq_search` 函数也可以用于元组查找。

`seq_search` 函数也可以在 `str` 类型的字符串 s 中查找子字符串（因为字符串也是序列）。

a 是一个字符串数组（一个 `list` 类型的列表，其中所有元素都是 `str` 类型）。可见 `seq_search` 函数也可以用于字符串数组查找。

下一节要介绍的二分查找函数也可以在任意类型的序列中查找指定元素。

哨兵法

在线性查找中，每次循环时都要判断前述的两个终止条件①和②。虽然只是单纯进行判断，但是积沙成塔，计算开销绝对不容小觑。

接下来要介绍的**哨兵法**（sentinel method）可以将上述计算开销减半。对图3-2的查找示例应用哨兵法，查找过程如图3-3所示。我们可以通过图3-3加深对哨兵法的理解。

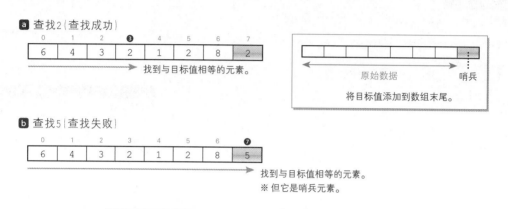

图 3-3 使用哨兵法进行线性查找

元素 a[0] 到 a[6] 是各数组中的原始数据，最后一个元素 a[7] 是在准备阶段设置的**哨兵**（sentinel）。

哨兵的值等于所查找的关键字，在数组中设置哨兵元素的方法如下所示。

- 图 3-3 **a**：为了查找 2，在 a[7] 中设置哨兵 2。
- 图 3-3 **b**：为了查找 5，在 a[7] 中设置哨兵 5。

如图 3-3 **b** 所示，即使目标值不存在于数组元素中，当遍历到 a[7] 哨兵元素时，终止条件②（是否已找到与目标值相等的元素）也成立。因此无须再判断终止条件①（是否直到越界都没有找到与目标值相等的元素）。

哨兵能够减少循环的终止条件判断次数。

*

下面引入哨兵法，改写代码清单 3-1，改写后的程序如代码清单 3-3 所示。我们可以通过这个程序加深对 seq_search 函数的理解。

```python
# 线性查找( 哨兵法 )

from typing import Any, Sequence
import copy

def seq_search(seq: Sequence, key: Any) -> int:
    """从序列seq中线性查找与key相等的元素( 哨兵法 )"""
    a = copy.deepcopy(seq)    # 复制seq            ❶
    a.append(key)             # 设置哨兵

    i = 0
    while True:
        if a[i] == key:                            ❷
            break             # 查找成功
        i += 1
    return -1 if i == len(seq) else i              ❸

if __name__ == '__main__':
    num = int(input('元素个数:'))
    x = [None] * num          # 创建一个元素个数为num的数组

    for i in range(num):
        x[i] = int(input(f'x[{i}]:'))

    ky = int(input('目标值:'))  # 读取关键字ky

    idx = seq_search(x, ky)     # 在x中查找与ky相等的元素

    if idx == -1:
        print('不存在与该值相等的元素。')
    else:
        print(f'元素下标为x[{idx}]。')
```

```
运行示例
元素个数: 7⏎
x[0]: 6⏎
x[1]: 4⏎
x[2]: 3⏎
x[3]: 2⏎
x[4]: 1⏎
x[5]: 2⏎
x[6]: 8⏎
目标值: 2⏎
元素下标为x[3]。
```

❶ 将数组 seq 复制到临时数组 a，并在数组 a 的末尾设置哨兵元素 key，这就相当于在原始数组的末尾设置了一个哨兵。

❷ 循环遍历数组中的元素进行查找。下面我们来比较代码清单 3-3 的程序和改写前的原程序。代码清单 3-1 的 while 语句中有两个 if 语句（仅显示头部）。

```
if i == len(a):      # 终止条件①      ← 在哨兵法中不需要判断这个条件
if a[i] == key:      # 终止条件②
```

本程序中不需要终止条件❶，所以只有一个 if 语句。这样就将**循环终止的判断次数减少了一半**。

❸ 当 while 语句的循环终止后，**还需要判断找到的是哨兵元素还是数组中的原始数据**。如果变量 i 等于 len(seq)，找到的就是哨兵元素，此时返回表示查找失败的 -1，否则返回 i。

引入哨兵法后，if 语句的判断次数发生了如下变化。

语句❷将判断次数减半，同时语句❸将增加一次判断。

3-3 二分查找

本节要介绍的二分查找算法只适用于有序数组，其查找速度远快于线性查找。

二分查找

二分查找是一种比较高效的数组查找算法，它要求数组中的元素按关键字升序或降序排列。

▶ 第6章将介绍排序算法。

如下所示，在一个升序排列（按从小到大的顺序排列）的数据集合中查找39。首先取数组中间位置的元素 a[5] 的值 31 进行比较。

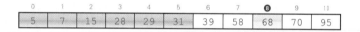

目标值 39 大于中间元素值，说明 39 位于数组右侧区域。因此我们可以将查找范围缩小到右侧区域的 5 个元素，即 a[6] 到 a[10]。

查找范围更新后，我们继续比较目标值和中间元素 a[8] 的值 68。

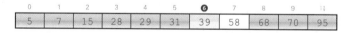

目标值 39 小于中间元素值，这说明 39 位于中间元素的左侧区域。因此我们可以将查找范围缩小到左侧区域的两个元素，即 a[6] 和 a[7]。

这两个元素的中间元素为左侧的 39（两个整数相除的结果应为小数点省略后的整数部分，也就是说下标 6 和 7 的中值为 (6 + 7) // 2，结果为 6）。

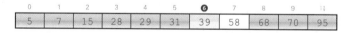

关注的元素值 39 与目标值相等，因此查找成功。

*

二分查找是在一个元素个数为 n 的升序数组 a 中查找目标值 key。下面我们用一种通用的表述方法来描述这个算法。

假设数组中查找范围的起始下标、结束下标、中间下标分别为 pl、pr、pc。查找开始时的状态如图 3-4🅰所示，pl 等于 0，pr 等于 n - 1，pc 等于 (n - 1) // 2。

查找范围是白色方框 ☐ 内的元素，而灰色方框 ▨ 内的元素将被排除在查找范围之外。每一次查找比较都会使查找范围（几乎）相较于上一次缩小一半。线性查找是逐一比较关注的元素，二分查找是将关注的元素●一次性移动多个位置。

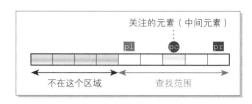

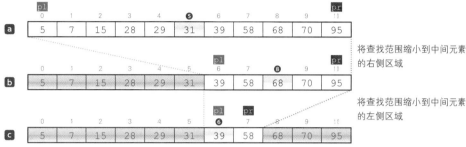

图 3-4 二分查找示例（查找 39：查找成功）

如图 3-4 **c** 所示，将 a[pc] 与目标值 key 进行比较，如果二者相等，则查找成功；如果不相等，则按下面的方式继续缩小查找范围。

▪ 当 a[pc] < key 时（例如图 3-4 **a** → 图 3-4 **b**）

很显然，a[pl] ～ a[pc] 小于 key，不在查找范围之内。
于是我们将查找范围缩小到中间元素 a[pc] 的右侧区域 a[pc + 1] ～ a[pr]。
然后将 pl 的值更新为 pc + 1。

▪ 当 a[pc] > key 时（例如图 3-4 **b** → 图 3-4 **c**）

很显然，a[pc] ～ a[pr] 大于 key，不在查找范围之内。
于是我们将查找范围缩小到中间元素 a[pc] 的左侧区域 a[pl] ～ a[pc - 1]。
然后将 pr 的值更新为 pc - 1。

查找范围的缩小方式如下所示。

▪ 当中间值 a[pc] 小于 key 时，查找范围缩小到中间值的右侧区域，将中间值的下标加 1，作为下一次查找的起始下标 pl。

▪ 当中间值 a[pc] 大于 key 时，查找范围缩小到中间值的左侧区域，将中间值的下标减 1，作为下一次查找的结束下标 pr。

二分查找算法的终止条件是满足以下①和②中的任意一个。

① a[pc] 与 key 相等。

② 查找范围为空。

前面介绍了条件①成立进而查找成功的示例。

接下来，笔者介绍条件②成立进而查找失败的示例。图 3-5 展示了在与上述相同的数组中查找 6 的过程。

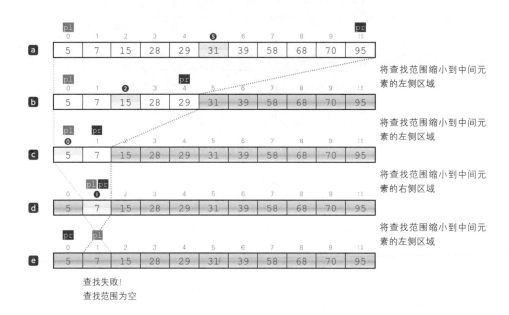

图 3-5 二分查找的失败示例（查找 6）

ⓐ 查找范围覆盖整个数组，即 a[0] 到 a[10]，中间元素 a[5] 的值为 31，它大于 key 的值 6，因此我们可以将查找范围缩小到数组第一个元素至 a[5] 的前一个元素，即 a[0] 到 a[4]。

ⓑ 查找范围缩小后，中间元素 a[2] 的值为 15，它大于 key 的值 6，因此我们可以将查找范围缩小到 a[2] 之前的元素，即 a[0] 和 a[1]。

ⓒ 查找范围缩小后，中间元素 a[0] 的值为 5，它小于 key 的值 6，因此我们将 pl 更新为 pc + 1，即 1。这样一来，pl 和 pr 都等于 1。

ⓓ 查找范围缩小后，中间元素 a[1] 的值为 7，它大于 key 的值 6，因此我们将 pr 更新为 pc - 1，即 0。这样一来，pl 大于 pr，查找范围为空。终止条件②成立，查找失败。

二分查找的程序实现如代码清单 3-4 所示。

代码清单 3-4   chap03/bsearch.py

```python
# 二分查找

from typing import Any, Sequence

def bin_search(a: Sequence, key: Any) -> int:
    """从序列a中二分查找与key相等的元素"""
    pl = 0                  # 查找范围的起始下标
    pr = len(a) - 1         #   〃   结束下标

    while True:
        pc = (pl + pr) // 2     # 中间下标
        if a[pc] == key:
            return pc                   # 查找成功
        elif a[pc] < key:
            pl = pc + 1             # 将查找范围缩小到右侧区域
        else:
            pr = pc - 1             # 将查找范围缩小到左侧区域
        if pl > pr:
            break
    return -1                       # 查找失败

if __name__ == '__main__':
    num = int(input('元素个数:'))
    x = [None] * num        # 创建一个元素个数为num的数组

    print('请按照升序输入数据。')

    x[0] = int(input('x[0]:'))

    for i in range(1, num):
        while True:
            x[i] = int(input(f'x[{i}]:'))
            if x[i] >= x[i - 1]:
                break

    ky = int(input('目标值:')) # 读取关键字ky

    idx = bin_search(x, ky)      # 在x中查找与ky相等的元素

    if idx == -1:
        print('不存在与该值相等的元素。')
    else:
        print(f'元素下标为x[{idx}]。')
```

```
            运行示例
元素个数：7↵
请按照升序输入数据。
x[0]: 1↵
x[1]: 2↵
x[2]: 3↵
x[3]: 5↵
x[4]: 7↵
x[5]: 8↵
x[6]: 9↵
目标值：5↵
元素下标为x[3]。
```

由于二分查找只适用于有序数组，所以程序中灰色阴影部分的代码在读取元素时会进行判断，如果本次的输入值小于前一次的读取值，会要求用户重新输入。

*

在二分查找算法中，每次比较都使查找范围几乎缩小一半，因此平均比较次数为 $\log_2 n$。查找失败时的比较次数为 $\lceil\log_2(n + 1)\rceil$，查找成功时的比较次数约为 $\log_2 n - 1$。

► $\lceil x \rceil$ 是 x 的向上取整函数，表示大于等于 x 的最小整数。例如，$\lceil 3.5 \rceil$ 的返回值为 4。另外，专栏 3-3 还会介绍二分查找过程的可视化程序。

复杂度

程序的运行速度和运行时间依赖于硬件环境和编译器等条件。为了更为客观地评价算法性能的优劣，我们使用**复杂度**（complexity）这个标准。

复杂度主要包括以下两个方面。

- **时间复杂度**（time complexity）
  评价算法的运行时间。

- **空间复杂度**（space complexity）
  评价算法运行所需要的存储空间和文件空间。

笔者在第 2 章介绍了 3 个版本的质数枚举程序，由此我们了解到在选择算法时，需要平衡时间复杂度和空间复杂度。

接下来要介绍的是线性查找的时间复杂度和二分查找的时间复杂度。

线性查找的时间复杂度

我们根据以下线性查找的函数来思考时间复杂度。

```python
  def seq_search(a: Sequence, key: Any) -> int:
1     i = 0

2     while i < n:
3         if a[i] == key:
4             return i      # 查找成功( 返回下标 )
5         i += 1

6     return -1     # 查找失败( 返回-1 )
```

▶ 本程序是由代码清单 3-1 的 seq_search 函数修改而成的。

表 3-1 总结了上述步骤❶到步骤❻的运行次数。

表 3-1　线性查找中每个步骤的运行次数和时间复杂度

步骤	运行次数	时间复杂度
❶	1	$O(1)$
❷	$n/2$	$O(n)$
❸	$n/2$	$O(n)$
❹	1	$O(1)$
❺	$n/2$	$O(n)$
❻	1	$O(1)$

首先，❶把 0 赋给变量 i，只执行一次，执行次数与数据量 n 无关。时间复杂度用 $O(1)$ 表示。❹和❻用于返回函数的返回值，时间复杂度自然也是 $O(1)$。

❷用于判断是否已到达数组的末尾，❸用于判断关注的元素是否与目标值相等，这两个步骤的平均执行次数为 $n/2$，即执行次数与数据量 n 成正比，时间复杂度为 $O(n)$。

复杂度表示法中的 O 是 Order 的首字母。

随着 n 的增大，$O(n)$ 所需的计算时间和 n 成正比，而 $O(1)$ 所需的计算时间不变。

由此可以推断，若连续进行 $O(f(n))$ 和 $O(g(n))$ 的操作，那么时间复杂度的计算如下所示。

$$O(f(n)) + O(g(n)) = O(\max(f(n), g(n)))$$

▶ $\max(a, b)$ 表示 a、b 中的较大者。

也就是说，由两个计算组成的算法的复杂度**由复杂度较大的计算决定**。由 3 个以上计算组成的算法的复杂度同样如此，即**整体复杂度取决于复杂度最大的计算**。

由此可见，线性查找算法的复杂度 $O(n)$ 的计算过程如下所示。

$$O(1) + O(n) + O(n) + O(1) + O(n) + O(1)$$
$$= O(\max(1, n, n, 1, n, 1))$$
$$= O(n)$$

专栏 3-2 | 使用 index 方法进行查找

在列表和元组中查找元素，可以使用各自类的 index 方法进行查找。调用格式如下（调用时，可以省略参数 j 或同时省略 i 和 j）。

```
obj.index(x, i, j)
```

如果在列表或元组 obj[i:j] 内找到与 x 相等的元素，则返回相应元素的最小下标。

如果在 obj[i:j] 内没有找到与 x 相等的元素，则抛出 ValueError 异常。

chap03/ssearch_ve.py 和 chap03/bsearch_ve.py 分别改写了代码清单 3-2 和代码清单 3-4，使线性查找的 seq_search 函数和二分查找的 bin_search 函数在查找失败时抛出 ValueError 异常。

■ 二分查找的时间复杂度

接下来，我们来看二分查找的时间复杂度。在二分查找算法中，每次比较都使查找范围几乎缩小一半。程序中各步骤的运行次数和时间复杂度如表 3-2 所示。

```
     def bin_search(a: Sequence, key: Any) -> int:
         """从序列a中二分查找与key相等的元素"""
❶        pl = 0                      # 查找范围的起始下标
❷        pr = len(a) - 1      #     ″    结束下标

         while True:
❸            pc = (pl + pr) // 2     # 中间下标
❹            if a[pc] == key:
❺                return pc           # 查找成功
❻            elif a[pc] < key:
❼                pl = pc + 1         # 将查找范围缩小到右侧区域
             else:
❽                pr = pc - 1         # 将查找范围缩小到左侧区域
❾            if pl > pr:
                 break
❿        return -1                   # 查找失败
```

表 3-2　二分查找中每个步骤的运行次数和时间复杂度

步骤	运行次数	时间复杂度	步骤	运行次数	时间复杂度
❶	1	$O(1)$	❻	$\log_2 n$	$O(\log_2 n)$
❷	1	$O(1)$	❼	$\log_2 n$	$O(\log_2 n)$
❸	$\log_2 n$	$O(\log_2 n)$	❽	$\log_2 n$	$O(\log_2 n)$
❹	$\log_2 n$	$O(\log_2 n)$	❾	$\log_2 n$	$O(\log_2 n)$
❺	1	$O(1)$	❿	1	$O(1)$

二分查找算法的复杂度 $O(\log_2 n)$ 的计算过程如下所示。

$$O(1) + O(1) + O(\log_2 n) + O(\log_2 n) + O(1) + O(\log_2 n) + \cdots + O(1) = O(\log_2 n)$$

很显然，$O(n)$ 和 $O(\log_2 n)$ 大于 $O(1)$。常见的时间复杂度之间的大小关系如图 3-6 所示。

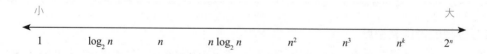

小							大
1	$\log_2 n$	n	$n\log_2 n$	n^2	n^3	n^k	2^n

图 3-6　时间复杂度和增长率

专栏 3-3	显示二分查找的过程

代码清单 3-4 中执行二分查找的 `bin_search` 函数是一个黑盒函数，我们并不知道函数是如何缩小查找范围的。代码清单 3C-3 改写了这个程序，可以在屏幕上输出查找的中间过程（程序中省略了函数以外的部分）。

代码清单 3C-3　　　　　　　　　　　　　　　　　　　　　　　chap03/bsearch_verbose.py

```python
def bin_search(a: Sequence, key: Any) -> int:
    """从序列a中二分查找与key相等的元素(显示中间过程)"""
    pl = 0                      # 查找范围的起始下标
    pr = len(a) - 1     #   "   结束下标

    print('    |', end='')
    for i in range(len(a)):
        print(f'{i:4}', end='')
    print()
    print('---+' + (4 * len(a) + 2) * '-')

    while True:
        pc = (pl + pr) // 2         # 中间下标

        print('    |', end='')
        if pl != pc:
            print((pl * 4 + 1) * ' ' + '<-' + ((pc - pl) * 4) * ' ' + '+', end='')
        else:
            print((pc * 4 + 1) * ' ' + '<+', end='')
        if pc != pr:
            print(((pr - pc) * 4 - 2) * ' ' + '->')
        else:
            print('->')
        print(f'{pc:3}|', end='')
        for i in range(len(a)):
            print(f'{a[i]:4}', end='')
        print('\n    |')

        if a[pc] == key:
            return pc               # 查找成功
        elif a[pc] < key:
            pl = pc + 1             # 将查找范围缩小到右侧区域
        else:
            pr = pc - 1             # 将查找范围缩小到左侧区域
        if pl > pr:
            break
    return -1                       # 查找失败
```

本程序在原程序的基础上增加了阴影部分的代码。

执行本程序后，查找范围的起始元素、中间元素和终止元素的上方会分别显示 `'<-'`、`'+'` 和 `'->'`。

此外，为了确保对齐，每个数值不能超过 4 位。

右侧运行示例显示了从数组 1, 2, 3, 4, 5, 6, 7, 8, 9, 10, 11 中查找 8 的过程。

```
                              运行示例
   |   0   1   2   3   4   5   6   7   8   9  10
---+--------------------------------------------
   | <-                      +               ->
  5|   1   2   3   4   5   6   7   8   9  10  11
   |
   |                          <-      +       ->
  8|   1   2   3   4   5   6   7   8   9  10  11
   |
   |                          <+  ->
  6|   1   2   3   4   5   6   7   8   9  10  11
   |
   |                              <+->
  7|   1   2   3   4   5   6   7   8   9  10  11

元素下标为x[7]。
```

3-4 散列法

本节要介绍的散列法（hashing）不仅可以用于查找，还支持快速插入和删除数据。

对有序数组进行操作

以图 3-7 a 所示的数组 x 为例，元素个数为 13，前 10 个元素中已经按升序存储了 10 个数据。

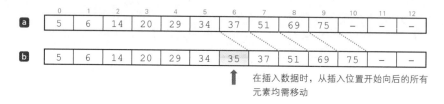

图 3-7 向有序数组中添加数据

向该数组中插入 35 的步骤如下所示。

- 利用二分查找法确定插入位置位于 x[5] 和 x[6] 之间。
- 如图 3-7 b 所示，从 x[6] 开始向后的**所有元素依次向后移动**。
- 将 35 赋给 x[6]。

移动操作的时间复杂度为 $O(n)$，因此计算开销绝不是一个小数字。
删除操作的计算开销与移动操作的计算开销相等。

散列法

散列法可以通过运算得到数据的存储位置（下标），从而实现数据的快速插入、删除和查找操作。

以图 3-7 a 的数组为例，用关键字（每个元素的值）除以数组的元素个数 13，所得的余数和关键字的对应关系如表 3-3 所示，第 2 行的余数就称为**散列值**（hash value）。在访问数据时，可通过散列值进行定位。

表 3-3 关键字和散列值的对应关系

关键字	5	6	14	20	29	34	37	51	69	75
散列值（关键字除以 13 的余数）	5	6	1	7	3	8	11	12	4	10

将散列值作为数组（表）的下标，将关键字存储在对应的下标位置，这种数组（表）就称为**散列表**（hash table）。本例中的散列表如图 3-8 a 所示。

▶ 例如 14 的散列值（14 除以 13 的余数）为 1，所以将 14 存储到 x[1] 中。

图 3-8 向散列表中插入关键字

下面我们向数组中插入 35。35 除以 13 的余数为 9，所以将 35 插入 a[9]，如图 3-8 **b** 所示。与之前不同的是，插入时不需要移动其他元素。

将关键字转换为散列值的函数就称为**散列函数**（hash function）。散列函数一般使用上述的取余运算或基于取余运算进行的其他运算。

散列表中存储元素的位置称为**桶**（bucket）。

■ 散列冲突

下面我们继续向散列表中插入 18。18 除以 13 的余数为 5，所以应该将 18 插入桶 a[5]。但桶 a[5] 已经填满，如图 3-9 所示。

散列表中的关键字和散列值并不总是一一对应的，通常是一对多的关系。不同的关键字被映射到相同的存储位置，这种现象就称为**散列冲突**（collision）。

▶ 在理想的情况下，散列函数的输出值应尽量均匀分布，以防散列值产生太大偏差。

图 3-9 向散列表中插入关键字时发生散列冲突

当发生散列冲突时，有以下两种处理方法。

- **拉链法** ：将散列值相同的数据存储到一个线性表中。
- **开放地址法**：当发生地址冲突时，再次进行散列处理，直到找到空位置。

■ 拉链法

拉链法（chaining）是将散列值相同的数据存储到一个链状存储结构的线性表（以下称为链表）中，也称为**开散列方法**（open hashing）。

▶ 拉链法中使用了线性表。建议大家先学习第 8 章的线性表，再回到这里继续学习。

■ 散列值相同的数据的存储方法

用拉链法实现散列表的示例如图 3-10 所示。

▶ 该示例将关键字除以 13 的余数作为散列值。

在拉链法中,把散列值相同的数据存储到一个链表中,再将各链表的头节点(第一个节点)存储到一个散列表(数组)中(在下文中,散列表名用 table 表示)。

例如,69 和 17 的散列值都是 4,所以要把它们存储在一个链表中,再把链表的头节点存储到 table[4] 中。而散列值等于 0 和 2 的两个位置都没有元素,所以值为 None。

▶ table[4] 指向桶 69,桶 69 的后继指针指向 17。而 17 后没有后继节点,所以桶 17 的后继指针为 None。

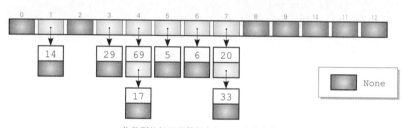

散列表的桶中存储的是"由散列值相同的节点组成的链表"的头节点

将散列值相同的数据存储到一个链表中

图 3-10 通过拉链法实现散列表

拉链法的程序实现如代码清单 3-5[A] ~ 代码清单 3-5[D] 所示。该程序中定义了 Node 和 ChainedHash 两个类。

下面笔者结合程序进行说明。

▶ 第 8 章将介绍程序开头的 import 语句"from __future__ import annotations"。

代码清单 3-5[A]　　　　　　　　　　　　　　　　　　　　　　chap03/chained_hash.py

```
# 通过拉链法实现散列表

from __future__ import annotations
from typing import Any, Type
import hashlib

class Node:
    """组成散列表的节点"""

    def __init__(self, key: Any, value: Any, next: Node) -> None:
        """初始化"""
        self.key   = key      # 关键字
        self.value = value    # 值
        self.next  = next     # 指向后继节点
```

➡

▨ 表示桶的类 Node

Node 类用于表示桶,其中包含以下 3 个字段。

▪key　 :关键字(任意类型)。

▪value:值(任意类型)。

▪ next ：链表中任一节点的后继指针（指向后继节点，Node 类型）。

关键字和值是互相匹配的键值对数据结构。我们可以利用散列函数将关键字计算转化为求散列值。

Node 类是一个自引用类型，具体如图 3-11 所示。

   ▶ 由于 Python 中的变量是和对象关联的名称，所以 key 和 value 也是对象的引用（并非只有 next 才是引用），而不是对象的值。

程序中使用 `__init__` 方法将收到的 3 个参数 key、value 和 next 分别赋给 self.key、self.value 和 self.next 字段，来初始化 Node 类的实例。

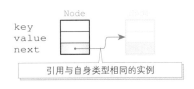

图 3-11 Node **类表示桶**

代码清单 3-5[B]　　　　　　　　　　　　　　　　　　　chap03/chained_hash.py

```python
class ChainedHash:
    """通过散列表类实现拉链法"""

    def __init__(self, capacity: int) -> None:
        """初始化"""
        self.capacity = capacity                  # 散列表的容量
        self.table = [None] * self.capacity       # 散列表( 列表 )

    def hash_value(self, key: Any) -> int:
        """求散列值"""
        if isinstance(key, int):
            return key % self.capacity
        return (int(hashlib.sha256(str(key).encode()).hexdigest(), 16)
                % self.capacity)
```
➡

散列表类 ChainedHash

ChainedHash 类包括以下 2 个字段。
▪ capacity：散列表的容量（数组 table 中的元素个数）。
▪ table ：list 类型的数组，用于存储散列表。

初始化：__init__ 方法

`__init__` 方法用于创建一个空的散列表。

把散列表的容量传给形参 capacity。创建一个 list 类型的数组 table，数组的元素个数为 capacity，所有元素被设为 None。

从数组的第一个元素开始，通过 table[0], table[1], …, table[capacity - 1] 可依次访问散列表中的各个桶。

   ▶ table[capacity - 1] 在代码中用 self.table[self.capacity - 1] 表示。方法和字段前都要加上 "self."，方便起见，本书在描述时省略了 "self."（后面各章同样省略）。

由于数组 table 中的所有元素均为 None，所以程序调用 `__init__` 方法后，所有桶均为空，具体如图 3-12 所示。

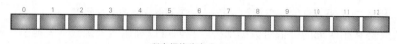

所有桶均为空（None）

图 3-12　空的散列表

散列函数：hash_value

hash_value 方法用于计算参数 key 对应的散列值。

▶ 专栏 3-4 将详细介绍散列值的计算方法。

专栏 3-4 | **散列表和散列函数**

下面笔者来介绍**散列表**和**散列函数**。

散列译自 hash 一词，它在英语中表示混乱、混合、碎肉。

如果没有发生散列冲突，通过散列函数找到元素下标，即可实现查找、插入和删除操作，并且各种操作的时间复杂度都是 $O(1)$。

增加散列表容量可以减少冲突，但如果扩容过度，也会浪费存储空间。也就是说，要权衡时间和空间。

为了避免散列冲突，散列函数生成的散列值个数不能超出散列表的容量，并且应尽可能均匀分布。所以，散列表的容量最好是一个质数。

*

使用 ChainedHash 类的 hash_value 方法计算散列值的过程如下所示。

※ 散列值也被称为摘要值。

▪ 当 key 是 int 类型时

将 key 除以散列表容量 capacity 的余数作为散列值。

代码清单 3-6 的程序示例中就使用了 ChainedHash 类，其中 key 为 int 类型，散列表容量为 13，关键字除以 13 的余数为散列值。

▪ 当 key 不是 int 类型时

如果关键字不是整数类型（例如字符串、列表、类类型等），则不能直接使用除法运算。那么我们就要使用标准库返回一个关键字的散列值，再除以散列表容量 capacity，将所得的余数作为散列值。

我们可以使用以下标准库返回关键字的散列值。

▫ sha256 算法

hashlib 模块提供的 sha256 是一个散列算法的构造函数，它基于 RSA 的 FIPS 算法计算字节字符串的散列值。

hashlib 模块中提供了多种散列算法，例如 MD5 中的 md5 等算法。

□ **encode 函数**

　　hashlib.sha256 的参数只能是字节字符串。因此，需要将 key 转换为 str 类型的字符串，然后使用 encode 函数将字符串转换为字节字符串。

□ **hexdigest 方法**

　　sha256 算法中 hexdigest 方法的作用是将散列值（digest 值）作为十六进制字符串提取出来。

□ **int 函数**

　　int 函数可以将 hexdigest 方法提取的十六进制字符串转换为 int 类型。

通过关键字查找元素：search

　　search 方法用于查找关键字为 key 的元素。下面通过一个具体示例来了解查找的过程。

▪ **从图 3-13 a 中查找 33**

　　由于 33 的散列值为 7，所以我们需要遍历 table[7] 所指向的链表。按 20 → 33 遍历完成后，查找成功。

▪ **从图 3-13 a 查找 26**

　　由于 26 的散列值为 0，而 table[0] 为 None，所以查找失败。

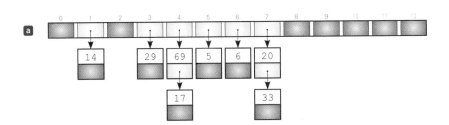

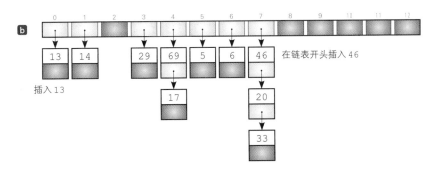

图 3-13　通过拉链法实现散列表中数据的查找和插入

查找步骤如下所示。

---

① 利用散列函数把关键字转换为散列值。

② 关注下标与散列值相等的桶。

③ 从表头开始按顺序扫描桶指向的链表。若扫描到的元素与关键字相等，则查找成功；若扫描结束仍未找到与关键字相等的元素，则查找失败。

插入元素：add

add 方法用于插入关键字为 key、值为 value 的元素。

代码清单 3-5[C]   chap03/chained_hash.py

```python
    def search(self, key: Any) -> Any:
        """查找关键字为key的元素( 返回值 )"""
        hash = self.hash_value(key)       # 待查找关键字的散列值
        p = self.table[hash]              # 关注的节点

        while p is not None:
            if p.key == key:
                return p.value            # 查找成功
            p = p.next                    # 关注后继节点

        return None                       # 查找失败

    def add(self, key: Any, value: Any) -> bool:
        """插入关键字为key、值为value的元素"""
        hash = self.hash_value(key)       # 待插入关键字的散列值
        p = self.table[hash]              # 关注的节点

        while p is not None:
            if p.key == key:
                return False              # 添加失败
            p = p.next                    # 关注后继节点

        temp = Node(key, value, self.table[hash])
        self.table[hash] = temp           # 插入节点
        return True                       # 插入成功
```

首先通过一个具体示例来了解查找的过程。

▪ 向图 3-13 ⓐ 中插入 13

13 的散列值为 0，table[0] 为 None。如图 3-13 ⓑ 所示，创建一个新的节点存储 13，让 table[0] 指向该节点。

▪ 向图 3-13 ⓐ 中插入 46

46 的散列值为 7，而 table[7] 的桶中存储了一个包含 20 和 33 的链表。由于该链表中不存在 46，所以向链表的开头插入 46。

具体来说，就是创建一个新的节点存储 46，然后将 table[7] 指向该节点。之后将新插入节点的后继指针 next 更新为指向存储了 20 的节点。

插入元素的步骤如下所示。

① 利用散列函数把关键字转换为散列值。

② 关注下标与散列值相等的桶。

③ 从表头开始按顺序扫描桶指向的链表。若扫描到的元素与关键字相等，则表明该关键字已经存在，插入失败；若扫描结束仍未找到与关键字相等的元素，则在表头插入新的节点。

▨ 删除元素——remove

remove 方法用于删除关键字为 key 的元素。

下面以从图 3-14 ⓐ 中删除 69 为例进行说明。

69 的散列值为 4。线性查找 table[4] 的桶所指向的列表，就可以找到 69。该节点的后继节点中存储了 17。如图 3-14 ⓑ 所示，让 table[4] 指向存储了 17 的节点，就可以删除 69。

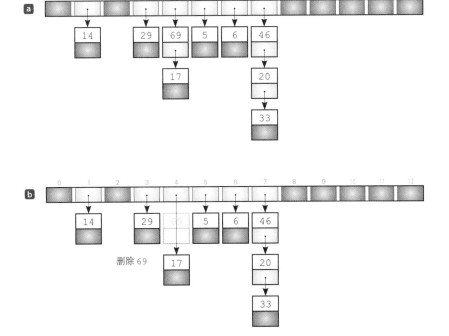

图 3-14　通过拉链法删除散列表中的数据

删除元素的步骤如下所示。

① 利用散列函数把关键字转换为散列值。

② 关注下标与散列值相等的桶。

③ 从表头开始按顺序扫描桶指向的线性表。若扫描到的元素与关键字相等，则从列表中删除该元素，否则删除失败。

转储：dump

dump 方法用于转储所有元素，即显示散列表的所有内容。

针对散列表内的所有元素 table[0] ～ table[capacity - 1]，扫描后继节点的同时显示每个节点的关键字和值，并重复该过程。

以图 3-14 **a** 的散列表为例，它的显示过程如右图所示。在显示时，散列值相同的桶会用箭头连接起来。

执行该函数，我们可以看到散列值相同的桶是如何通过线性表链接在一起的。

```
00
01  → 14
02
03  → 29
04  → 69  → 17
05  → 5
06  → 6
07  → 46  → 20  → 33
08
09
10
11
12
```

▶ 由于篇幅有限，运行示例中仅显示了关键字。实际在执行 dump 方法时，关键字和值会同时显示出来。

dump 一词形象地将转储比作自卸车卸货。

代码清单 3-5[D]   chap03/chained_hash.py

```python
    def remove(self, key: Any) -> bool:
        """删除关键字为key的元素"""
        hash = self.hash_value(key)      # 待删除关键字的散列值
        p = self.table[hash]             # 关注的节点
        pp = None                        # 前一次所关注的节点

        while p is not None:
            if p.key == key:             # 如果找到
                if pp is None:
                    self.table[hash] = p.next
                else:
                    pp.next = p.next
                return True              # 删除成功
            pp = p
            p = p.next                   # 关注后继节点
        return False                     # 删除失败( key不存在 )

    def dump(self) -> None:
        """转储散列表 """
        for i in range(self.capacity):
            p = self.table[i]
            print(i, end='')
            while p is not None:
                print(f'  → {p.key} ({p.value})', end='')
                p = p.next
            print()
```

基于 ChainedHash 类的程序如代码清单 3-6 所示。这里的关键字为 int 类型的整数值，值为 str 类型的字符串。

代码清单 3-6   chap03/chained_hash_test.py

```python
# 拉链法的实现中ChainedHash类的使用示例

from enum import Enum
from chained_hash import ChainedHash

Menu = Enum('Menu', ['添加', '删除', '查找', '转储', '结束'])

def select_menu() -> Menu:
    """菜单选择"""
    s = [f'({m.value}){m.name}' for m in Menu]
    while True:
        print(*s, sep='   ', end='')
        n = int(input(':'))
        if 1 <= n <= len(Menu):
            return Menu(n)

hash = ChainedHash(13)                              # 容量为13的散列表

while True:
    menu = select_menu()                            # 菜单选择

    if menu == Menu.添加:                            # 添加
        key = int(input('关键字:'))
        val = input('值:')
        if not hash.add(key, val):
            print('添加失败！')

    elif menu == Menu.删除:                          # 删除
        key = int(input('关键字:'))
        if not hash.remove(key):
            print('删除失败！')

    elif menu == Menu.查找:                          # 查找
        key = int(input('关键字:'))
        t = hash.search(key)
        if t is not None:
            print(f'该关键字的值为{t}。')
        else:
            print('没有找到匹配的数据。')

    elif menu == Menu.转储:                          # 转储
        hash.dump()

    else:                                           # 结束
        break
```

　　程序阴影部分的代码用于创建 ChainedHash 类类型的散列表。散列表的容量是 13，关键字为 int 类型，所以关键字除以 13 的余数就是散列值。

▶ 我们可以使用枚举类型（Enum 类型）实现菜单的显示和选择。为此，在程序开头从 enum 模块导入了一个 Enum 类型。

select_menu 函数会显示 5 个菜单，首先读取整数 1~5，然后返回与这些值匹配的枚举值（Menu. 插入，Menu. 删除，…）。

运行示例				

(1) 添加　(2) 删除　(3) 查找　(4) 转储　(5) 结束：1⏎
关键字：1⏎
值：赤尾⏎ ⌐⌐⌐⌐⌐⌐⌐⌐⌐⌐⌐⌐⌐⌐⌐⌐⌐⌐⌐⌐⌐⌐⌐⌐⌐⌐ `添加 {①赤尾 }`

(1) 添加　(2) 删除　(3) 查找　(4) 转储　(5) 结束：1⏎
关键字：5⏎
值：武田⏎ ⌐⌐⌐⌐⌐⌐⌐⌐⌐⌐⌐⌐⌐⌐⌐⌐⌐⌐⌐⌐⌐⌐⌐⌐⌐⌐ `添加 {⑤武田 }`

(1) 添加　(2) 删除　(3) 查找　(4) 转储　(5) 结束：1⏎
关键字：10⏎
值：小野⏎ ⌐⌐⌐⌐⌐⌐⌐⌐⌐⌐⌐⌐⌐⌐⌐⌐⌐⌐⌐⌐⌐⌐⌐⌐⌐⌐ `添加 {⑩小野 }`

(1) 添加　(2) 删除　(3) 查找　(4) 转储　(5) 结束：1⏎
关键字：12⏎
值：铃木⏎ ⌐⌐⌐⌐⌐⌐⌐⌐⌐⌐⌐⌐⌐⌐⌐⌐⌐⌐⌐⌐⌐⌐⌐⌐⌐⌐ `添加 {⑫铃木 }`

(1) 添加　(2) 删除　(3) 查找　(4) 转储　(5) 结束：1⏎
关键字：14⏎
值：神崎⏎ ⌐⌐⌐⌐⌐⌐⌐⌐⌐⌐⌐⌐⌐⌐⌐⌐⌐⌐⌐⌐⌐⌐⌐⌐⌐⌐ `插入 {⑭神崎 }`

(1) 添加　(2) 删除　(3) 查找　(4) 转储　(5) 结束：3⏎
关键字：5⏎ ⌐⌐⌐⌐⌐⌐⌐⌐⌐⌐⌐⌐⌐⌐⌐⌐⌐⌐⌐⌐⌐⌐⌐⌐⌐⌐⌐⌐⌐⌐⌐ `查找⑤`
该关键字的值为武田。

(1) 添加　(2) 删除　(3) 查找　(4) 转储　(5) 结束：4⏎
```
 0
 1    → 14 （神崎）  → 1 （赤尾） •⌐⌐⌐⌐⌐⌐⌐⌐⌐ 具有相同散列值的桶链接到了一起。
 2
 3
 4
 5    → 5 （武田）
 6                                                ⌐⌐⌐⌐⌐⌐⌐⌐⌐⌐⌐ 显示散列表的内部
 7
 8
 9
10    → 10 （小野）
11
12    → 12 （铃木）
```

(1) 添加　(2) 删除　(3) 查找　(4) 转储　(5) 结束：2⏎
关键字：14⏎ ⌐⌐⌐⌐⌐⌐⌐⌐⌐⌐⌐⌐⌐⌐⌐⌐⌐⌐⌐⌐⌐⌐⌐⌐⌐⌐⌐⌐ `删除⑭`

(1) 添加　(2) 删除　(3) 查找　(4) 转储　(5) 结束：4⏎
```
 0
 1    → 1 （赤尾）
 2
 3
 4
 5    → 5 （武田）
 6                                                ⌐⌐⌐⌐⌐⌐⌐⌐⌐⌐⌐ 显示散列表的内部
 7
 8
 9
10    → 10 （小野）
11
12    → 12 （铃木）
```

(1) 添加　(2) 删除　(3) 查找　(4) 转储　(5) 结束：5⏎

▶ 如图 3-11 所示，表示桶的 Node 类由关键字和值（以及后继指针）组成。如果散列表中只需要关键字，不需要值，就可以给关键字和值传递相同的变量，具体如下所示。

```
hash.add(key, key)
```

开放地址法

还有另一种散列法，叫**开放地址法**（open addressing）。具体来说，就是当发生散列冲突时，进行再散列处理，直至找到空位置，也称为**闭散列方法**（closed hashing）。

我们通过图 3-15 所示的具体示例来看一下插入、删除和查找元素的过程。

▶ 与前面一样，将关键字除以 13 的余数作为散列值。

插入元素

如图 3-15 **a** 所示，我们向散列表中插入 18 时发生了散列冲突，于是进行再散列处理。这时可以自定义再散列函数，这里将关键字加 1 后除以 13 取余数。

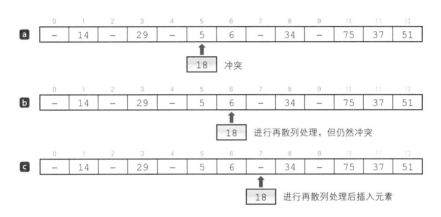

图 3-15　开放地址法中的再散列

再次进行散列处理，通过 (18 + 1) % 13 得到 6。但是，如图 3-15 **b** 所示，下标为 6 的桶已经填充了元素，因此还要进行再散列处理，通过 (19 + 1) % 13 得到 7。如图 3-15 **c** 所示，将 18 插入下标为 7 的桶中。

开放地址法也称为**线性探测法**（linear probing），因为它会重复执行多次再散列处理，直到找到空位置。

删除元素

接下来，我们来看从图 3-15 **c** 中删除 5 的步骤。直观上感觉只需把下标为 5 的桶清空即可，但事实并非如此。这是因为 18 的散列值也为 5，在查找具有相同散列值的 18 时，程序会误认为"散列值为 5 的数据不存在"，导致查找失败。

▶ 虽然进行了再散列处理，但之前插入的 18 的散列值为 5。

因此，我们考虑为每个桶赋予以下属性。

- 已存储数据。
- 空。
- 已删除。

下面用"–"表示桶为空，用"★"表示已删除。如图 3-16 所示，当删除 5 时，向该位置的桶中存入表示已删除的属性"★"。

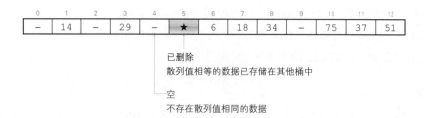

图 3-16　开放地址法中桶的属性

查找元素

接下来，我们查找 17。首先查看散列值为 4 的桶，其属性为空，所以可判断查找失败。

再来查找 18。我们查看散列值为 5 的桶，其属性为已删除。这时，像图 3-17 那样进行再散列处理，查看散列值为 6 的桶。该桶中已经存储了 6，所以进行再散列处理，查看散列值为 7 的桶。该桶中存储了目标值 18，因此查找成功。

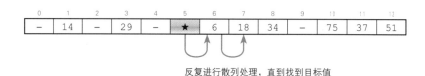

图 3-17　开放地址法中的查找

开放地址法的程序实现如代码清单 3-7 所示。该程序中定义了 Status、Bucket、OpenHash3 个类。

代码清单 3-7　　　　　　　　　　　　　　　　　　　　　　　　chap03/open_hash.py

```python
# 通过开放地址法实现散列表

from __future__ import annotations
from typing import Any, Type
from enum import Enum
import hashlib

# 桶的属性
class Status(Enum):
    OCCUPIED = 0     # 数据存储
    EMPTY = 1        # 空
    DELETED = 2      # 已删除

class Bucket:
    """组成散列表的桶"""

    def __init__(self, key: Any = None, value: Any = None,
                 stat: Status = Status.EMPTY) -> None:
        """初始化"""
        self.key   = key      # 关键字
        self.value = value    # 值
        self.stat  = stat     # 属性

    def set(self, key: Any, value: Any, stat: Status) -> None:
```

```python
            """为所有字段设置值"""
            self.key   = key         # 关键字
            self.value = value       # 值
            self.stat  = stat        # 属性

    def set_status(self, stat: Status) -> None:
        """设置属性"""
        self.stat = stat

class OpenHash:
    """实现开放地址法的散列类"""

    def __init__(self, capacity: int) -> None:
        """初始化"""
        self.capacity = capacity                      # 散列表的容量
        self.table = [Bucket()] * self.capacity       # 散列表

    def hash_value(self, key: Any) -> int:
        """求散列值"""
        if isinstance(key, int):
            return key % self.capacity
        return (int(hashlib.md5(str(key).encode()).hexdigest(), 16)
                % self.capacity)

    def rehash_value(self, key: Any) -> int:
        """求再散列值"""
        return (self.hash_value(key) + 1) % self.capacity

    def search_node(self, key: Any) -> Any:
        """查找关键字为key的桶"""
        hash = self.hash_value(key)      # 待查找关键字的散列值
        p = self.table[hash]             # 关注的桶

        for i in range(self.capacity):
            if p.stat == Status.EMPTY:
                break
            elif p.stat == Status.OCCUPIED and p.key == key:
                return p
            hash = self.rehash_value(hash)        # 再散列
            p = self.table[hash]
        return None

    def search(self, key: Any) -> Any:
        """查找关键字为key的元素(返回值)"""
        p = self.search_node(key)
        if p is not None:
            return p.value               # 查找成功
        else:
            return None                  # 查找失败

    def add(self, key: Any, value: Any) -> bool:
        """ 添加关键字为key、值为value的元素"""
        if self.search(key) is not None:
            return False                 # 该关键字已存储

        hash = self.hash_value(key)      # 待添加关键字的散列值
        p = self.table[hash]             # 关注的桶
        for i in range(self.capacity):
            if p.stat == Status.EMPTY or p.stat == Status.DELETED:
                self.table[hash] = Bucket(key, value, Status.OCCUPIED)
                return True
            hash = self.rehash_value(hash)   # 再散列
```

```
                    p = self.table[hash]
            return False                                # 散列表已满

    def remove(self, key: Any) -> int:
        """删除关键字为key的元素"""
        p = self.search_node(key)              # 关注的桶
        if p is None:
            return False                        # 该关键字还未存储
        p.set_status(Status.DELETED)
        return True

    def dump(self) -> None:
        """转储散列表"""
        for i in range(self.capacity):
            print(f'{i:2} ', end='')
            if self.table[i].stat == Status.OCCUPIED:
                print(f'{self.table[i].key} ({self.table[i].value})')

            elif self.table[i].stat == Status.EMPTY:
                print('-- 未存储 --')

            elif self.table[i].stat == Status.DELETED:
                print('-- 已删除 --')
```

枚举类型 Bucket 类的 stat 字段表示 Bucket 类类型的各桶属性，即已存储数据（OCCUPIED）、空（EMPTY）、已删除（DELETED）。

OpenHash 类的 rehash_value 方法用于求再散列值。给散列值加 1 除以散列表的容量，将所得的余数作为新的散列值。

基于开放地址法的散列表程序如代码清单 3-8 所示。

代码清单 3-8   chap03/open_hash_test.py

```
# 基于开放地址法的散列表的使用示例

from enum import Enum
from open_hash import OpenHash

Menu = Enum('Menu', ['添加', '删除', '查询', '转储', '结束'])

def select_menu() -> Menu:
    """菜单选择"""
    s = [f'({m.value}){m.name}' for m in Menu]
    while True:
        print(*s, sep='   ', end='')
        n = int(input('：'))
        if 1 <= n <= len(Menu):
            return Menu(n)

hash = OpenHash(13)                                    # 容量为13的散列表

while True:
    menu = select_menu()                               # 菜单选择

    if menu == Menu.添加:                               # 添加
        key = int(input('关键字：'))
        val = input('值：')
        if not hash.add(key, val):
            print('添加失败！')
```

```
    elif menu == Menu.删除:                          # 删除
        key = int(input('关键字:'))
        if not hash.remove(key):
            print('删除失败! ')

    elif menu == Menu.查询:                          # 查询
        key = int(input('关键字:'))
        t = hash.search(key)
        if t is not None:
            print(f'该关键字的值为{t}。')
        else:
            print('没有找到匹配的数据。')

    elif menu == Menu.转储:                          # 转储
        hash.dump()

    else:                                            # 结束
        break
```

　　程序阴影部分的代码用于创建 OpenHash 类类型的散列表。散列表的容量是 13，关键字为 int 类型，所以关键字除以 13 的余数就是散列值。

*

　　像拉链法的运行示例那样使用开放地址法添加、查找、删除数据的运行示例如下所示。下面我们来比较并讨论这两个运行示例。

- **拉链法**

　　{1, '赤尾'} 和 {14, '神崎'} 的散列值相等，都为 1，将它们用线性表连接起来，存储到桶 1。

- **开放地址法**

　　对后来添加的 {14, '神崎'} 进行再散列处理，存储到桶 2。
　　此外，在删除该数据后，将桶 2 的属性设置为已删除。

运行示例

(1)添加　(2)删除　(3)查找　(4)转储　(5)结束：1↵
关键字：1↵
值：赤尾↵ ┈┈┈┈┈┈┈┈┈┈┈┈┈┈┈┈┈┈┈┈ 添加｛①赤尾｝

(1)添加　(2)删除　(3)查找　(4)转储　(5)结束：1↵
关键字：5↵
值：武田↵ ┈┈┈┈┈┈┈┈┈┈┈┈┈┈┈┈┈┈┈┈ 添加｛⑤武田｝

(1)添加　(2)删除　(3)查找　(4)转储　(5)结束：1↵
关键字：10↵
值：小野↵ ┈┈┈┈┈┈┈┈┈┈┈┈┈┈┈┈┈┈┈┈ 添加｛⑩小野｝

(1)添加　(2)删除　(3)查找　(4)转储　(5)结束：1↵
关键字：12↵
值：铃木↵ ┈┈┈┈┈┈┈┈┈┈┈┈┈┈┈┈┈┈┈┈ 添加｛⑫铃木｝

(1)添加　(2)删除　(3)查找　(4)转储　(5)结束：1↵
关键字：14↵
值：神崎↵ ┈┈┈┈┈┈┈┈┈┈┈┈┈┈┈┈┈┈┈┈ 添加｛⑭神崎｝

(1)添加　(2)删除　(3)查找　(4)转储　(5)结束：3↵
关键字：5↵
该关键字的值为武田。 ┈┈┈┈┈┈┈┈┈┈┈┈┈┈┈┈ 查找⑤

(1)添加　(2)删除　(3)查找　(4)转储　(5)结束：4↵
```
0 -- 未插入 --
1  1 (赤尾)
2  14 (神崎)
3 -- 未插入 --
4 -- 未插入 --
5  5 (武田)
6 -- 未插入 --
7 -- 未插入 --
8 -- 未插入 --
9 -- 未插入 --
10 10 (小野)
11 -- 未插入 --
12 12 (铃木)
```
┈┈┈┈┈┈┈┈ 显示散列表的内部

(1)添加　(2)删除　(3)查找　(4)转储　(5)结束：2↵
关键字：14↵ ┈┈┈┈┈┈┈┈┈┈┈┈┈┈┈┈┈┈┈┈ 删除⑭

(1)添加　(2)删除　(3)查找　(4)转储　(5)结束：4↵
```
0 -- 未插入 --
1  1 (赤尾)
2 -- 已删除 --
3 -- 未插入 --
4 -- 未插入 --
5  5 (武田)
6 -- 未插入 --
7 -- 未插入 --
8 -- 未插入 --
9 -- 未插入 --
10 10 (小野)
11 -- 未插入 --
12 12 (铃木)
```
┈┈┈┈┈┈┈┈ 显示散列表的内部

(1)添加　(2)删除　(3)查找　(4)转储　(5)结束：5↵

章末习题

请从以下查找方法及其运行时间复杂度的组合中选择正确的组合。假设要查找的数据个数为 n，发生散列冲突（散列值相等）的概率小到可以忽略不计。另外，运行时间的复杂度为 n^2，表示处理 n 个数据的时间最大为 cn^2（c 为常数）。

	二分查找	线性查找	散列查找
A.	$\log_2 n$	n	1
B.	$n \log_2 n$	n	$\log_2 n$
C.	$n \log_2 n$	n^2	1
D.	n^2	1	n

数组 A 的第 1 个元素到第 N 个元素中都存储了整数（$N > 1$）。以下流程图用于查找"与 X 值相等的值存储在哪个元素中"。关于该流程图的运行结果，请选择正确的描述。

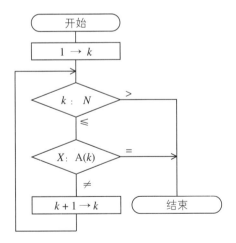

A. 如果数组中没有与 X 相等的值，则将 k 设为 1

B. 如果数组中没有与 X 相等的值，则将 k 设为 N

C. 如果数组的第 1 个元素和第 N 个元素两个位置都有与 X 相等的值，则将 k 设为 1

D. 如果数组的第 1 个元素和第 N 个元素两个位置都有与 X 相等的值，则将 k 设为 N

以下关于二分查找的描述中，正确的是哪一个？

A. 二分查找的数据串必须是有序排列的

B. 二分查找总是比线性查找快

C. 二分查找是从数据串的开头开始查找的

D. 查找 n 个数据所需的比较次数与 $n \log_2 n$ 成正比

数组 A 中的 n 个数据按升序排列。以下流程图体现了利用二分查找法从数组 A 中查找数据 x 的过程。请选择正确的操作组合放到 ┌─a─┐ 和 ┌─b─┐ 中。除法运算的结果需要四舍五入取整。

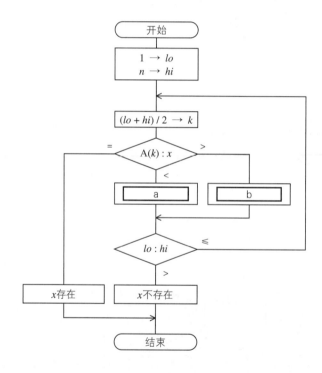

	a	b
A.	$k + 1 \rightarrow hi$	$k - 1 \rightarrow lo$
B.	$k - 1 \rightarrow hi$	$k + 1 \rightarrow lo$
C.	$k + 1 \rightarrow lo$	$k - 1 \rightarrow hi$
D.	$k - 1 \rightarrow lo$	$k + 1 \rightarrow hi$

■ 1999 年春季考试 第 26 题

哨兵在以下哪种查找方法中有效？

A. 二分查找

C. 散列查找

B. 线性查找

D. 广度优先查找

■ 2005 年春季考试 第 15 题

在二分查找中，如果数据个数变成原来的 4 倍，最大查找次数会如何变化？

A. 增加 1 次

C. 约为原来的 2 倍

B. 增加 2 次

D. 约为原来的 4 倍

■ 2018 年春季考试 第 7 题

在散列表查找中，以下哪一个是散列法的特点？

A. 是使用二叉树的一种方法

B. 是不会引起存储位置冲突的一种方法

C. 存储位置由关键字的函数值确定

D. 查找所需时间与整个表的大小几乎成正比

■ 2008 年秋季考试 第 30 题

以下关于散列法的描述中，正确的是哪一个？

A. 根据记录的键值使用函数计算存储位置，以此进行访问的方法

B. 使用每条记录中存储的指向下一条记录的存储位置来进行访问的方法

C. 使用记录的键值和记录的存储位置之间的对应表来进行访问的方法

D. 把记录的键值作为存储位置直接访问的方法

■ 2014 年秋季考试 第 2 题

有一个散列表，存储位置从 0000 到 4999，使用基数转换算法将记录的键值转换为存储位置。键值 55 550 对应的存储位置是哪一个？这里的基数转换算法会将键值看作十一进制数，并在将其转换为十进制数后，把最后 4 位数乘以 0.5 的结果（小数点后舍去）作为记录的存储位置。

A. 0260

C. 2775

B. 2525

D. 4405

■ 2011 年秋季考试 第 6 题

根据以下规则，将正整数 k 存储到数组元素 A[0], A[1], …, A[9] 中。在把 16, 43, 73, 24, 85 作为 k 顺次存储到数组时，85 的存储位置是哪一个？$x \bmod y$ 表示 x 除以 y 的余数。另外，数组的所有元

素都初始化为 0。

（规则）

(1) 如果 A[k mod 10] = 0，则 $k \rightarrow$ A[k mod 10]

(2) 当 (1) 无法存储时，如果 A[(k + 1) mod 10] = 0，则 $k \rightarrow$ A[(k + 1) mod 10]

(3) 当 (2) 无法存储时，如果 A[(k + 4) mod 10] = 0，则 $k \rightarrow$ A[(k + 4) mod 10]

A. A[3]   B. A[5]

C. A[6]   D. A[9]

▪ 2019 年秋季考试 第 10 题

现在我们想使用散列法把用 5 位十进制数 $a_1 a_2 a_3 a_4 a_5$ 存储到数组中。如果散列函数为 mod($a_1 + a_2 + a_3 + a_4 + a_5$, 13)，我们要将数值存储到与散列值对应的数组元素中，那么 54321 应该存入哪个位置？mod(x, 13) 表示 x 除以 13 的余数。

A. 1   B. 2

C. 7   D. 11

位置	数组
0	
1	
2	
⋮	
11	
12	

▪ 2004 年春季考试 第 13 题

把用十六进制数表示的 9 个数值 1A、35、3B、54、8E、A1、AF、B2、B3 依次存储到散列表中。通过散列函数 f(数据) = mod(数据, 8) 计算散列值，哪个数据会首先发生冲突（散列值与表中已经存在的数据相等）？ mod(a, b) 表示 a 除以 b 的余数。

A. 54   B. A1

C. B2   D. B3

▪ 1999 年春季考试 第 31 题

将均匀随机分布在 1 到 1 000 000 的范围内的 5 个数据存储到容量为 10 的散列表中，发生冲突的概率大概是多少？这里散列值使用的是键值除以散列表容量的余数。

A. 0.2   B. 0.5

C. 0.7   D. 0.9

第 4 章

栈和队列

本章主要介绍数据结构中的栈和队列，这两种结构主要用于存储临时数据。

- 栈
  - 后进先出
  - 进栈和出栈
  - 栈顶和栈底
  - 栈指针
- 队列
  - 先进先出
  - 入队和出队
  - 队头和队尾
- 优先队列
- 双端队列
- 环形缓冲区
- collections.deque 类
- __len__ 方法和 len 函数
- __contains__ 方法和成员运算符
- 异常处理

4-1 栈

本节介绍数据结构中的栈（stack）。栈主要用于存储临时数据，最后添加的数据会最先被取出。

栈

栈是一种用于存储临时数据的数据结构，按照**后进先出**（Last In First Out，LIFO）的方式存取数据，即最后添加的数据会最先被取出。

把数据插入栈中称为**进栈**（push），从栈中取出数据称为**出栈**（pop）。

进栈和出栈操作如图 4-1 所示。

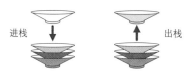

图 4-1 进栈和出栈

就像在桌子上摞盘子和拿盘子一样，存入数据和取出数据的操作都是在栈的顶端进行的。

进行进栈和出栈操作的顶端称为**栈顶**，另一端称为**栈底**。

▶ stack 在英语中有干草堆、垛、成堆的意思。因此，进栈也称为压栈。

图 4-2 展示了一系列进栈和出栈操作。

数据在进栈时被放入栈顶，在出栈时，栈顶的数据被取出。所以，在执行出栈操作时，取出的是最后进栈的数据。

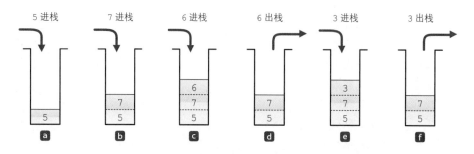

图 4-2 一系列进栈和出栈操作

栈的实现

接下来，我们要创建栈的实现程序。为了理解栈的基本思路，我们创建一个固定长度的栈，在创建时指定栈的容量（最多可容纳的数据个数）。

实现一个栈所需的数据如图 4-3 所示。

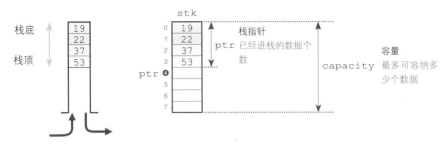

图 4-3　栈的实现示例

栈的数组实现：stk

stk 是 list 类型的数组，用于存储进栈的数据。

如图 4-3 所示，假设栈底元素的下标为 0，则第一个进栈的数据会被存储到 stk[0]。

栈的容量：capacity

capacity 是 int 类型的整数，用来表示栈的容量（最多可容纳的数据个数）。栈的容量与数组 stk 中的元素个数（即 len(stk)）相等。

栈指针：ptr

ptr 是整数，表示已经进栈的数据个数，称为**栈指针**（stack pointer）。

如果栈为空，则 ptr 的值为 0；如果栈已满，则 ptr 的值等于栈的容量 capacity。

在图 4-3 中，栈的容量为 8，已有 4 个数据进栈。第一个进栈的栈底数据 19 被存储到 stk[0]，最后进栈的栈顶数据 53 被存储到 stk[ptr - 1]。

> ▶ 图中●内的值就是 ptr，它等于最后进栈的数据其存储位置的下标加 1。后面我们将学到，当数据进栈时 ptr 递增 1，当数据出栈时 ptr 递减 1。

代码清单 4-1[A] ~ 代码清单 4-1[C] 所示的 FixedStack 类实现了一个固定长度的栈。

异常类 Empty

在栈为空时调用 pop 或 peek 方法，程序就会抛出 Empty 异常。

异常类 Full

在栈已满时调用 push 方法，程序就会抛出 Full 异常。

初始化：__init__

__init__ 方法用于执行一些预处理，例如创建一个用于存储进栈数据的数组。

将形参 capacity 接收的值复制给表示栈容量的字段 capacity，即可创建一个 list 类型的数组 stk，其中元素个数为 capacity，所有元素均为 None。

由于新创建的栈为空（无数据进栈），所以要将栈指针 ptr 的值设为 0。

查询栈中数据个数：__len__

__len__ 方法用于返回栈中数据的个数，它会直接返回栈指针 ptr 的值。

　　__len__ 是一个特殊方法，我们可以使用 s.__len__() 和 len(s) 这两种形式查询栈 s 的数据元素个数（详见专栏 4-3）。

■ 判断栈是否为空：is_empty

　　is_empty 方法用于判断栈是否为空（无数据进栈）。如果栈为空，则返回 True，否则返回 False。

■ 判断栈是否已满：is_full

　　is_full 方法用于判断栈是否已满（无法使更多数据进栈）。如果栈已满，则返回 True，否则返回 False。

▶　如果只使用 FixedStack 类的方法对栈进行操作，那么栈指针 ptr 的值一定大于等于 0 且小于等于 capacity。因此，我们可以使用 == 来代替 < 或 >= 运算符定义 is_empty 和 is_full 方法，具体如下所示。

```
def is_empty(self) -> bool:        def is_full(self) -> bool:
    """ 栈是否为空？ """                """ 栈是否已满？ """
    return self.ptr == 0           return self.ptr == self.capacity
```

　　但是，并不排除编程错误等导致 ptr 的值小于 0 或大于 capacity 的情况出现。

　　本程序中使用了不等号进行判断，这可以防止访问范围超出数组的上限和下限。程序鲁棒性得到提高，也是得益于这些细微之处的改进。

代码清单 4-1[A]　　　　　　　　　　　　　　　　　　　　　　　　chap04/fixed_stack.py

```python
# 固定长度的栈类

from typing import Any

class FixedStack:
    """固定长度的栈类"""

    class Empty(Exception):
        """对于空的FixedStack栈,在调用pop或peek方法时抛出的异常"""
        pass

    class Full(Exception):
        """对于满的FixedStack,调用push方法时抛出的异常"""
        pass

    def __init__(self, capacity: int = 256) -> None:
        """初始化"""
        self.stk = [None] * capacity       # 栈主体
        self.capacity = capacity           # 栈的容量
        self.ptr = 0                       # 栈指针

    def __len__(self) -> int:
        """返回已经进栈的数据的个数"""
        return self.ptr

    def is_empty(self) -> bool:
        """栈是否为空？ """
        return self.ptr <= 0

    def is_full(self) -> bool:
        """栈是否已满？ """
        return self.ptr >= self.capacity
```

专栏 4-1 | 异常处理（其一）

Python 程序在运行时如果发生错误，则会抛出异常消息。通过捕获异常并进行相应的处理，程序可以从错误状态中恢复，避免中断。

异常处理的优点之一是将错误处理代码从常规处理代码中分离出来。我们可以使用图 4C-1 所示的 try 语句。

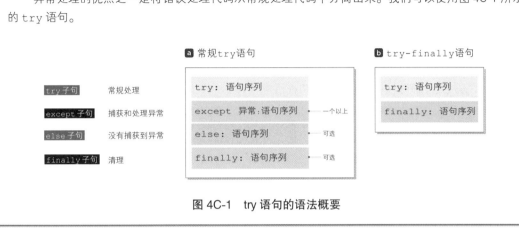

图 4C-1 try 语句的语法概要

进栈：push

push 方法用于让数据进栈。但是，如果栈已满，无法进栈，则程序会抛出 FixedStack.Full 异常。

我们来看一下图 4-4 **a** 所示的进栈操作过程。

如果栈未满，就将接收到的 value 存储到数组元素 stk[ptr] 中，然后将栈指针 ptr 递增 1。

▶ 将数据存入 stk[ptr]（即 stk[4]）后，ptr 递增到 5。

出栈：pop

pop 方法用于让栈顶数据出栈并返回其值。但是，如果栈为空，无法实现出栈操作，程序就会抛出 FixedStack.Empty 异常。

我们来看一下图 4-4 **b** 所示的出栈操作过程。

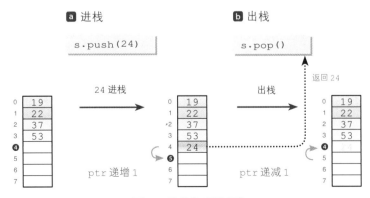

图 4-4 进栈和出栈操作

如果栈不为空，就先将栈指针 ptr 递减 1，然后返回存储在 stk[ptr] 中的值。

▶ 将 ptr 从 5 递减到 4，然后返回 stk[ptr]，即返回 stk[4]。

查看：peek

peek 方法用于查看栈顶数据（下次出栈时将被取出的数据）。但是，如果栈为空，程序则会抛出 FixedStack.Empty 异常；如果栈不为空，则返回栈顶元素 stk[ptr - 1] 的值。

需要注意的是，栈指针将保持不变，因为没有数据出栈或进栈。

清空栈（删除所有数据）：clear

clear 方法用于删除栈中所有数据，将栈清空。只要将栈指针 ptr 设为 0 即可。

▶ 因为进栈和出栈等所有操作都是基于栈指针进行的，所以把栈指针 ptr 设为 0 即可清空栈（无须修改栈主体的数组元素）。

代码清单 4-1[B]   chap04/fixed_stack.py

```python
    def push(self, value: Any) -> None:
        """让value进栈"""
        if self.is_full():                  # 栈已满
            raise FixedStack.Full
        self.stk[self.ptr] = value
        self.ptr += 1

    def pop(self) -> Any:
        """让数据出栈( 取出栈顶数据 )"""
        if self.is_empty():                 # 栈为空
            raise FixedStack.Empty
        self.ptr -= 1
        return self.stk[self.ptr]

    def peek(self) -> Any:
        """查看栈中数据( 查看栈顶数据 )"""
        if self.is_empty():                 # 栈为空
            raise FixedStack.Empty
        return self.stk[self.ptr - 1]

    def clear(self) -> None:
        """清空栈( 删除所有数据 )"""
        self.ptr = 0
```
➡

专栏 4-2   异常处理（其二）

Python 允许程序自行引发异常。自行引发异常通过 raise 语句（raise statement）来完成。当栈已满或栈为空时，FixedStack 类中的 push、pop 和 peek 方法就会引发异常。

*

Python 提供的异常称为**内置标准异常**，例如 ValueError 类和 ZeroDivisionError 类。内置标准异常包括 BaseException 类，以及直接或间接从 BaseException 类派生的类。

Python 允许程序员自定义异常，**自定义异常**必须继承自 Exception 类（或其派生类），而不是

BaseException 类。这是因为 BaseException 类的规范不支持派生用户自定义类。

在本章使用的栈类和队列类中，Empty 和 Full 这两个类都是 Exception 类的子类。

查找：find

find 方法用于查找栈的主体数组 stk 中是否存在与 value 值相等的数据，如果存在，则查询其在数组中的位置。

图 4-5 给出了一个栈查找示例。如图所示，栈查找是**从栈顶向栈底进行线性查找的**，即按照数组下标从大到小的顺序遍历数组。

如果查找成功，则返回找到的元素的下标；如果查找失败，则返回 -1。

图 4-5 栈查找

▶ 图 4-5 所示的栈中有两个 25，所在位置的下标分别为 1 和 4。如果从该栈中查找 25，返回的就是栈顶端 25 的下标 4。

从栈顶开始遍历是为了优先找到"先出栈的数据"。

元素计数：count

count 方法用于计算并返回栈中某个 value 的个数。

▶ 计算图 4-5 所示的栈中 25 的个数，返回值为 2。

判断是否包含数据：__contains__

__contains__ 方法用于判断栈中是否包含给定值。如果包含，则返回 True，否则返回 False。

__contains__ 是一个特殊方法，我们可以调用 s.__contains__(x) 判断栈 s 中是否包含 x，也可以调用**成员运算符**（membership test operator）in，以 x in s 的形式进行判断（详见专栏 4-3）。

▶ 当然，也可以调用 not in 运算符来判断是否不包含指定数据。例如，可以通过 x not in s 来判断栈 s 中是否不包含 x。

转储（显示所有数据）：dump

dump 方法用于按照从栈底到栈顶的顺序，显示栈中包含的 ptr 个数据。如果栈为空，则显示"栈为空。"。

```python
    def find(self, value: Any) -> Any:
        """从栈中查找value并返回下标( 如果未找到,则返回-1 )"""
        for i in range(self.ptr - 1, -1, -1):    # 从栈顶开始线性查找
            if self.stk[i] == value:
                return i                    # 查找成功
        return -1                           # 查找失败

    def count(self, value: Any) -> bool:
        """返回栈中包含的value的个数"""
        c = 0
        for i in range(self.ptr):     # 从栈底开始线性查找
            if self.stk[i] == value:
                c += 1                    # 已入栈
        return c

    def __contains__(self, value: Any) -> bool:
        """栈中是否包含value? """
        return self.count(value)

    def dump(self) -> None:
        """转储( 按照从栈底到栈顶的顺序显示栈内的所有数据 )"""
        if self.is_empty():                        # 栈为空
            print('栈为空。')
        else:
            print(self.stk[:self.ptr])
```

专栏 4-3 | **__len__ 方法和 __contains__ 方法**

在 Python 中，以双下划线开头和结尾的方法具有特殊的含义。

- **__len__ 方法**

  如果在定义类时实现了 __len__ 方法，则该类对象支持内置函数 len。

  因此，在使用 __len__ 方法调用该类实例 obj 时，可以将 obj.__len__() 这种调用形式简化为 len(obj)。

- **__contains__ 方法**

  如果在定义类时实现了 __contains__ 方法，则该类对象支持成员运算符 in。

  因此，在使用 __contains__ 方法调用该类实例 obj 时，可以将 obj.__contains__(x) 这种调用形式简化为 x in obj。

■ **使用示例**

使用了固定长度栈类 FixedStack 的程序如代码清单 4-2 所示。

代码清单 4-2   chap04/fixed_stack_test.py

```python
# 固定长度栈类FixedStack的使用示例

from enum import Enum
from fixed_stack import FixedStack

Menu = Enum('Menu', ['进栈', '出栈', '查看', '查找', '转储', '结束'])

def select_menu() -> Menu:
    """菜单选择"""
    s = [f'({m.value}){m.name}' for m in Menu]
    while True:
        print(*s, sep='  ', end='')
        n = int(input(':'))
        if 1 <= n <= len(Menu):
            return Menu(n)

s = FixedStack(64)          # 最多有64个元素可进栈

while True:
    print(f'当前数据个数:{len(s)} / {s.capacity}')
    menu = select_menu()                            # 菜单选择

    if menu == Menu.进栈:                           # 进栈
        x = int(input('数据:'))
        try:
            s.push(x)
        except FixedStack.Full:
            print('栈已满。')

    elif menu == Menu.出栈:                         # 出栈
        try:
            x = s.pop()
            print(f'出栈的数据为{x}。')
        except FixedStack.Empty:
            print('栈为空。')

    elif menu == Menu.查看:                         # 查看
        try:
            x = s.peek()
            print(f'查看的栈顶数据为{x}。')
        except FixedStack.Empty:
            print('栈为空。')

    elif menu == Menu.查找:                         # 查找
        x = int(input('值:'))
        if x in s:
            print(f'包含{s.count(x)}个数据,起始位置为{s.find(x)}。')
        else:
            print('栈中不存在该值。')

    elif menu == Menu.转储:                         # 转储
        s.dump()

    else:
        break
```

运行示例

```
当前数据个数：0 / 64
(1)进栈    (2)出栈   (3)查看   (4)查找   (5)转储   (6)结束：1⏎
数据：1⏎ ........................................................
```
　　　　　　　　　　　　　　　　　　　　　　　　　　　　　　｜ 1 进栈 ｜

```
当前数据个数：1 / 64
(1)进栈    (2)出栈   (3)查看   (4)查找   (5)转储   (6)结束：1⏎
数据：2⏎ ........................................................
```
　　　　　　　　　　　　　　　　　　　　　　　　　　　　　　｜ 2 进栈 ｜

……中间省略（出栈后，从栈底到栈顶依次为1 → 2 → 3 → 1 → 5）……

```
(1)进栈    (2)出栈   (3)查看   (4)查找   (5)转储   (6)结束：4⏎
值：1⏎
包含2个元素，起始位置为3。
```
　　　　　　　　　　　　　　　　　　　　　　　　　　　　　　｜ 查找 1 ｜

```
当前数据个数：5 / 64
(1)进栈    (2)出栈   (3)查看   (4)查找   (5)转储   (6)结束：3⏎
查看的数据为5 ........................................................
```
　　　　　　　　　　　　　　　　　　　　　　　　　　　　　　｜ 查看 5 ｜

```
当前数据个数：5 / 64
(1)进栈    (2)出栈   (3)查看   (4)查找   (5)转储   (6)结束：2⏎
出栈的数据为5。........................................................
```
　　　　　　　　　　　　　　　　　　　　　　　　　　　　　　｜ 5 出栈 ｜

```
当前数据个数：4 / 64
(1)进栈    (2)出栈   (3)查看   (4)查找   (5)转储   (6)结束：2⏎
出栈的数据为1。........................................................
```
　　　　　　　　　　　　　　　　　　　　　　　　　　　　　　｜ 1 出栈 ｜

```
当前数据个数：3 / 64
(1)进栈    (2)出栈   (3)查看   (4)查找   (5)转储   (6)结束：5⏎
[1, 2, 3]
```
　　　　　　　　　　　　　　　　　　　　　　　　　　　　　　｜ 转储 ｜

```
当前数据个数：3 / 64
(1)进栈    (2)出栈   (3)查看   (4)查找   (5)转储   (6)结束：6⏎
```

　　程序阴影部分的代码用于创建一个 `FixedStack` 栈类的固定长度栈 s。栈的容量为 64，因此一次最多可以出栈的数据的个数为 64。

▶ 程序中灰色阴影部分的代码用于通过 len(s) 计算栈 s 中已进栈的数据的个数。

专栏 4-4	使用 collections.deque 实现栈

　　Python 提供了 4 种内置容器，分别是字典 `dict`、列表 `list`、集合 `set` 和元组 `tuple`。除此之外的容器由 collections 模块提供。

　　collections 模块提供的容器主要包括 `namedtuple`、`deque`、`ChainMap`、`Counter`、`OrderedDict`、`defaultdict`、`UserDict`、`UserList` 和 `UserString` 等集合，我们使用其中的 `deque` 类能够轻松地实现栈。

　　deque 容器可以实现双端队列，这种数据结构支持在两端（开头和末尾）添加和删除元素，其主要属性和方法的规范如下所示。

`maxlen`
　　它是一个只读属性，表示双端队列的最大长度，如果队列无界，则为 `None`。

`append(x)`
　　该方法可以将 x 添加到双端队列的末尾（右侧）。

`appendleft(x)`
　　该方法可以将 x 添加到双端队列的开头（左侧）。

`clear()`

　　该方法可以从双端队列中删除所有元素，使其长度为 0。

`copy()`

　　该方法可以创建双端队列的浅表副本。

`count(x)`

　　该方法可以计算双端队列内等于 x 的元素的个数。

`extend(iterable)`

　　该方法用于添加可迭代参数 iterable 中的元素，来扩展双端队列的右侧。

`extendleft(iterable)`

　　该方法用于添加可迭代参数 iterable 中的元素，来扩展双端队列的左侧。

`index(x[, start[, stop]])`

　　该方法用于返回 x 在双端队列中（从 start 到 stop 的范围内）第一个匹配项的位置。如果匹配不到，则抛出 ValueError 异常。

`insert(i, x)`

　　该方法用于将 x 插入双端队列的 i 的位置。对于有长度（容量）限制的双端队列，如果插入后导致长度超出 maxlen，则抛出 IndexError 异常。

`pop()`

　　该方法用于删除双端队列中的最后一个元素，并返回该元素的值。如果元素不存在，则抛出 IndexError 异常。

`popleft()`

　　该方法用于删除双端队列中的第一个元素，并返回该元素的值。如果元素不存在，则抛出 IndexError 异常。

`remove(value)`

　　该方法用于删除第一个出现的值。如果元素不存在，则抛出 ValueError 异常。

`reverse()`

　　该方法用于反转双端队列中元素的顺序，并返回 None。

`rotate(n)`

　　该方法用于将双端队列向右旋转 n 步。如果 n 为负数，则向左旋转。

　　除上述内容外，deque 还支持迭代，也支持使用 pickle、len(d)、reversed(d)、copy.copy(d)、copy.deepcopy(d) 和 in 运算符等判断包含关系，以及使用 d[-1] 等形式进行索引（下标）引用。

　　deque 支持下标访问，访问两端的队头元素时，时间复杂度为 $O(1)$，但访问中间位置的元素时，时间复杂度会退化为 $O(n)$。所以，根据索引随机访问双端队列中的任意元素时，不推荐使用 deque。

*

　　代码清单 4C-1 所示的 Stack 类中使用 deque 实现了固定长度栈。基本规范与前文中创建的 FixedStack 类相同。

　　Stack 明显优于 FixedStack，因为标准库的运行速度更快，程序更简单（但是，在学习数据结构时，必须先了解 FixedStack 类）。

　　※ 专栏 4-6 也将简单介绍双端队列。

代码清单 4C-1　　　　　　　　　　　　　　　　　　　　　　　　　　　chap04/stack.py

```python
# 固定长度栈类( 使用collections.deque )

from typing import Any
from collections import deque

class Stack:
    """固定长度栈类( 使用collections.deque )"""

    def __init__(self, maxlen: int = 256) -> None:
        """初始化"""
        self.capacity = maxlen
        self.__stk = deque([], maxlen)

    def __len__(self) -> int:
        """返回已经进栈的数据个数"""
        return len(self.__stk)

    def is_empty(self) -> bool:
        """栈是否为空? """
        return not self.__stk

    def is_full(self) -> bool:
        """栈是否已满? """
        return len(self.__stk) == self.__stk.maxlen

    def push(self, value: Any) -> None:
        """让value进栈"""
        self.__stk.append(value)

    def pop(self) -> Any:
        """让数据出栈( 取出栈顶数据 )"""
        return self.__stk.pop()

    def peek(self) -> Any:
        """查看栈中数据( 查看栈顶数据 )"""
        return self.__stk[-1]

    def clear(self) -> None:
        """清空栈( 删除所有数据 )"""
        self.__stk.clear()

    def find(self, value: Any) -> Any:
        """从栈中查找value并返回下标( 如果未找到,则返回-1 )"""
        try:
            return self.__stk.index(value)
        except ValueError:
            return -1

    def count(self, value: Any) -> int:
        """返回栈中包含的value的个数"""
        return self.__stk.count(value)

    def __contains__(self, value: Any) -> bool:
        """栈中是否包含value? """
        return self.count(value)

    def dump(self) -> int:
        """转储( 按照从栈底到栈顶的顺序显示栈内的所有数据 )"""
        print(list(self.__stk))
```

chap04/stack_test.py 中提供了 collections.deque 类的测试程序。

4-2　队列

本节介绍数据结构中的**队列**（queue），队列与栈的相同之处在于都用于存储临时数据，不同之处在于队列是先进先出，即最先进入的数据会最先被取出。

■ 队列

与栈一样，队列也是一种用于存储临时数据的基本数据结构。如图 4-6 所示，队列按照**先进先出**（First In First Out，FIFO）的方式存取数据，即最先进入的数据会最先被取出。

例如，我们熟知的银行柜台排队和超市收银排队都是队列结构。

▶ 如果采用栈机制排队，排在第一名的人将会一直等待下去。

向队列中插入数据的过程称为**入队**（en-queue），从队列中取出数据的过程称为**出队**（de-queue）。取出数据的一侧称为**前端**或**队头**（front），插入数据的一侧称为**后端**或**队尾**（rear）。

▶ 入队也称为入队列。注意不要混淆出队（de-queue）和双端队列（deque）这两个概念。

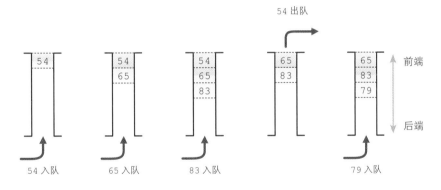

图 4-6　入队和出队

■ 使用数组实现简单队列

队列与栈一样，可以使用数组来实现。下面以图 4-7 为例说明队列的数组实现及其基本操作。

图 4-7 **a** 给出了一个数组，从数组第一个元素开始依次存储了 19、22、37、53 这 4 个数据。假设数组名称为 que，则从 que[0] 到 que[3] 都存储了 int 类型的数据（下标为 0 的元素是队头）。

下面开始对图 4-7 **a** 所示的队列进行入队和出队操作。

▪ 24 入队

首先，让数据 24 入队。如图 4-7 **b** 所示，将 24 存储到队尾元素 que[3] 的下一个位置 que[4]。该过程的时间复杂度为 $O(1)$，算法开销很小。

▪ **19 出队**

接下来让数据出队。如图 4-7 **c** 所示,当存储在 que[0] 中的 19 出队时,第 2 个元素后面的所有元素都需要依次向前移动一位。该过程的时间复杂度为 $O(n)$。

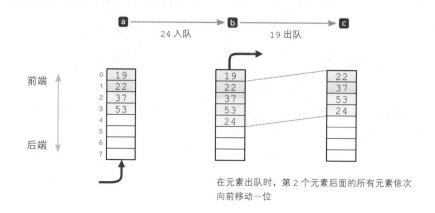

图 4-7 使用数组实现队列的示例

数据出队必然伴随这些处理,可想而知算法的运行效率一定不高。

专栏 4-5	优先队列

有一种特殊的队列叫作**优先队列**(priority queue)。

在优先队列中,数据在入队时被赋予优先级。在出队时,优先级最高的数据最先出队。

Python 中的 heapq 模块提供了优先队列。通过 heapq.heappush(heap, data) 将 data 插入 heap,通过 heapq.heappop(heap) 从 heap 中取出数据。(第 6 章会介绍 heapq 模块在程序中的使用示例。)

■ 使用环形缓冲区实现队列

接下来,我们要考虑如何在不移动数组中元素位置的情况下让元素出队。这就要用到**环形缓冲区**(ring buffer)了。

如图 4-8 所示,可以将环形缓冲区看作数组首尾元素相连的一种数据结构。

我们使用 front 变量标识逻辑上的队头元素,使用 rear 变量标识逻辑上的队尾元素。

在数据入队和出队时,front 和 rear 会不断发生变化。具体如图 4-9 所示。

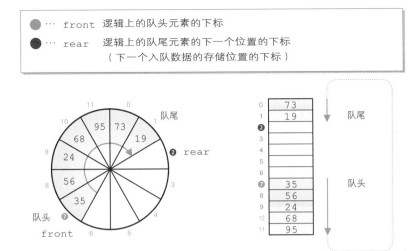

图 4-8 使用环形缓冲区实现队列

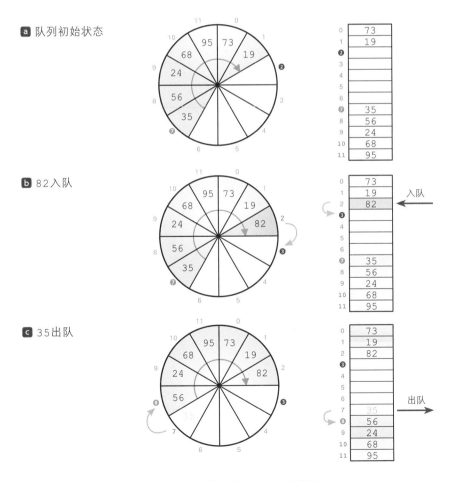

图 4-9 环形缓冲区中的入队和出队

ⓐ 将 35、56、24、68、95、73、19 这 7 个数据依次存储到 que[7]，que[8]，…，
que[11]，que[0]，que[1] 中，即 front 等于 7，rear 等于 2。

ⓑ 向图 4-9ⓐ 所示的环形缓冲区中插入 82。将 82 存储到队尾元素的下一个位置 que[rear]，
也就是 que[2]，然后将 rear 递增 1，使之变成 3。

ⓒ 从图 4-9ⓑ 所示的环形缓冲区中取出 35。从队头元素 que[front]，即 que[7] 中取出
35，然后将 front 递增 1，使之变成 8。

在环形缓冲区中，不需要像图 4-7 那样移动元素位置，只更新 front 和 rear 就能完成入队和
出队操作，并且这两种操作的时间复杂度均为 $O(1)$。

*

下面我们创建一个程序，使用环形缓冲区来实现队列。与前面介绍的栈一样，创建一个固定长
度的队列，即在创建时指定队列的容量（队列中最多可容纳的数据的个数）。

我们使用固定长度队列类 FixedQueue 来创建一个固定长度队列，具体如代码清单 4-3[A] ~ 代
码清单 4-3[D] 所示。下面结合程序进行说明。

代码清单 4-3[A]　　　　　　　　　　　　　　　　　　　　　　　　chap04/fixed_queue.py

```python
# 固定长度队列类

from typing import Any

class FixedQueue:

    class Empty(Exception):
        """对于空的FixedQueue队列,在调用deque或peek方法时抛出的异常"""
        pass

    class Full(Exception):
        """对于满的FixedQueue队列,在调用enque方法时抛出的异常"""
        pass

    def __init__(self, capacity: int) -> None:
        """初始化"""
        self.no = 0                      # 当前数据个数
        self.front = 0                   # 队头元素游标
        self.rear = 0                    # 队尾元素游标
        self.capacity = capacity         # 队列容量
        self.que = [None] * capacity     # 队列主体

    def __len__(self) -> int:
        """返回已经入队的数据的个数"""
        return self.no

    def is_empty(self) -> bool:
        """队列是否为空?"""
        return self.no <= 0

    def is_full(self) -> bool:
        """队列是否已满?"""
        return self.no >= self.capacity
```
➡

■ 异常类 Empty 与 Full

在队列为空时调用 deque 或 peek 方法，程序会抛出 Empty 异常；在队列已满时调用 enque 方法，程序会抛出 Full 异常。

■ 初始化：__init__

__init__ 方法用于执行一些预处理，例如创建一个数组作为队列。需要设置如下所示的 5 个字段。

▪ 队列主体数组：que

que 是 list 类型的数组，它作为队列主体，用于存储入队数据。

▪ 队列的容量：capacity

capacity 是 int 类型的整数，用于表示队列的容量（队列中最多可容纳的数据的个数）。capacity 的值与数组 que 中的元素个数一致。

▪ 队头元素游标与队尾元素游标：front 与 rear

front 用于表示入队数据中最先入队的队头元素的下标，rear 用于表示最后入队的队尾元素的下一个位置的下标（下一个入队数据的存储位置的下标）。

▪ 数据个数：no

no 是 int 类型的整数，用来表示存储在队列中的数据的个数。

当变量 front 和 rear 相等时，我们无法判断队列是空的还是满的。为了防止这种情况发生，就需要使用表示数据个数的变量 no（图 4-10）。

当队列为空时，no 为 0；当队列为满时，no 的值与 capacity 的值相等。

▶ 图 4-10 **a** 为空队列，front 和 rear 相等。图 4-10 **b** 为满队列，front 和 rear 也相等（que[2] 是队头元素，que[1] 是队尾元素）。此外，也存在 front 和 rear 都不等于 0 的空队列，不过图中并未展示这种情况。

a 空队列（no 等于 0）

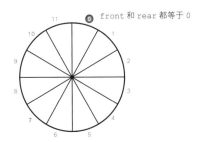

b 满队列（no 等于 12）

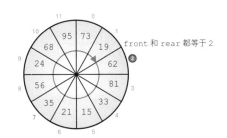

图 4-10　空队列和满队列

■ **查询队列中数据的个数：__len__**

__len__ 方法用于返回队列中的数据的个数，程序会直接返回 no 的值。

■ **判断队列是否为空：is_empty**

is_empty 方法用于判断队列是否为空（无数据入队）。如果队列为空，则返回 `True`，否则返回 `False`。

■ **判断队列是否已满：is_full**

is_full 方法用于判断队列是否已满（无法入队更多数据）。如果队列已满，则返回 `True`，否则返回 `False`。

■ **入队：enque**

enque 方法用于让数据入队。但是，如果队列已满，无法入队，程序就会抛出 `FixedQueue.Full` 异常。

代码清单 4-3[B]   chap04/fixed_queue.py

```
def enque(self, x: Any) -> None:
    """让数据x入队"""
    if self.is_full():
        raise FixedQueue.Full          # 队列已满
    self.que[self.rear] = x
    self.rear += 1                                    1
    self.no += 1
    if self.rear == self.capacity:                    2
        self.rear = 0
```

我们来看一下图 4-11 **a** 所示的入队操作示例。在这个队列中，35、56、24、68、95、73、19 已经入队，我们继续让 82 入队。

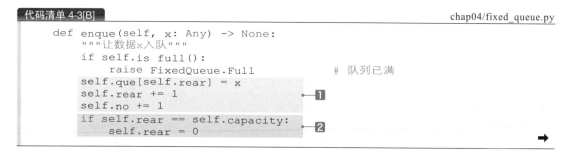

图 4-11 入队

将入队数据存储到 que[rear]（即 que[2]）中，并将 rear 和 no（程序语句 **1**）的值分别递增 1，就完成了入队。

*

但是，如果入队前 rear 指向的是数组最后一个元素（本示例中为 11），那么 rear 递增 1 后，其值等于数组容量 capacity 的值（本示例中为 12），也就**超出了数组元素下标的上限**。

这种情况的入队如图 4-11 **b** 所示。如果将 rear 递增 1 后，其值等于队列容量 capacity 的值，则将 rear 指向数组中第一个元素的下标 0（程序语句 **2**）。

▶ 这样一来，下一个入队数据会正确地存储到 que[0] 的位置。

▨ 出队：deque

deque 方法用于让队列开头的数据出队并返回其值。但是，如果队列为空，无法出队，则程序会抛出 FixedQueue.Epmty 异常。

代码清单 4-3[C]   chap04/fixed_queue.py

```
def deque(self) -> Any:
    """让数据出队"""
    if self.is_empty():
        raise FixedQueue.Empty                  # 队列为空
    x = self.que[self.front]
    self.front += 1                      ━1
    self.no -= 1
    if self.front == self.capacity:      ━2
        self.front = 0
    return x                                              ➡
```

我们来看一下图 4-12 **a** 所示的出队操作示例。在这个队列中，35、56、24、68、95、73、19、82 已经入队，我们让队头的 35 出队。

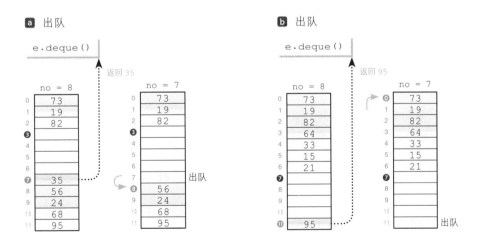

图 4-12　出队

取出存储在队列开头的 que[front]（即 que[7]）中的 35，将 front 递增 1，将 no 递减 1（程序语句 **1**）。

*

但是，如果出队前 front 指向的是数组最后一个元素（本示例中为 11），那么将 front 递增 1 后，其值等于数组容量 capacity 的值（本示例中为 12），也就超出了数组元素下标的上限（入队时也有类似问题）。

这种情况的出队如图 4-12 **b** 所示。如果将 front 递增 1 后，其值等于队列容量 capacity 的值，则将 front 指向数组中第一个元素的下标 0（程序语句 **2**）。

▶ 这样一来，下一次就会从 que[0] 的位置正确地让数据出队。

▨ 查看：peek

peek 方法用于查看队头数据（即下次出队时将被取出的数据），但是该方法只返回 que[front] 的值，并不会让数据出队。因此，front、rear、no 的值不会发生变化。

如果队列为空，程序就会抛出 FixedQueue.Empty 异常。

▨ 查找：find

find 方法用于查找与 value 相等的数据在队列数组中的位置。

如图 4-13 所示，从队头向队尾进行线性查找。该线性查找是从队列逻辑结构的第一个元素开始遍历，而不是从数组物理结构的第一个元素开始。

因此，在遍历过程中，遍历对象的下标 idx 的计算公式为 (i + front) % capacity。

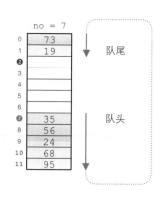

▶ 在图 4-13 的示例中，i 和 idx 的变化如下所示。

$$i \quad 0 \to 1 \to 2 \to 3 \to 4 \to 5 \to 6$$
$$idx \quad 7 \to 8 \to 9 \to 10 \to 11 \to 0 \to 1$$

如果查找成功，则返回找到的元素的下标；如果查找失败，则返回 -1。

图 4-13 队列的线性查找

▨ 元素计数：count

count 方法用于计算并返回队列中某个 value 的个数。

▨ 判断是否包含数据：__contains__

__contains__ 方法用于判断队列中是否包含给定值。如果包含，则返回 True，否则返回 False。

在程序内部可通过调用 count 方法实现 contains 功能。

▨ 删除所有元素：clear

clear 方法用于删除队列中的所有数据。

▶ 因为数据入队和出队都是基于 no、front 和 rear 的值进行的，所以把这些值设为 0 即可删除所有元素（无须修改队列主体的 que 的元素）。

▨ 转储全部数据：dump

dump 方法用于按照从队头到队尾的顺序，显示队列中包含的全部 no 个数据。如果队列为空，则显示"队列为空。"。

代码清单 4-3[D]   chap04/fixed_queue.py

```python
    def peek(self) -> Any:
        """查看数据(查看队头元素)"""
        if self.is_empty():
            raise FixedQueue.Empty          # 队列为空
        return self.que[self.front]

    def find(self, value: Any) -> Any:
        """从队列中查找value并返回下标(如果未找到,则返回-1)"""
        for i in range(self.no):
            idx = (i + self.front) % self.capacity
            if self.que[idx] == value:      # 查找成功
                return idx
        return -1                           # 查找失败

    def count(self, value: Any) -> bool:
        """返回队列中包含的value的个数"""
        c = 0
        for i in range(self.no):            # 从队尾开始线性查找
            idx = (i + self.front) % self.capacity
            if self.que[idx] == value:      # 查找成功
                c += 1                       # 已入队
        return c

    def __contains__(self, value: Any) -> bool:
        """队列中是否包含value?"""
        return self.count(value)

    def clear(self) -> None:
        """清空队列"""
        self.no = self.front = self.rear = 0

    def dump(self) -> None:
        """按照从队头到队尾的顺序显示队列中的所有数据"""
        if self.is_empty():                 # 队列为空
            print('队列为空。')
        else:
            for i in range(self.no):
                print(self.que[(i + self.front) % self.capacity], end=' ')
            print()
```

专栏 4-6 ┃ 双端队列

双端队列(deque 或 double ended queue)也是一种数据结构,它允许针对其两端进行数据的入队和出队操作。

Python 中的 collections.deque 模块提供了双端队列(详见专栏 4-4)

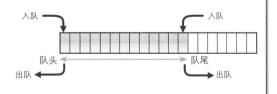

图 4C-2 双端队列

使用示例

使用队列类 FixedQueue 的程序如代码清单 4-4 所示。

代码清单 4-4 　　　　　　　　　　　　　　　　　　　　　　　　chap04/fixed_queue_test.py

```python
# 固定长度队列类FixedQueue的使用示例

from enum import Enum
from fixed_queue import FixedQueue

Menu = Enum('Menu', ['入队', '出队', '查看', '查找', '转储', '结束'])

def select_menu() -> Menu:
    """菜单选择"""
    s = [f'({m.value}){m.name}' for m in Menu]
    while True:
        print(*s, sep='   ', end='')
        n = int(input(':'))
        if 1 <= n <= len(Menu):
            return Menu(n)

q = FixedQueue(64)          # 最多可入队64个元素

while True:
    print(f'当前数据个数:{len(q)} / {q.capacity}')
    menu = select_menu()                              # 菜单选择

    if menu == Menu.入队:                              # 入队
        x = int(input('数据:'))
        try:
            q.enque(x)
        except FixedQueue.Full:
            print('队列已满。')

    elif menu == Menu.出队:                            # 出队
        try:
            x = q.deque()
            print(f'出队的数据为{x}。')
        except FixedQueue.Empty:
            print('队列为空。')

    elif menu == Menu.查看:                            # 查看
        try:
            x = q.peek()
            print(f'查看的队头数据为{x}。')
        except FixedQueue.Empty:
            print('队列为空。')

    elif menu == Menu.查找:                            # 查找
        x = int(input('值:'))
        if x in q:
            print(f'包含{q.count(x)}个数据,起始位置为{q.find(x)}。')
        else:
            print('队列中不存在该值。')

    elif menu == Menu.转储:                            # 转储
        q.dump()

    else:
        break
```

　　程序阴影部分的代码用于创建一个队列类 FixedQueue 类型的固定长度队列。队列的容量为 64，因此一次最多可以入队的数据为 64 个。

运行示例
当前数据个数: 0 / 64 (1)入队　(2)出队　(3)查看　(4)查找　(5)转储　(6)结束:1⏎ 数据:1⏎
当前数据个数: 1 / 64 (1)入队　(2)出队　(3)查看　(4)查找　(5)转储　(6)结束:1⏎ 数据:2⏎
当前数据个数: 2 / 64 (1)入队　(2)出队　(3)查看　(4)查找　(5)转储　(6)结束:1⏎ 数据:3⏎
当前数据个数: 3 / 64 (1)入队　(2)出队　(3)查看　(4)查找　(5)转储　(6)结束:1⏎ 数据:1⏎
当前数据个数: 4 / 64 (1)入队　(2)出队　(3)查看　(4)查找　(5)转储　(6)结束:1⏎ 数据:5⏎
当前数据个数: 5 / 64 (1)入队　(2)出队　(3)查看　(4)查找　(5)转储　(6)结束:5⏎ 1 2 3 1 5
当前数据个数: 5 / 64 (1)入队　(2)出队　(3)查看　(4)查找　(5)转储　(6)结束:4⏎ 数据:1⏎ 包含2个数据, 起始位置为0。
当前数据个数: 5 / 64 (1)入队　(2)出队　(3)查看　(4)查找　(5)转储　(6)结束:3⏎ 查看的队头数据为1。
当前数据个数: 5 / 64 (1)入队　(2)出队　(3)查看　(4)查找　(5)转储　(6)结束:2⏎ 出队的数据为1。
当前数据个数: 4 / 64 (1)入队　(2)出队　(3)查看　(4)查找　(5)转储　(6)结束:2⏎ 出队的数据为2。
当前数据个数: 3 / 64 (1)入队　(2)出队　(3)查看　(4)查找　(5)转储　(6)结束:5⏎ 3 1 5
当前数据个数: 3 / 64 (1)入队　(2)出队　(3)查看　(4)查找　(5)转储　(6)结束:6⏎

右侧注解（从上到下）：
- 1 入队
- 2 入队
- 3 入队
- 1 入队
- 5 入队
- 转储
- 查找 1
- 1 查看
- 1 出队
- 2 出队
- 转储

专栏 4-7 ┃ 环形缓冲区的应用示例

　　环形缓冲区可以用于丢弃旧数据。举一个具体的例子，在向一个元素个数为 n 的数组中输入新数据时，数组只会保留最新输入的 n 个数据。舍弃旧的数据。这就是环形缓冲区的用途之一。

　　代码清单 4C-2 给出了一个程序示例。假设 list 类型数组 a 的元素个数为 n。我们可以向数组中输入任意个整数，但是数组只会保存最新的 n 个元素。

代码清单 4C-2   chap04/last_elements.py

```
# 读取任意个数的值,元素个数为n的数组中只保存最后读取的n个元素

n = int(input('可以存储多少个整数? :'))
a = [None] * n    # 用于存储读取的值的数组

cnt = 0           # 读取的元素个数
while True:
    a[cnt % n] = int(input((f'第{cnt + 1}个整数:')))
    cnt += 1  ■1

    retry = input(f'是否继续?（Y…Yes / N…No）:')
    if retry in {'N', 'n'}:
        break

i = cnt - n
if i < 0: i = 0
                                                  ■2
while i < cnt:
    print(f'第{i + 1}个 = {a[i % n]}')
    i += 1
```

如图 4C-3 所示，当 n 等于 10 时，读取以下所示的 12 个整数。

   15, 17, 64, 57, 99, 21, 0, 23, 44, 55, 97, 85

但是，数组中只能保存最后 10 个整数，即需要舍弃前两个读取的值。

   15, 17, 64, 57, 99, 21, 0, 23, 44, 55, 97, 85

   ←→

   舍弃

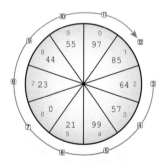

※ 蓝色文字的数值 … 元素的下标。
□内的数值 … 读取到了第几个元素?

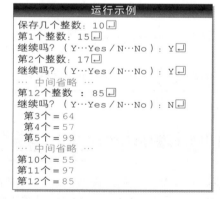

图 4C-3　从键盘读取值

*

   程序语句■1将从键盘读取的值存储到 a[cnt % n] 中。下面我们来具体验证一下如何将读取的值存储到数组中。

▪ 读取第 1 个值

cnt 的值为 0，cnt 除以 10 的余数为 0。所以，第 1 个被读取的值将存储到 a[0] 中。

▪ 读取第 2 个值

cnt 的值为 1，cnt 除以 10 的余数为 1。所以，第 2 个被读取的值将存储到 a[1] 中。

……中间省略……

▪ 读取第 10 个值

cnt 的值为 9，cnt 除以 10 的余数为 9。所以，第 10 个被读取的值将存储到 a[9] 中。

▪ 读取第 11 个值

cnt 的值为 10，cnt 除以 10 的余数为 0。所以，第 11 个被读取的值将存储到 a[0] 中，即第 1 个数据会被第 11 个数据覆盖。

▪ 读取第 12 个值

cnt 的值为 11，cnt 除以 10 的余数为 1。所以，第 12 个被读取的值将存储到 a[1] 中，即第 2 个数据会被第 12 个数据覆盖。

我们可以看到，通过 cnt % n 计算读取的值的存储位置下标（然后使 cnt 递增 1），能够循环利用数组中的所有元素。

※ FixedQueue 类的 find 方法也是基于相同的原理来计算下标的。

*

在显示读取的值时需要一些技巧（程序语句 2 ）。

如果读取的值的个数 cnt 小于等于 10，那么按以下顺序显示即可（显示个数为 cnt ）。

```
a[0] ~ a[cnt - 1]
```

但是，如果像上述示例一样读取了 12 个整数，显示顺序就是下面这样（显示个数为 n，即 10 个值 ）。

```
a[2], a[3], …, a[9], a[0], a[1]
```

这里也可以使用取余运算符做简化处理。请仔细阅读并理解该程序。

章末习题

有空的队列和栈这两个数据结构。按顺序执行右侧步骤，传递给变量 x 的是哪一个值?

其中:

push(y)：让数据 y 入栈。

pop()　：让数据出栈。

enq(y)：让数据 y 入队。

deq()　：让数据出队。

```
push(a)
push(b)
enq(pop())
enq(c)
push(d)
push(deq())
x ← pop()
```

A. a　　　　　　B. b　　　　　　C. c　　　　　　D. d

下面哪种数据结构适合进行 FIFO（先进先出）处理?

A. 二叉树　　　　B. 队列　　　　　C. 栈　　　　　　D. 堆

下面哪个术语描述了栈操作的特征?

A. FIFO　　　　　B. LIFO　　　　　C. LILO　　　　　D. LRU

假设有一个容量足够大的数组 A 和初始值为 0 的变量 p，函数 $f(x)$ 和 $g()$ 的定义如右侧所示。仅通过函数 $f(x)$ 和 $g()$ 即可访问数组 A 和变量 p。那么这些函数的操作对象是下列哪一种数据结构?

```
function f(x) {
    p = p + 1;
    A[p] = x;
    return None;
}

function g() {
    x = A[p];
    p = p - 1;
    return x;
}
```

A. 队列　　　　　B. 栈　　　　　　C. 散列表　　　　D. 堆

▪2017 年秋季考试 第 5 题

只使用一个栈来依次存储 A、B、C、D，可以输出的数据字符串是哪一个？

A. A、D、B、C
B. B、D、A、C
C. C、B、D、A
D. D、C、A、B

▪2018 年秋季考试 第 5 题

按如下方式定义针对等待队列的操作。

ENQ n：将数据 n 添加到等待队列。

DEQ ：从等待队列中取出数据。

对一个空的等待队列依次执行 ENQ 1、ENQ 2、ENQ 3、DEQ、ENQ 4、ENQ 5、DEQ、ENQ 6、DEQ、DEQ 操作。那么下一个 DEQ 操作将取出哪个值？

A. 1
B. 2
C. 5
D. 6

▪2015 年春季考试 第 5 题

请从下列有关队列的描述中选出最合适的一个。

A. 最后入队的数据最先出队

B. 最先入队的数据最先出队

C. 可以使用下标引用特定数据

D. 可以使用两个以上的指针表达数据的层次关系

▪2005 年春季考试 第 13 题

使用 PUSH 指令将数据入栈，使用 POP 指令将数据出栈。在一个正在运行的程序中，从某个状态开始依次执行右侧 10 条指令，栈中的数据如右图所示。请问第一条 PUSH 指令的入栈数据是哪一个？

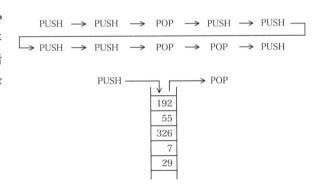

A. 7
B. 29
C. 55
D. 326

第 5 章

递归算法

本章主要介绍各种递归算法及其分析方法，以及用非递归方法实现递归算法的相关内容。

- 递归
- 递归定义
- 直接递归
- 间接递归
- 阶乘值
- 辗转相除法和最大公约数
- 真正递归
- 递归算法的自上而下分析
- 递归算法的自下而上分析
- 递归算法的非递归写法
- 尾递归和消除递归
- 汉诺塔问题
- 八皇后问题
- 把原问题分解成子问题
- 分支定界法
- 分治法

5-1　递归的基础知识

本节主要介绍递归算法的基础知识。

递归

若一个对象包含它自己，或用它自己给自己定义，我们就称这个对象是**递归的**（recursive）。

图 5-1 给出了一个递归图片的示例。计算机屏幕中显示了一个小屏幕，小屏幕中又显示了一个更小的屏幕……

正整数是用 1, 2, 3, …所表示的数，一个接一个，组成一个无穷的集体。可以像下面这样利用递归的概念定义正整数。

- **正整数的定义**

[a] 1 是一个正整数。

[b] 每个正整数都有一个后继数，这个后继数也是正整数。

通过**递归定义**（recursive definition），只用两个语句即可定义无穷个正整数。

巧妙地使用递归，不仅可以定义概念，还可以使程序更加简洁和高效。

▶　第 6 章介绍的归并排序和快速排序，第 9 章介绍的二叉查找树等也会用到递归。

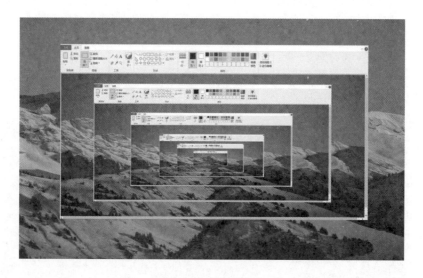

图 5-1　递归示例

阶乘值

笔者要介绍的第一个递归程序用于**求非负整数的阶乘值**。

非负整数 n 的阶乘如下所示，通过递归定义。

■ **阶乘 $n!$ 的定义**（n 为非负整数）

[a] 0! = 1

[b] 如果 $n > 0$，则 $n! = n \times (n-1)!$

例如，10 的阶乘 10! 等于 $10 \times 9!$，而 9 的阶乘 9! 又等于 $9 \times 8!$。

*

我们使用 factorial 函数实现求阶乘的程序，具体如代码清单 5-1 所示。

代码清单 5-1　　　　　　　　　　　　　　　　　　　　chap05/factorial.py

```python
# 求非负整数的阶乘

def factorial(n: int) -> int:
    """以递归的方式求非负整数n的阶乘"""
    if n > 0:
        return n * factorial(n - 1)
    else:
        return 1

if __name__ == '__main__':
    n = int(input('几的阶乘？：'))
    print(f'{n}的阶乘为{factorial(n)}。')
```

运行示例
几的阶乘？：3 ⏎
3的阶乘为6。

在 factorial 函数中，如果传递给形参 n 的值大于 0，则函数返回 n * factorial(n - 1) 的值，否则返回 1。

▶ 在本函数中，不考虑 n 等于零或负数的情况。

专栏 5-1 | math.factorial 函数

Python 的 math 模块中提供了一个 factorial 函数，它是求阶乘值的标准库函数。

math.factorial(x) 返回整数 x 的阶乘值。如果 x 不是整数或为负数，程序则会抛出 ValueError 异常。chap05/factorial_ve.py 改写了代码清单 5-1 的程序，确保输入负数时程序会抛出 ValueError 异常。

▨ 递归调用

笔者以图 5-2 所示的 "3 的阶乘值的求解过程" 为例，来介绍如何利用 factorial 函数计算阶乘值。

[a] 调用表达式 factorial(3)，进入 factorial() 函数体。由于形参 n 的值为 3，所以函数返回值为 3 * factorial(2)。

为了求得这个表达式的结果，必须先调用 factorial(2)。因此，实参为 2，继续调用 factorial 函数。

[b] 把实参 2 传递给形参 n，调用 factorial 函数，函数返回值为 2 * factorial(1)。

为了求得这个表达式的结果，必须先调用 factorial(1)。

c 把实参 1 传递给形参 n，调用 factorial 函数，函数返回值为 1 * factorial(0)。

为了求得这个表达式的结果，必须先调用 factorial(0)。

d 把实参 0 传递给形参 n，调用 factorial 函数，函数返回值为 1。

▶ 此时开始执行 return 语句。

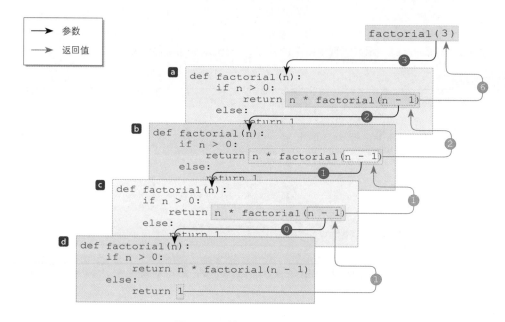

图 5-2　3 的阶乘值的求解过程

c 返回值为 1 的 factorial 函数会返回 1 * factorial(0)，也就是 1 * 1。

b 返回值为 1 的 factorial 函数会返回 2 * factorial(1)，也就是 2 * 1。

a 返回值为 2 的 factorial 函数会返回 3 * factorial(2)，也就是 3 * 2。

这样就得到了 3 的阶乘值 6。

为了求 n-1 的阶乘值，factorial 函数在它的函数体内又调用了 factorial 函数。这种函数调用称为**递归调用**（recursive call）。

▶ 递归调用可以理解为"调用与自身相同的函数"，这比"调用自身"更容易理解。如果真的是调用自身，那么程序会无休止地调用下去。

直接递归和间接递归

factorial 函数在它的函数体内调用 factorial 函数。像这样在函数体内调用与自身相同的函数就是**直接递归**（direct recursive）（图 5-3 **a**）。

而在函数调用过程中，如果函数 a 调用函数 b，函数 b 又调用函数 a，则这种函数调用就是**间接递归**（indirect recursive）（图 5-3 **b**）。

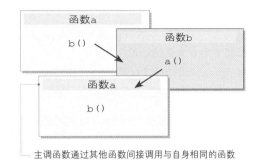

图 5-3　直接递归与间接递归

只有当需要解决的问题、需要计算的函数或需要处理的数据结构是递归定义的时，才可以使用递归算法。

因此，利用递归方法计算阶乘值，只是一个帮我们理解递归原理的示例，**在现实中并不适用**。

辗转相除法

下面我们来思考如何用递归方法求两个整数的**最大公约数**（greatest common divisor）。

将两个整数看作一个矩形的长和宽，这样求两个整数的最大公约数的问题就可以转换为以下问题。

在矩形内填充正方形。
求最大正方形的边长。

我们以一个边长为 22 和 8 的矩形为例，求解过程如图 5-4 所示。

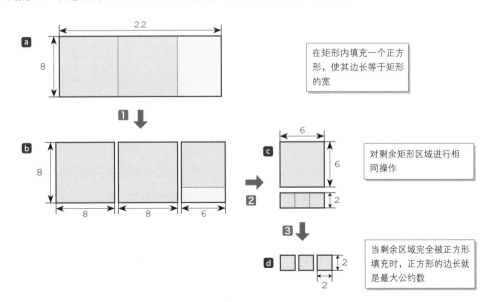

图 5-4　22 和 8 的最大公约数的求解过程

1 在图 5-4 **a** 所示的 22 × 8 的矩形中划分出边长为 8 的正方形。结果如图 5-4 **b** 所示,可以划分出两个 8 × 8 的正方形和一个 8 × 6 的矩形。

2 对该 8 × 6 的矩形进行上述相同操作,结果如图 5-4 **c** 所示,可以划分出 1 个 6 × 6 的正方形和 1 个 6 × 2 的矩形。

3 对该 6 × 2 的矩形进行上述相同操作,结果如图 5-4 **d** 所示,可以划分出 3 个 2 × 2 的正方形。那么 2 就是 22 和 8 的最大公约数。

给定两个整数,用较大的数除以较小的数,如果能够整除,则较小的数就是这两个数的最大公约数 (**3**)。

如果不能整除,就用较小的数除以刚才的余数,一直递归,直到能够整除 (**1** 和 **2**)。

我们可以用一个公式来表现这个过程。用 gcd(x, y) 表示整数 x 和 y 的最大公约数。如果存在整数 a、b、z 使得等式 x = az 和 y = bz 成立,则 z 的最大值就是 x 和 y 的最大公约数 gcd(x, y)。也就是说,最大公约数的计算方法如下所示。

- 如果 y 等于 0,则最大公约数为 x。
- 如果 y 不等于 0,则最大公约数为 gcd(y, x % y)。

该算法称为**辗转相除法**,又称**欧几里得算法** (Euclidean algorithm)。我们使用辗转相除法来求两个整数的最大公约数,程序如代码清单 5-2 所示。

▶ 这是一种非常古老的算法,约公元前 300 年,欧几里得在他的《几何原本》中最早描述了这种算法。

代码清单 5-2   chap05/gcd.py

```python
# 使用辗转相除法求最大公约数

def gcd(x: int, y: int) -> int:
    """求整数x和y的最大公约数并返回"""
    if y == 0:
        return x
    else:
        return gcd(y, x % y)

if __name__ == '__main__':
    print('求两个整数的最大公约数。')
    x = int(input('整数:'))
    y = int(input('整数:'))

    print(f'最大公约数为{gcd(x, y)}。')
```

```
运行示例
求两个整数的最大公约数。
整数: 22 ↵
整数: 8 ↵
最大公约数为2。
```

专栏 5-2 | **math.gcd 函数**

在 Python 中,标准库 math 模块提供的 gcd 函数可以用于求最大公约数。

math.gcd(a, b) 返回整数 a 和 b 的最大公约数。如果 a 或 b 不为零,则 gcd(a, b) 返回可以整除 a 和 b 的最大正整数;如果两个参数都为 0,gcd(0, 0) 的返回值为 0 (代码清单 5-2 中的 gcd 函数也是如此)。

5-2 递归算法的分析

在本节中，笔者首先介绍递归算法的分析方法，然后介绍如何用非递归方法实现递归算法。

递归算法的分析

在本节中，我们以代码清单 5-3 所示的程序为例。这个程序由递归函数 recur 及其调用代码组成。我们来通过这个只有几行代码的 recur 函数加深对递归的理解。

代码清单 5-3　　　　　　　　　　　　　　　　　　　　　　　　　　　chap05/recur1.py

```python
# 真正递归函数

def recur(n: int) -> int:
    """真正递归函数recur"""
    if n > 0:
        recur(n - 1)
        print(n)
        recur(n - 2)

x = int(input('请输入一个整数:'))

recur(x)
```

```
运行示例
请输入一个整数: 4⏎
1
2
3
1
4
1
2
```

与 factorial 函数和 gcd 函数不同，recur 函数里递归调用执行了两次。在函数里进行多次递归调用称为**真正**（genuinely）**递归**，过程也比较复杂。

*

从运行示例可知，把 4 传递给 recur 函数的形参 n，程序会以每行一个数的形式输出 1231412。

那么，如果 n 等于 3 或 5 等，输出会是什么形式呢？可能不太容易理解。

接下来，我们基于自上而下和自下而上两种分析方法来分析 recur 函数。

自上而下分析

把 4 传递给 recur 函数的形参 n 后，函数依次执行下列各步操作。

	ⓐ 执行 recur(3)
recur(4)	ⓑ 输出 4
	ⓒ 执行 recur(2)

ⓐ的 recur(3) 执行完毕后，才会执行ⓑ的输出 4 的操作，因此我们需要首先明确 recur(3) 的动作。

这个过程很难用语言来描述，笔者通过图 5-5 进行说明。

每一个方框表示 recur 函数的一种动作。如果传入值小于等于 0，则 recur 函数实际上不执行任何操作，方框中用 "—" 表示。

最上层的方框表示 recur(4) 的动作。追踪左下方的箭头可以看到 **a** 的 recur(3) 的动作，追踪右下方的箭头可以看到 **c** 的 recur(2) 的动作。

▶ 追踪左侧箭头，移动到下一层方框，返回后显示■内的值，再追踪右侧箭头，移动到下一层方框。完成这一系列操作后，函数会返回到上一层。当然，如果移动到空的方框，函数则不执行任何操作，直接返回。

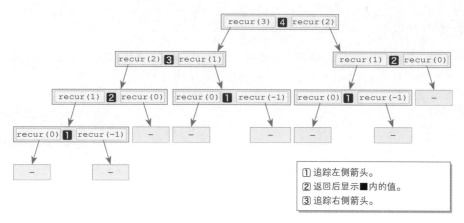

图 5-5 recur 函数的自上而下分析

如图 5-5 所示，从上游调用位置开始逐步进行详细调查的分析方法称为**自上而下分析**（top-down analysis）。

*

图 5-5 中进行了多次 recur(1) 和 recur(2) 的分析。当然它们的内容是相同的。这种自上而下的分析并不总是有效的，因为从顶部开始分析时，下游会多次出现相同的内容。

自下而上分析

与从上游开始的自上而下分析相反，**自下而上分析**（bottom-up analysis）是从下游开始步步向上规约和分析的。

仅在 n 为正数时，recur 函数才会真正执行操作，所以我们首先考虑 recur(1)。recur(1) 将依次执行下列各步操作。

	a 执行 recur(0)
recur(1)	**b** 输出 1
	c 执行 recur(-1)

因为 **a** 的 recur(0) 和 **c** 的 recur(-1) 不输出任何内容，所示 recur(1) 只输出 1。
接下来，recur(2) 将依次执行下列各步操作。

	a 执行 recur(1)
recur(2)	**b** 输出 2
	c 执行 recur(0)

因为 **a** 的 recur(1) 会输出 1，**c** 的 recur(0) 不输出任何内容，所以 recur(2) 会输出 1 和 2。

以此类推，一直分析到 recur(4)，结果如图 5-6 所示。由此得到了 recur(4) 的输出结果。

```
recur(-1) : 不执行任何处理
recur(0)  : 不执行任何处理
..........................................................................
recur(1)  : recur(0) 1 recur(-1)  ⇨ 1
recur(2)  : recur(1) 2 recur(0)   ⇨ 1 2
recur(3)  : recur(2) 3 recur(1)   ⇨ 1 2 3 1
recur(4)  : recur(3) 4 recur(2)   ⇨ 1 2 3 1 4 1 2
```

图 5-6　自下而上的分析示例

▶ 如果如右侧所示，以相反的顺序执行 recur 函数内的递归调用，则自下而上的分析过程如下所示（chap05/recur2.py）。

```
def recur(n: int) -> int:
    if n > 0:
        recur(n - 2)
        print(n)
        recur(n - 1)
```

```
recur(-1) : 不执行任何处理
recur(0)  : 不执行任何处理
..........................................................................
recur(1)  : recur(-1) 1 recur(0)  ⇨ 1
recur(2)  : recur(0)  2 recur(1)  ⇨ 2 1
recur(3)  : recur(1)  3 recur(2)  ⇨ 1 3 2 1
recur(4)  : recur(2)  4 recur(3)  ⇨ 2 1 4 1 3 2 1
```

递归算法的非递归写法

我们来思考如何使用非递归方法实现 recur 函数（不使用递归调用）。

消除尾递归

尾部位置的递归调用 recur(n - 2) 是把 n - 2 作为参数传递给 recur 函数。因此，该调用可以转换为以下动作。

> 将 n 更新为 n - 2，并返回到函数的开头。

将该思路转换为代码，得到的 recur 函数如代码清单 5-4 所示。对 n 减 2 后返回到函数的开头（因此函数开头的 if 改成了 while）。

代码清单 5-4　　　　　　　　　　　　　　　　　　　　　　　　　　chap05/recur1a.py

```
def recur(n: int) -> int:
    """消除尾递归后的recur函数"""
    while n > 0:
        recur(n - 1)
        print(n)
        n = n - 2
```

运行示例
运行结果与代码清单5-3相同。

这样就可以很容易地消除函数尾部的递归调用，即消除**尾递归**（tail recursion）。

消除递归

但是，要想消除函数开头的递归调用并不容易。这是因为在输出变量 n 之前，必须先执行 recur(n - 1) 的操作。

如果 n 等于 4，则必须将其一直保存到执行完递归调用 recur(3) 的操作为止。因此，递归调用 recur(n - 1) 不能直接转换为以下动作。

✕ 将 n 更新为 n - 1，并返回到函数的开头。

这是因为需要事先进行以下操作。

临时保存当前的 n 值。

此外，在执行完 recur(n - 1) 的操作后显示 n 的过程如下所示。

取出事先保存的 n 并输出。

至此，我们已经知道了临时保存变量 n 的必要性。而最适合用于临时保存数据的数据结构就是上一章介绍的栈。

利用栈以非递归方法实现 recur 函数，实现过程如代码清单 5-5 所示。

▶ 在执行该程序时，需要把代码清单 4C-1 的脚本文件 stack.py 和这里的脚本文件 recur1b.py 放到同一个目录下。

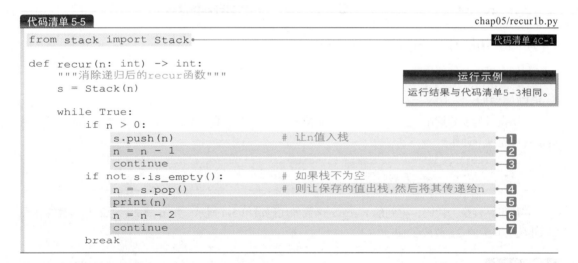

代码清单 5-5   chap05/recur1b.py

```
from stack import Stack                                              代码清单 4C-1

def recur(n: int) -> int:
    """消除递归后的recur函数"""
    s = Stack(n)                               运行示例
                                         运行结果与代码清单 5-3 相同。
    while True:
        if n > 0:
            s.push(n)              # 让n值入栈                      1
            n = n - 1                                              2
            continue                                               3
        if not s.is_empty():      # 如果栈不为空                    
            n = s.pop()           # 则让保存的值出栈,然后将其传递给n   4
            print(n)                                               5
            n = n - 2                                              6
            continue                                               7
        break
```

我们来看一下调用 recur(4) 时函数的动作。

传递给 n 的值 4 大于 0，因此程序执行开头的 if 语句，进行下列操作。

---

1 让 n 的值 4 入栈（图 5-7 **a** ）。

2 将 n 的值减 1，变成 3。

3 通过 continue 语句，程序返回到 while 语句的开头。

n 的值 3 大于 0，因此开头的 if 语句会再一次被执行，程序会重复上述操作。如图 5-7 所示，按照 **b**→**c**→**d** 的顺序执行后，栈中数据的存放状态为 4，3，2，1。

让 1 入栈后，n 的值减 1，变为 0，程序返回到 while 语句的开头。由于 n 的值为 0，所以开头的 if 语句不执行。但程序会执行末尾的 if 语句，完成下列操作。

---

4 从栈中让 1 出栈后将其传递给 n（图 5-7 **e**）。

5 输出 n 的值 1。

6 将 n 的值减 2，变成 -1。

7 通过 continue 语句，程序返回到 while 语句的开头。

由于 n 的值为 -1，所以程序再次执行末尾的 if 语句。如图 5-7 **f** 所示，从栈中让 2 出栈并输出。

此处不再赘述后续步骤，我们可以通过图 5-7 来加深理解。另外，当 n 小于等于 0 时，栈为空，因此程序会执行 break 语句，结束函数的执行过程。

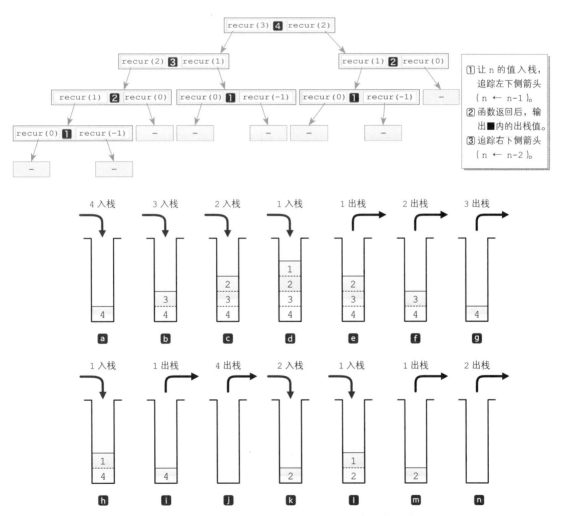

图 5-5　执行代码清单 5-5 的 recur 函数时栈的变化过程

5-3 汉诺塔问题

本节要介绍的**汉诺塔问题**（tower of Hanoi）是一种用最少次数移动堆叠圆盘的算法。

■ 汉诺塔问题

　　汉诺塔问题中，有三根柱子，第一根柱子上套着若干大小不同的圆盘，大的在下，小的在上，要求把圆盘从第 1 根柱子移动到其他柱子上。

　　从起始状态开始，要用最少的移动次数将所有圆盘移动到第 3 根柱子上。规定一次只能移动一个圆盘，并且小圆盘上不能放大圆盘。

　　3 个圆盘的移动方法如图 5-8 所示。我们逐步来看移动的过程。

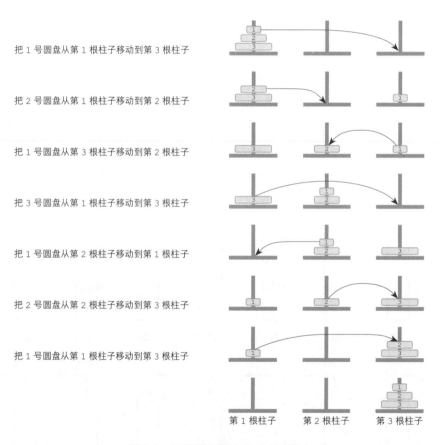

把 1 号圆盘从第 1 根柱子移动到第 3 根柱子

把 2 号圆盘从第 1 根柱子移动到第 2 根柱子

把 1 号圆盘从第 3 根柱子移动到第 2 根柱子

把 3 号圆盘从第 1 根柱子移动到第 3 根柱子

把 1 号圆盘从第 2 根柱子移动到第 1 根柱子

把 2 号圆盘从第 2 根柱子移动到第 3 根柱子

把 1 号圆盘从第 1 根柱子移动到第 3 根柱子

第 1 根柱子　　第 2 根柱子　　第 3 根柱子

图 5-8　汉诺塔问题（有 3 个圆盘）

　　我们将圆盘的移动过程一般化，将圆盘最初所在的柱子称为**起始柱**，圆盘要移到的柱子称为**目标柱**，其余的柱子称为**中间柱**。

3 个圆盘的移动过程如图 5-9 所示。将 1 号圆盘和 2 号圆盘堆叠在一起组成圆盘组。如图所示，要想用最少的步骤将最大的圆盘移动到目标柱，首先要将圆盘组移动到中间柱，这个过程需要 3 步。

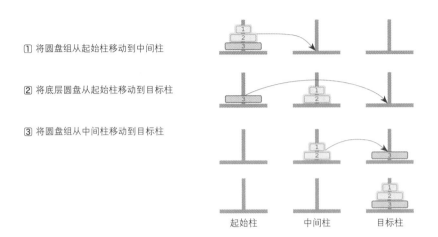

① 将圆盘组从起始柱移动到中间柱

② 将底层圆盘从起始柱移动到目标柱

③ 将圆盘组从中间柱移动到目标柱

起始柱　　中间柱　　目标柱

图 5-9　汉诺塔问题的解决思路（有 3 个圆盘）

接下来，我们移动 1 号圆盘和 2 号圆盘组成的圆盘组，移动过程如图 5-10 所示。如果只将 1 号圆盘看作一个圆盘组，则与图 5-9 一样，只需 3 步即可。

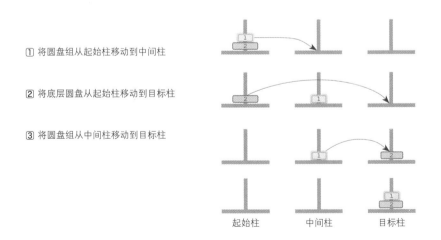

① 将圆盘组从起始柱移动到中间柱

② 将底层圆盘从起始柱移动到目标柱

③ 将圆盘组从中间柱移动到目标柱

起始柱　　中间柱　　目标柱

图 5-10　汉诺塔问题的解决思路（有 2 个圆盘）

4 个圆盘的移动同样如此。如图 5-11 所示，将 1 号圆盘、2 号圆盘和 3 号圆盘堆叠在一起组成圆盘组，也只需要 3 步即可完成移动。

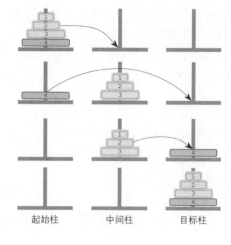

① 将圆盘组从起始柱移动到中间柱

② 将底层圆盘从起始柱移动到目标柱

③ 将圆盘组从中间柱移动到目标柱

起始柱　　　中间柱　　　目标柱

图 5-11　汉诺塔问题的解决思路（有 4 个圆盘）

由 3 个圆盘组成的圆盘组，其移动方式与图 5-9 相同。

我们用程序实现汉诺塔问题，具体如代码清单 5-6 所示。move 函数的形参 no 表示需要移动的圆盘数量，x 表示起始柱编号，y 表示目标柱编号。

代码清单 5-6　　　　　　　　　　　　　　　　　　　　　　　　　　　chap05/hanoi.py

```python
# 汉诺塔问题

def move(no: int, x: int, y: int) -> None:
    """把no个圆盘从第x根柱子移动到第y根柱子"""
    if no > 1:
        move(no - 1, x, 6 - x - y)

    print(f'把[{no}]号圆盘从第{x}根柱子移动到第{y}根柱子')

    if no > 1:
        move(no - 1, 6 - x - y, y)

print('汉诺塔问题')
n = int(input('圆盘数量:'))

move(n, 1, 3)      # 把第1根柱子上的n个圆盘移动到第3根柱子
```

```
运行示例
汉诺塔问题
圆盘数量：3 ⏎
把[1]号圆盘从第1根柱子移动到第3根柱子
把[2]号圆盘从第1根柱子移动到第2根柱子
把[1]号圆盘从第3根柱子移动到第2根柱子
把[3]号圆盘从第1根柱子移动到第3根柱子
把[1]号圆盘从第2根柱子移动到第1根柱子
把[2]号圆盘从第2根柱子移动到第3根柱子
把[1]号圆盘从第1根柱子移动到第3根柱子
```

在该程序中，整数 1、2、3 表示柱子编号。柱子编号之和等于 6，所以不管起始柱和目标柱是哪根柱子，我们都可以通过 6 - x - y 计算出中间柱。

move 函数按照以下步骤移动 no 个圆盘。

---

① 把除底层圆盘以外的圆盘组（圆盘 [1] 到圆盘 [no - 1]）从起始柱移动到中间柱。

② 输出提示信息，将底层的 no 号圆盘从起始柱移动到目标柱。

③ 把除底层圆盘以外的圆盘组（圆盘 [1] 到圆盘 [no - 1]）从中间柱移动到目标柱。

步骤①和③是通过递归调用实现的。当 no 等于 3 时，move 函数的动作如图 5-12 所示。

▶ 仅当 no 大于 1 时，步骤①和③才被执行，所以当图中 no 等于 1 时（相当于最下游部分），只执行步骤 2，省略步骤①和③。

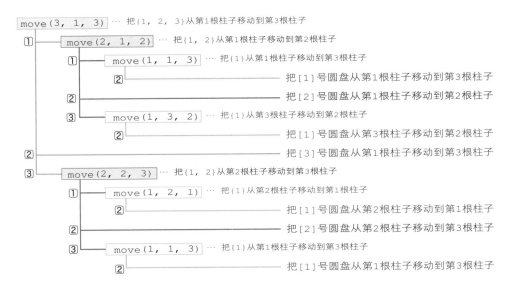

图 5-12　move 函数的动作（当 no 等于 3 时）

专栏 5-3　汉诺塔问题

汉诺塔问题是一种益智游戏，是由法国数学家弗朗索瓦·爱德华·阿纳托尔·卢卡斯（François Édouard Anatole Lucas）于 1883 年提出的，卢卡斯以研究斐波那契数列而著名。

汉诺塔问题的名称源自古印度的一个传说：有 3 根金刚石柱子，在一根柱子上从下往上按照大小顺序摆着 64 个黄金圆盘，要把圆盘按大小顺序重新摆放到另一根柱子上，并且规定每次只能移动一个圆盘，大圆盘不能放在小圆盘上，这个任务完成后，整个世界也将消失。

5-4 八皇后问题

与汉诺塔问题一样，本节的**八皇后问题**（8-queens problem）也是通过将问题分解为较小规模的子问题来求解的。

八皇后问题

八皇后问题是递归算法的经典案例，可以帮助我们深入理解递归算法。对于这个问题，连19世纪著名的数学家高斯（C.F.Gauss）也曾给出过错误答案。八皇后问题描述如下，看起来非常简单。

> **在 8×8 的国际象棋棋盘上摆放 8 个皇后，使其不能互相攻击。**

▶ 在国际象棋中，皇后兼具日本将棋中"飞车"和"角行"的能力，可以在行、列或斜线上不限步数地吃掉其他棋子。

八皇后问题有 92 种解法，图 5-13 给出了其中一种解法。

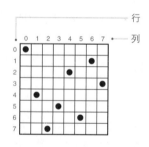

图 5-13 八皇后问题的解法示例

国际象棋棋盘的横排叫作行，竖排叫作列，参考数组下标的形式，我们分别用 0～7 表示棋盘的行和列。

以图 5-13 中摆放的皇后为例，8 个皇后从左到右依次位于 0 行 0 列、4 行 1 列、7 行 2 列、5 行 3 列、2 行 4 列、6 行 5 列、1 行 6 列、3 行 7 列。

摆放皇后

我们来考虑一下八皇后的摆法究竟有多少种。国际象棋的棋盘上共有 8 行 8 列，构成 64 个格子。在摆放第 1 个皇后时，可以在 64 个格子中选择任意位置；在摆放第 2 个皇后时，可以在剩余的 63 个格子中选择任意位置。

在摆放第 8 个皇后时，摆法总数如下所示。

64 × 63 × 62 × 61 × 60 × 59 × 58 × 57 = 178 462 987 637 760

如果枚举所有摆法，再判断每种摆法是否符合八皇后问题的条件，显然是不现实的。

因为皇后会攻击与之同一列（垂直方向）的棋子，所以在摆放皇后时可以遵循以下方针。

【方针 1】每列只摆放一个皇后。

这样做虽然能大幅度减少摆法数量，但是数量仍然很大，如下所示。

8 × 8 × 8 × 8 × 8 × 8 × 8 × 8 = 16 777 216

图 5-14 列出了其中的一小部分摆法，然而其中并没有八皇后问题的解。

而且，很显然所有摆法都不是八皇后问题的解，因为皇后会攻击与之同一行（水平方向）的棋子。

▶ 如果同一行摆放了两个或超过两个的皇后，则肯定不是八皇后问题的解。

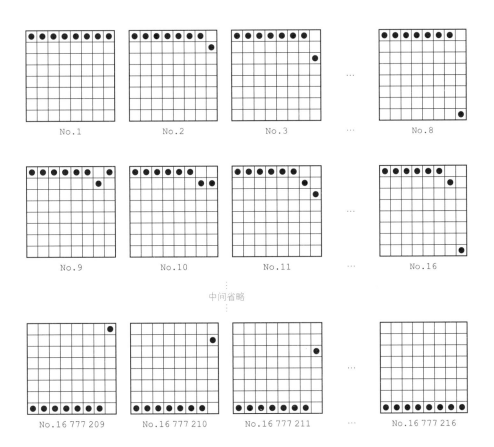

图 5-14　每列只摆放一个皇后的摆法示例

因此，我们加上以下方针。

【方针 2】每行只摆放一个皇后。

图 5-14 的摆法中满足方针 2 的摆法有 4 种，具体如图 5-15 所示。可以看到摆法数量锐减。

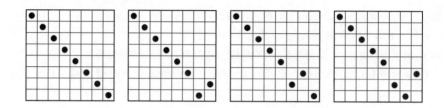

图 5-15　每行和每列只摆放一个皇后的摆法示例

那么，什么算法可以列举这些摆法呢？看起来并不容易实现。

为了弄清楚这个问题，我们首先思考如何基于方针 1 列出八皇后的摆法。

列举之前的状态如图 5-16 所示，**问号表示该列还没有摆放皇后**。

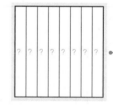

所有列均未摆放皇后。摆放皇后，
以填充问号

图 5-16　每列只摆放一个皇后的原问题

在开始时，所有列都是问号，把 8 列问号全部填充成皇后，就完成了 8 个皇后的摆放。

首先在第 0 列摆放皇后，如图 5-17 所示，有 8 种摆法。图中的 ● 表示该位置摆放了皇后。图 5-17 的①至⑧均已在第 0 列摆放了皇后，剩余的列还未摆放。

▶　使用专业术语来描述的话，就是把图 5-16 所示的**原问题**分解成 8 个**子问题**，分解结果如图 5-17 所示。

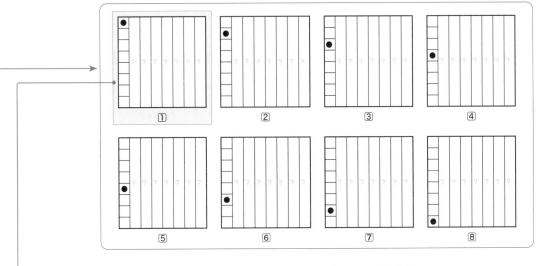

图 5-17　在第 0 列摆放一个皇后的摆法

现在第 0 列已经摆放了皇后，接下来思考如何在第 1 列摆放皇后。

例如，对于图 5-17 的①，列举出在第 1 列摆放皇后的摆法，一共有 8 种，如图 5-18 所示。

▶ 也就是说，将图 5-17 的①的问题分解成 8 个子问题，分解结果如图 5-18 所示。

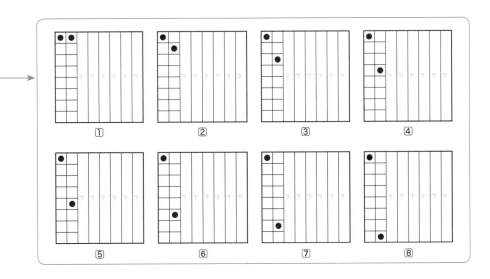

图 5-18　对于图 5-17 的①，在第 1 列摆放一个皇后的摆法

对图 5-17 的②至⑧按同样的方式摆放后，可确定第 0 列和第 1 列，此时共有 64 种摆法。
反复进行上述操作，在 0 至 7 列全部摆放皇后，共有 16 777 216 种摆法，如图 5-19 所示。

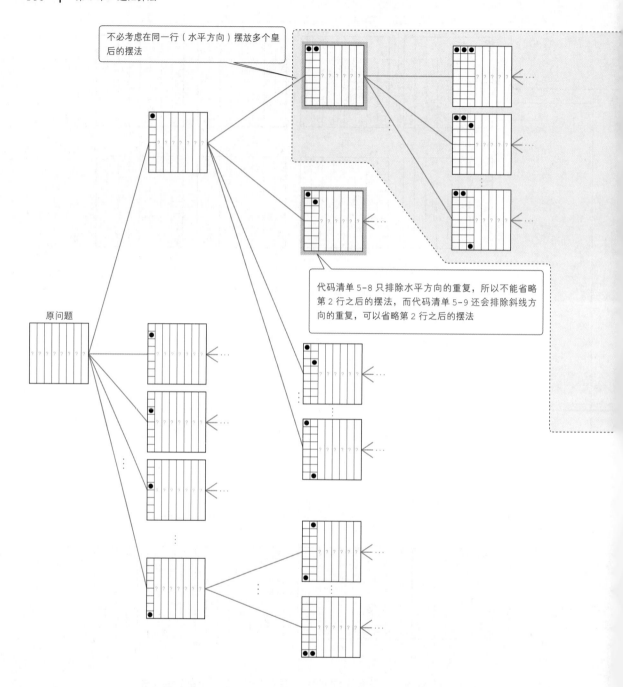

不必考虑在同一行（水平方向）摆放多个皇后的摆法

代码清单 5-8 只排除水平方向的重复，所以不能省略第 2 行之后的摆法，而代码清单 5-9 还会排除斜线方向的重复，可以省略第 2 行之后的摆法

原问题

图 5-19 列举每列

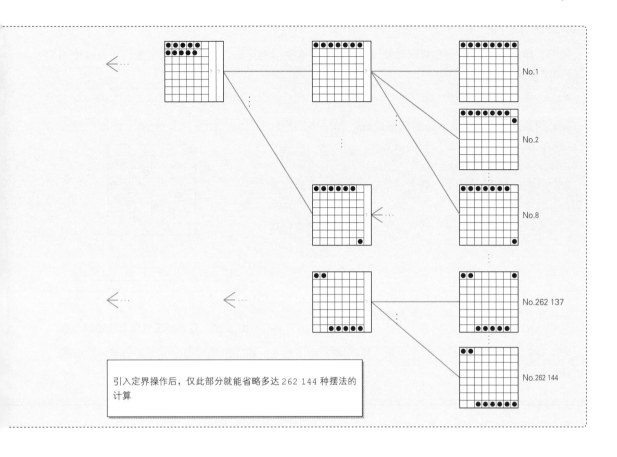

引入定界操作后，仅此部分就能省略多达 262 144 种摆法的计算

摆放一个皇后，然后将一个问题分解成 8 个子问题，反复进行该操作

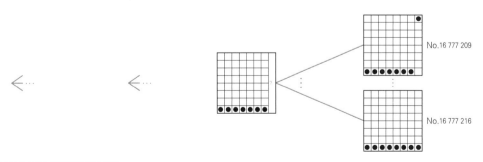

※ 本图包含了后面要学习的内容。

只摆放一个皇后的摆法

分支操作

如图 5-19 所示，通过不断地创建分支，可以列举八皇后的摆法，我们来创建实现程序，具体如代码清单 5-7 所示。

▶ 只生成摆法并不能解决八皇后问题。

我们用数组 pos 表示皇后的摆放位置。如果第 i 列的皇后摆放在第 j 行，则 pos[i] 的值为 j。

具体示例如图 5-20 所示。

如果 pos[0] 的值为 0，则表示第 0 列的皇后摆放在第 0 行。

如果 pos[1] 的值为 4，则表示第 1 列的皇后摆放在第 4 行。

*

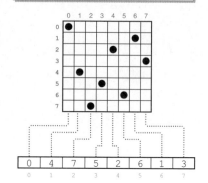

图 5-20 用数组表示皇后的摆放位置

在第 i 列只摆放一个皇后的 8 种摆法。

---

set 函数是一个递归函数，将 0 到 7 依次赋给 pos[i]，就能生成传递给形参 i 的就是即将摆放皇后的列。

*

程序阴影部分的以下语句第一次调用了 set 函数。

```
set(0)
```

首先，将 0 传递给被调函数 set 的形参 i，程序执行的操作是在第 0 列只摆放一个皇后，如图 5-17 所示。

通过 for 循环语句，将 j 的值从 0 递增到 7 并赋给 pos[i]，将皇后摆放到第 j 行。这次赋值确定了第 0 列，接下来我们确定第 1 列。

执行函数末尾的以下递归调用，就可以对第 1 列执行与上述相同的操作。

```
set(i + 1)
```

▶ 被调函数 set 从 set(0) 开始，通过 for 循环语句，列举图 5-17 所示的①到⑧的摆法。列举①时调用的 set(1) 会通过 for 循环语句，继续列举图 5-18 所示的①到⑧的摆法。

代码清单 5-7　　　　　　　　　　　　　　　　　　　　　　chap05/8queen_b.py

```python
# 递归列举每列摆放一个皇后的摆法

pos = [0] * 8      # 每列的皇后位置

def put() -> None:
    """输出盘面( 每列的皇后位置 )"""
    for i in range(8):
        print(f'{pos[i]:2}', end=' ')
    print()

def set(i: int) -> None:
    """在第i列摆放皇后"""
    for j in range(8):
        pos[i] = j              # 在第j行摆放皇后
        if i == 7:             # 所有列摆放完成
            put()
        else:
            set(i + 1)         # 在下一列摆放皇后

set(0)                     # 在第0列摆放皇后
```

```
            运行结果
 0 0 0 0 0 0 0 0
 0 0 0 0 0 0 0 1
 0 0 0 0 0 0 0 2
 0 0 0 0 0 0 0 3
 0 0 0 0 0 0 0 4
 0 0 0 0 0 0 0 5
 0 0 0 0 0 0 0 6
 0 0 0 0 0 0 0 7
 0 0 0 0 0 0 1 0
 0 0 0 0 0 0 1 1
 0 0 0 0 0 0 1 2
 0 0 0 0 0 0 1 3
 0 0 0 0 0 0 1 4
 0 0 0 0 0 0 1 5
 0 0 0 0 0 0 1 6
   … 中间省略 …
 7 7 7 7 7 7 7 6
 7 7 7 7 7 7 7 7
```

和上面一样，重复执行递归调用。随着递归调用的深入，当 i 等于 7 时，8 个皇后摆放完成。由于不需要进一步摆放，所以可以调用 put 函数输出盘面。输出的是数组 pos 的元素值。执行后，该程序将列举图 5-19 所示的 16 777 216 种摆法。

▶ 例如，最先输出的 0 0 0 0 0 0 0 0 表示所有皇后都摆放在了第 0 行（相当于图 5-19 的 No.1）。

最后输出的 7 7 7 7 7 7 7 7 表示所有皇后都摆放在了第 7 行（相当于图 5-19 的 No.16 777 216）。通过不断地创建分支，我们列举了八皇后的摆法。这种方法称为**分支**（branching）操作。

*

对于汉诺塔问题和八皇后问题，我们将问题分解为规模更小的子问题，然后将这些子问题逐个击破，将已解决的子问题的解合并，最终得出原问题的解，这种方法称为**分治法**（divide and conquer）。

当然，在分割问题时必须进行相应的设计，以便轻松地根据子问题的解推导出原问题的解。

▶ 第 6 章的快速排序算法和归并排序算法也基于分治法。

定界操作和分支定界法

使用分支操作虽然能列举皇后的摆法，但是不能得到八皇后问题的解。因此，我们再将方针 2 纳入思考范围，程序如代码清单 5-8 所示。

【方针 2】每行只摆放一个皇后。

代码清单 5-8   chap05/8queen_bb.py

```
# 递归列举每行每列摆放一个皇后的摆法

pos = [0] * 8            # 每列的皇后位置
flag = [False] * 8       # 是否每行都已摆放皇后?

def put() -> None:
    """输出盘面( 每列的皇后位置 )"""
    for i in range(8):
        print(f'{pos[i]:2}', end=' ')
    print()

def set(i: int) -> None:
    """在第 i 列的适当位置摆放皇后"""
    for j in range(8):
        if not flag[j]:       # 第 j 行还未摆放皇后
            pos[i] = j                # 在第 j 行摆放皇后
            if i == 7:                # 所有列摆放完成
                put()
            else:
                flag[j] = True
                set(i + 1)            # 在下一列摆放皇后
                flag[j] = False

set(0)                    # 在第 0 列摆放皇后
```

运行结果
0 1 2 3 4 5 6 7
0 1 2 3 4 5 7 6
0 1 2 3 4 6 5 7
0 1 2 3 4 6 7 5
0 1 2 3 4 7 5 6
0 1 2 3 4 7 6 5
0 1 2 3 5 4 6 7
0 1 2 3 5 4 7 6
0 1 2 3 5 6 4 7
0 1 2 3 5 6 7 4
0 1 2 3 5 7 4 6
0 1 2 3 5 7 6 4
0 1 2 3 6 4 5 7
0 1 2 3 6 4 7 5
0 1 2 3 6 5 4 7
0 1 2 3 6 5 7 4
0 1 2 3 6 7 4 5
0 1 2 3 6 7 5 4
0 1 2 3 7 4 5 6
0 1 2 3 7 4 6 5
… 中间省略 …
7 6 5 4 3 2 1 0

本程序中新引入了一个 list 类型的数组 flag。该数组是一个标识,用于防止在同一行重复摆放皇后。

如果第 j 行已经摆放了皇后,则将 flag[j] 设为 True,否则设为 False。

▶ 在创建数组时,将数组 flag 中的所有元素设为 False。

我们具体来看一下。调用 set 函数在第 0 列摆放皇后时,函数中通过 for 循环语句,将 j 从 0 递增到 7。

因为 flag[0] 为 False,所以首先在第 0 行摆放皇后。然后,将已摆放皇后的标识 True 赋给 flag[0],继续递归调用 set 函数。

被调函数 set 继续向第 1 列摆放皇后。摆放过程如图 5-21 所示。

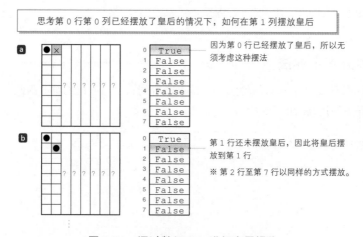

图 5-21　通过数组 flag 进行定界操作

程序通过 for 循环语句，向第 0 行至第 7 行摆放皇后。

ⓐ 在第 0 行摆放皇后：flag[0] 为 True，表示该行已经摆放了皇后。因此，该行无须再摆放。因此程序中整个阴影部分会被跳过，程序也就不会递归调用 set 函数了。

所以，可以省去列举图 5-19 中虚线框内的 262 144 种摆法。

ⓑ 在第 1 行摆放皇后：flag[1] 为 False，表示该行还未摆放皇后。因此，执行程序阴影部分的代码。程序将递归调用 set 函数，向第 2 列摆放皇后。

▶ 程序会通过阴影部分的代码向第 2 行至第 7 行摆放皇后，这里不再给出图和说明。

程序从递归调用函数 set(i + 1) 返回时，将不摆放皇后的标识 False 赋给 flag[j]，以便从第 j 行删除皇后。

＊

set 函数只会在还未摆放皇后的行（flag[j] 为 False 的行）摆放皇后。这样就能控制不必要的分支，省去列举不必要的摆法，这种方法称为**定界**（bounding）操作。

结合分支操作和定界操作解决问题的方法，就称为**分支界定法**（branching and bounding method）。

■ 解决八皇后问题的程序

代码清单 5-8 中的程序列举了皇后在每行每列均不重复的摆法，但这个程序并不能解决八皇后问题。因为皇后会攻击斜线方向的棋子，所以需要追加定界操作，规定在斜线方向也只能摆放一个皇后。这样就得到了解决八皇后问题的程序，具体如代码清单 5-9 所示。

代码清单 5-9   chap05/8queen.py

```python
# 八皇后问题

pos = [0] * 8              # 每列的皇后位置
flag_a = [False] * 8       # 是否每行都已摆放皇后？
flag_b = [False] * 15      # 正斜线"/"方向上是否都已摆放皇后？
flag_c = [False] * 15      # 反斜线"\"方向上是否都已摆放皇后？

def put() -> None:
    """输出盘面( 每列的皇后位置 )"""
    for i in range(8):
        print(f'{pos[i]:2}', end=' ')
    print()

def set(i: int) -> None:
    """在第 i 列的适当位置摆放皇后"""
    for j in range(8):
        if (    not flag_a[j]            # 第 j 行还未摆放皇后
            and not flag_b[i + j]        # 正斜线"/"方向上还未摆放皇后
            and not flag_c[i - j + 7]):  # 反斜线"\"方向上还未摆放皇后
            pos[i] = j                   # 在第 j 行摆放皇后
            if i == 7:                   # 所有列摆放完成
                put()
            else:
                flag_a[j] = flag_b[i + j] = flag_c[i - j + 7] = True
                set(i + 1)               # 在下一列摆放皇后
                flag_a[j] = flag_b[i + j] = flag_c[i - j + 7] = False

set(0)              # 在第 0 列摆放皇后
```

运行结果
0 4 7 5 2 6 1 3
0 5 7 2 6 3 1 4
0 6 3 5 7 1 4 2
0 6 4 7 1 3 5 2
1 3 5 7 2 0 6 4
1 4 6 0 2 7 5 3
1 4 6 3 0 7 5 2
… 中间省略 …
7 2 0 5 1 4 6 3
7 3 0 2 5 1 6 4

如图 5-22 所示，这里新增了 `flag_b` 和 `flag_c` 这两个数组，它们分别用来标识正斜线 "／"
方向和反斜线 "＼" 方向上是否已摆放了皇后。

▶ 上一个程序中用数组 `flag` 标识每行是否已摆放皇后，本程序中将该数组重命名为 `flag_a`。

如图 5-22 **a** 所示，标识正斜线方向的 `flag_b` 的下标为 0 ～ 14，可以通过 `i + j` 获取。如图 5-22 **b** 所示，标识反斜线方向的 `flag_c` 的下标为 0 ～ 14，可以通过 `i - j + 7` 获取。

在向格子中摆放皇后时，除了要判断同一行是否已经摆放了皇后，还需要判断图 5-22 中虚线所示的斜线方向上是否已摆放了皇后（程序中灰色阴影部分）。

如果在水平方向（同一行）、正斜线方向、反斜线方向中的任意一条线上已经摆放了皇后，则无须在该格子中摆放皇后。此时，可以跳过蓝色阴影部分的代码。

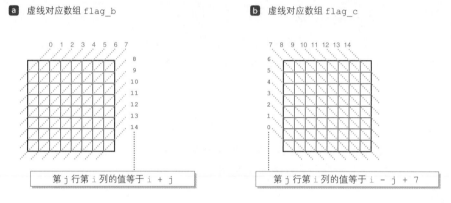

a 虚线对应数组 `flag_b`　　　　　　　　**b** 虚线对应数组 `flag_c`

第 j 行第 i 列的值等于 i + j　　　　　第 j 行第 i 列的值等于 i - j + 7

图 5-22　斜线方向上的摆放

▶ 下面思考一个具体示例。如图 5-21 **b** 所示，我们在第 1 列的第 1 行摆放了皇后，因为 `flag[1]` 为 `False`（同一行左侧未摆放皇后）。

而这次我们不会在第 1 列的第 1 行中摆放皇后，因为 `flag_c[7]` 为 `True`（左上方第 0 列的第 0 行已摆放了皇后）。

通过 3 个数组进行限定操作，能够有效地列举出满足八皇后问题的摆法。程序执行后会输出 92 个解。

这样就完成了解决八皇后问题的程序。

＊

如下所示，用符号 □ 和 ■ 表示盘面，可以更直观地理解。
按如下方式改写 put 函数（chap05/8queen2.py）。

```python
def put() -> None:
    """使用□和■输出盘面"""
    for j in range(8):
        for i in range(8):
            print('■' if pos[i] == j else '□', end='')
        print()
    print()
```

章末习题

▪2017 年秋季考试 第 6 题

从以下选项中，选择关于递归调用的说明。

A. 根据发生的事件执行处理，而不是按照事先设定的顺序执行处理

B. 在函数中使用自身执行处理

C. 函数执行完成后仍保存在内存中，并且在需要时再次被调用

D. 当一个处理失败时，程序恢复到调用前的状态

▪2004 年秋季考试 第 42 题

关于递归程序的特征，以下选项中哪一个最为恰当？

A. 执行一次后，在不重新加载的情况下再次执行，也能得到正确的结果

B. 在执行过程中可以调用自身

C. 不管存储在主存储器的什么位置，都可以执行

D. 即使同时共享和执行多个任务，也能得到正确的结果

▪1996 年秋季考试 第 17 题

将问题分解成多个彼此不重复的子问题，求解每个子问题进而得到原问题的解，这是什么方法？

A. 面向对象　　　　B. 递归调用　　　　C. 动态规划法　　　　D. 二分查找法

E. 分治法

▪2019 年秋季考试 第 11 题

对于自然数 n，有以下递归定义函数 $f(n)$。请问 $f(5)$ 的值是多少？

$f(n)$: if $n \leq 1$ then return 1 else return $n + f(n-1)$

A. 6　　　　B. 9　　　　C. 15　　　　D. 25

▪2004 年春季考试 第 14 题

对于非负整数 n，有以下递归定义函数 $F(n)$、$G(n)$。请问 $F(5)$ 的值是多少？

$F(n)$: if $n \leq 1$ then return 1 else return $n \times G(n-1)$

$G(n)$: if $n = 0$ then return 0 else return $n + F(n-1)$

A. 50　　　　B. 65　　　　C. 100　　　　D. 120

■ 2016 年秋季考试 第 7 题

对于整数 x 和 y（$x > y \geq 0$），有以下递归定义函数 $F(x, y)$。请问 $F(231, 15)$ 的值是多少？其中，$x \bmod y$ 是 x 除以 y 的余数。

$$F(x, y) = \begin{cases} x & \text{当 } y = 0 \text{ 时} \\ F(y, x \bmod y) & \text{当 } y > 0 \text{ 时} \end{cases}$$

A. 2　　　　　　　B. 3　　　　　　　C. 5　　　　　　　D. 7

■ 2014 年秋季考试 第 7 题

有以下函数 $f(n, k)$，请问 $f(4, 2)$ 的值是多少？

$$f(n, k) = \begin{cases} 1 & (k = 0) \\ f(n-1, k-1) + f(n-1, k) & (0 < k < n) \\ 1 & (k = n) \end{cases}$$

A. 3　　　　　　　B. 4　　　　　　　C. 5　　　　　　　D. 6

■ 2016 年春季考试 第 7 题

在如下递归计算 n 的阶乘的 $F(n)$ 定义中，放入 ☐ a ☐ 中的式子是哪一个？这里的 n 是非负整数。

当 $n > 0$ 时，$F(n) = $ ☐ a ☐

当 $n = 0$ 时，$F(n) = 1$

A. $n + F(n - 1)$　　　B. $n - 1 + F(n)$　　　C. $n \times F(n - 1)$　　　D. $(n - 1) \times F(n)$

■ 1997 年秋季考试 第 5 题

在以下函数 $F(K)$ 中，当 $K = 7$ 时，函数值是多少？

函数定义

$F(0) = 0$、$F(1) = 1$

$F(K) = F(K - 1) + F(K - 2)$ $(K \geq 2)$

A. 5　　　　　　　B. 8　　　　　　　C. 13　　　　　　　D. 21

第 6 章

排序

本章主要介绍几种将数组元素按照指定顺序进行排列的排序算法。

- 排序
- 升序排序和降序排序
- 内部排序和外部排序
- 排序算法的稳定性
- 直接交换排序（冒泡排序）
- 鸡尾酒排序（双向冒泡排序）
- 排序过程可视化
- 直接选择排序
- 直接插入排序
- 二分插入排序
  使用 `bisect.insort` 进行二分插入排序
- 希尔排序
- 快速排序
  非递归实现与枢轴的选择
- 归并排序
  基于 `heapq` 模块的归并排序
- 堆排序
  基于 `heapq` 模块的堆排序
- 计数排序

6-1 排序

本章要介绍的排序算法用于将数据按照指定顺序进行排列，本节首先引入一些基本概念。

排序

排序是指将数据按其关键字大小进行排列的过程，姓名、学号、身高等都可以作为关键字。

很显然，对数据进行排序后会使查找变得简单。想象一下，如果字典里成千上万个单词都是无序的，没有按照拼音或笔画的顺序排列，那么结果可想而知，想要查找某个单词无异于大海捞针。

如图 6-1 所示，将数据按照关键字从小到大的顺序排列称为**升序排序**（ascending order），反之，按照关键字从大到小的顺序排列称为**降序排序**（descending order）。

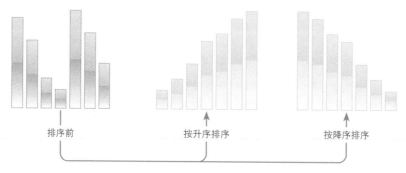

图 6-1 升序排序和降序排序

排序算法的稳定性

排序算法种类繁多，本章将介绍几个经典排序算法。这些算法又可以分为**稳定**（stable）排序算法和**不稳定**排序算法。

稳定排序算法如图 6-2 所示。左图表示按学号顺序将成绩存储到数组中。在柱状图中，柱子的高度表示成绩，柱子中的数字 1 到 9 表示学号。

如果按成绩排序，则结果如右图所示。如果成绩相同，则按学号升序排序。**若经过排序后，具有相同关键字的元素之间的相对次序保持不变，则称为稳定排序。**

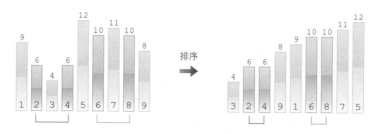

经过排序后，具有相同关键字的元素之间的相对次序保持不变

图 6-2 稳定排序

如果使用不稳定算法进行排序，则不能确保一直按照学号顺序排列（即不能确保具有相同关键字的元素之间的相对次序保持不变）。

内部排序和外部排序

我们想象一个场景：在一张最多可容纳 30 张扑克牌的桌子上，对扑克牌进行排序。

如果扑克牌的数量小于或等于 30 张，则可以将所有扑克牌摆到桌子上，边看边排序。但是，当扑克牌的数量较多，例如有 500 张时，则不可能将所有扑克牌都摆到桌子上，因此我们就需要另外准备一张大桌子来进行排序。

程序也有相同的情况。我们将排序算法分为两种类型：**内部排序**（internal sorting）和**外部排序**（external sorting），如下所示。

- **内部排序**

如果一个数组能够容纳所有待排序数据，则使用内部排序。扑克牌就相当于数组中的元素。

- **外部排序**

如果待排序的数据量很大，数组中不能容纳所有待排序数据，则使用外部排序。

外部排序是一种更高级的内部排序，需要用到临时文件等，算法本身也比较复杂。

本书中的排序算法均指内部排序。

排序思路

排序算法的三要素包括**交换**、**选择**和**插入**。几乎所有的排序算法都是这三要素的应用。

6-2 直接交换排序

本节将介绍直接交换排序——依次比较相邻两个元素的大小，如果不符合排序关系，则进行交换。

■ 直接交换排序（冒泡排序）

笔者以下面的数值序列为例，介绍**直接交换排序**（straight exchange sort）的过程。

| 6 | 4 | 3 | 7 | 1 | 9 | 8 |

首先，我们来看末尾两个元素 9 和 8。如果按升序排序，则位于左侧的元素必须小于或等于右侧的元素。因此，我们交换这两个元素，元素排列如下。

| 6 | 4 | 3 | 7 | 1 | 8 | 9 |

然后，我们来看倒数第 2 个元素 8 和倒数第 3 个元素 1。左侧元素 1 小于右侧元素 8，所以无须交换。

像这样依次比较相邻两个元素的大小，如果不符合排序关系，就进行交换，直到到达第 1 个元素，没有相邻的元素需要进行交换，如图 6-3 所示。

如果数组中有 n 个元素，则进行 $n-1$ 次比较和交换后，**最小的元素会移动到数组的起始位置**。这一系列比较和交换的操作称为**一趟排序**。

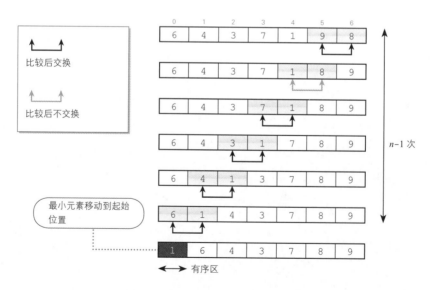

图 6-3　直接交换排序中的第 1 趟排序

接下来，对数组中第 2 个元素之后的元素进行一趟比较和交换，具体如图 6-4 所示。

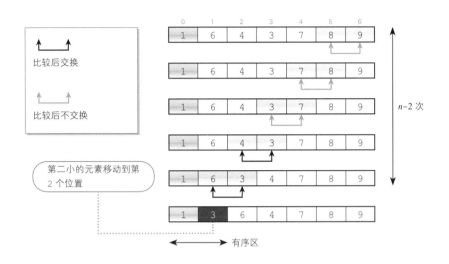

图 6-4　直接交换排序中的第 2 趟排序

第 2 趟排序后，第二小的元素 3 移动到数组中第 2 个位置。这样，**前两个元素进入有序区**。

每进行一趟排序，待排序元素就减少一个，因此第 2 趟排序的比较次数为 $n-2$，比第 1 趟排序少一次。

第 k 趟排序后，**前 k 个元素进入有序区**。所以，在对 n 个元素进行排序时，通常需要进行 $n-1$ 趟。

▶ 如果前 $n-1$ 个元素已经进入有序区，显然最大元素位于末尾，也就意味着所有元素都完成了排序，所以只需要排 $n-1$ 趟，而不是 n 趟。

*

我们可以想象一下液体中的气泡。比液体轻（值更小）的气泡会咕嘟咕嘟地冒出水面。

直接交换排序的过程与冒泡的原理相似，所以也称为**冒泡排序**（bubble sort）。

直接交换排序的程序

我们用程序来实现直接交换排序的算法。

将变量 i 从 0 递增到 n - 2，执行 n - 1 次排序，程序如代码清单 6-1 所示。

代码清单 6-1　　　　　　　　　　　　　　　　　　　　　　chap06/bubble_sort1.py

```python
# 直接交换排序

from typing import MutableSequence

def bubble_sort(a: MutableSequence) -> None:
    """直接交换排序"""
    n = len(a)
    for i in range(n - 1):
        for j in range(n - 1, i, -1):
            if a[j - 1] > a[j]:
                a[j - 1], a[j] = a[j], a[j - 1]

if __name__ == '__main__':
    print('直接交换排序(冒泡排序)')
    num = int(input('元素个数:'))
    x = [None] * num          # 创建一个元素个数为num的数组

    for i in range(num):
        x[i] = int(input(f'x[{i}]:'))

    bubble_sort(x)            # 对数组x进行直接交换排序

    print('已按升序排序。')
    for i in range(num):
        print(f'x[{i}]={x[i]}')
```

```
运行示例
直接交换排序
( 冒泡排序 )
元素个数: 7
x[0]: 6
x[1]: 4
x[2]: 3
x[3]: 7
x[4]: 1
x[5]: 9
x[6]: 8
已按升序排序。
x[0] = 1
x[1] = 3
x[2] = 4
x[3] = 6
x[4] = 7
x[5] = 8
x[6] = 9
```

在比较时，我们关注 a[j - 1] 和 a[j] 两个元素（图 6-5）。

从数组的尾部向起始位置进行遍历，所以在开始遍历时，j 等于 n - 1，n - 1 即每一趟排序中最后一个元素的下标。

在遍历过程中，比较两个元素 a[j - 1] 和 a[j]，如果前者较大，就进行交换。由于是从尾部向前遍历的，所以 j 是递减的。

在每一趟排序中，前 i 个元素位于有序区，a[i] 至 a[n - 1] 位于无序区。因此，j 一直递减，直到其值等于 i + 1。

▶ 我们可以通过前面的图 6-3 和图 6-4 进行确认，如下所示。

■ 在第 1 趟排序时，i 等于 0，反复比较，直到 j 等于 1（图 6-3）。

■ 在第 2 趟排序时，i 等于 1，反复比较，直到 j 等于 2（图 6-4）。

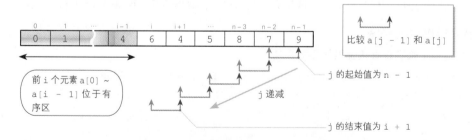

图 6-5　直接交换排序中的第 i 趟排序

直接交换排序是**稳定**的，因为只交换相邻的元素，不会越过元素进行交换。

在直接交换排序中，第 1 趟排序比较 n - 1 次，第 2 趟排序比较 n - 2 次，以此类推，完成全部排序后，总的比较次数如下所示。

$$(n - 1) + (n - 2) + \cdots + 1 = n(n - 1) / 2$$

但是，实际的**交换次数**取决于数组中元素的值。在直接交换排序中，平均交换次数是比较次数的一半，约为 $n(n - 1) / 4$。

■ 显示交换过程

bubble_sort 函数是一个黑盒子函数，我们并不知道函数内部是如何工作的。代码清单 6-2 改写了上述程序，在进行直接交换排序时，可以同时在屏幕上输出比较和交换的详细过程（在原程序的基础上增加了阴影部分的代码）。

▶ 为了确保输出位置对齐，要求数组中每个元素不超过 2 位（如果元素大于或等于 3 位，输出时会出现位置偏差的情况）。

下面的运行示例中省略了值的输入部分。

代码清单 6-2	chap06/bubble_sort1_verbose.py

```python
def bubble_sort_verbose(a: MutableSequence) -> None:
    """直接交换排序( 显示排序过程 )"""
    ccnt = 0      # 比较次数
    scnt = 0      # 交换次数
    n = len(a)
    for i in range(n - 1):
        print(f'第{i + 1}趟排序')
        for j in range(n - 1, i, -1):
            for m in range(0, n - 1):
                print(f'{a[m]:2}' + ('  ' if m != j - 1 else
                                     ' +' if a[j - 1] > a[j] else ' -'),
                      end='')
            print(f'{a[n - 1]:2}')
            ccnt += 1
            if a[j - 1] > a[j]:
                scnt += 1
                a[j - 1], a[j] = a[j], a[j - 1]
        for m in range(0, n - 1):
            print(f'{a[m]:2}', end=' ')
        print(f'{a[n - 1]:2}')
    print(f'比较次数为{ccnt}。')
    print(f'交换次数为{scnt}。')
```

```
运行示例
第1趟排序
 6   4   3   7   1   9 + 8
 6   4   3   7   1 - 8   9
 6   4   3   7 + 1   8   9
 6   4   3 + 1   7   8   9
 6   4 + 1   3   7   8   9
 6 + 1   4   3   7   8   9
 1   6   4   3   7   8   9
第2趟排序
 1   6   4   3   7   8 - 9
 1   6   4   3   7 - 8   9
 1   6   4   3 - 7   8   9
 1   6   4 + 3   7   8   9
 1   6 + 3   4   7   8   9
 1   3   6   4   7   8   9
第3趟排序
 1   3   6   4   7   8 - 9
 1   3   6   4   7 - 8   9
 1   3   6   4 - 7   8   9
 1   3   6 + 4   7   8   9
 1   3   4   6   7   8   9
第4趟排序
 1   3   4   6   7   8 - 9
… 中间省略 …
比较次数为21。
交换次数为8。
```

程序将比较相邻两个元素，如果需要交换，就会在两个元素之间显示一个 "+"；如果不需要交换，就会显示一个 "-"。

排序结束后，比较次数和交换次数也会显示出来。

■ 算法改进 (1)

图 6-4 给出了最小的两个元素的排序过程。下面我们继续进行比较和交换。第 3 趟排序的过程如图 6-6 所示。第 3 趟排序后，第三小的元素 4 移动到了数组中的第 3 个位置。

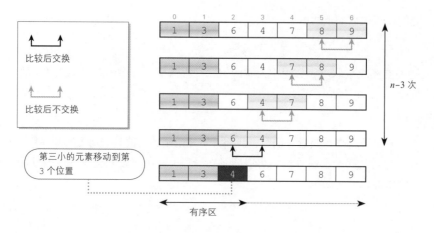

图 6-6　直接交换排序中的第 3 趟排序

图 6-7 给出了第四小的元素的排序过程。因为第 3 趟排序后所有元素都进入了有序区，所以第 4 趟排序无须进行交换操作。

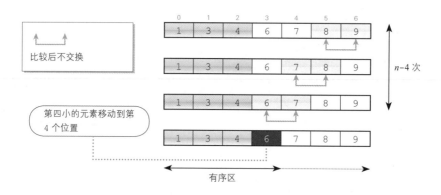

图 6-7　直接交换排序中的第 4 趟排序

排序完成后，在后续比较时无须进行交换操作。

▶ 后续的第 5 趟和第 6 趟排序中均未交换元素，这里省略了示意图。

如果在某一趟排序中，元素的交换次数为 0，则**意味着所有元素均已排序完毕，因此终止比较，不再进行下一趟排序。**

这里假设最初给定的数组恰好已经完成排序，如下所示。

1	3	4	6	7	8	9

因为在第 1 趟排序中没有进行元素交换，所以第 1 趟排序结束后就可以终止比较。

引入终止机制后，对于已经有序或接近有序状态的数组，可以省略很多不必要的比较操作，大幅缩短直接交换排序所需的时间。

基于该思路改进的 bubble_sort 函数，如代码清单 6-3 所示。

代码清单 6-3   chap06/bubble_sort2.py

```python
def bubble_sort(a: MutableSequence) -> None:
    """直接交换排序( 第2版:根据交换次数终止排序 )"""
    n = len(a)
    for i in range(n - 1):
        exchng = 0        # 各趟的交换次数
        for j in range(n - 1, i, -1):
            if a[j - 1] > a[j]:
                a[j - 1], a[j] = a[j], a[j - 1]   ← 趟
                exchng += 1
        if exchng == 0:
            break
```

该程序中定义了一个新变量 exchng。在第 1 趟排序开始之前，程序将 exchng 设为 0，并在每次交换元素时将 exchng 递增 1。因此在某趟排序结束（内部 for 循环语句结束）时，变量 exchng 的值就是**该趟排序中的交换次数**。

如果在某趟排序结束时，exchng 等于 0，则可以判断已完成排序，因此要执行 break 语句强制跳出外层的 for 循环语句，结束函数运行。

*

与第 1 版的代码清单 6-2 一样，我们继续改写第 2 版的程序，在屏幕上输出比较和交换的详细过程（chap06/bubble_sort2_verbose.py）。

在数组 6，4，3，7，1，9，8 的排序过程中，比较和交换的过程如右侧的运行示例所示，第 4 趟排序后所有元素排序完成。与第 1 版相比，比较次数有所减少。

第 1 版：比较 21 次，交换 8 次。
第 2 版：比较 18 次，交换 8 次。

运行示例

```
第1趟排序
6    4    3    7    1    9 + 8
6    4    3    7    1 -  8    9
6    4    3    7 +  1    8    9
6    4    3 +  1    7    8    9
6    4 +  1    3    7    8    9
6 +  1    4    3    7    8    9
1    6    4    3    7    8    9
第2趟排序
1    6    4    3    7    8 -  9
1    6    4    3    7 -  8    9
1    6    4    3 -  7    8    9
1    6    4 +  3    7    8    9
1    6 +  3    4    7    8    9
1    3    6    4    7    8    9
第3趟排序
1    3    6    4    7    8 -  9
1    3    6    4    7 -  8    9
1    3    6    4 -  7    8    9
1    3    6 +  4    7    8    9
1    3    4    6    7    8    9
第4趟排序
1    3    4    6    7    8 -  9
1    3    4    6    7 -  8    9
1    3    4    6 -  7    8    9
1    3    4    6    7    8    9
比较次数为18。
交换次数为8。
```

算法改进 (2)

接下来，我们对数组 1，3，9，4，7，8，6 进行直接交换排序。第 1 趟排序中的比较和交换过程如图 6-8 所示。

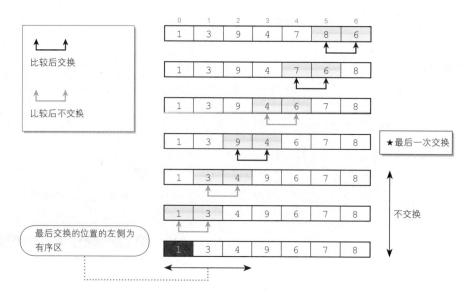

图 6-8　直接交换排序中的第 1 趟排序

最后一次交换完成后，前 3 个元素 1、3、4 进入有序区。

如图 6-8 所示，在每趟排序中都会进行一系列的比较和交换，**如果在某个时间点以后不再进行交换，则可以判断该位置左侧为有序区。**

因此，在第 2 趟排序时就可以将比较对象缩小到 4 个元素，而不是除开头元素之外的 6 个元素。如图 6-9 所示，只需要比较和交换这 4 个元素即可。

基于该思路改进的函数如代码清单 6-4 所示。

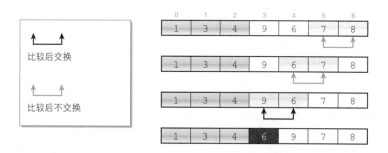

图 6-9　直接交换排序中的第 2 趟排序

我们使用 last 变量存储每一趟排序中最后一次交换两个元素中位于右侧的元素的下标。每次交换时，把右侧元素的下标赋给 last。

某趟排序结束（内部 for 循环语句结束）时，将 last 的值赋给 k，就可以将下一趟排序的遍历范围限制到 a[k]，即下一趟排序中最后比较的两个元素是 a[k] 和 a[k + 1]。

代码清单 6-4　　　　　　　　　　　　　　　　　　　　　　　　　　chap06/bubble_sort3.py

```python
def bubble_sort(a: MutableSequence) -> None:
    """直接交换排序( 第3版:限制遍历范围 )"""
    n = len(a)
    k = 0
    while k < n - 1:
        last = n - 1
        for j in range(n - 1, k, -1):
            if a[j - 1] > a[j]:
                a[j - 1], a[j] = a[j], a[j - 1]          ← 趟
                last = j
        k = last
```

▶ 以图 6-8 为例,该趟排序结束时 last 的值为 3。这是比较 9 和 4 时,右侧元素 9 的下标。因此,在图 6-9 所示的第 2 趟排序中,j 的值按 6、5、4 递减。

因为第 1 趟排序时需要遍历数组中所有的元素,所以在函数开头,k 的初始值被设为了 0。

我们继续改写程序,让程序输出比较和交换的过程(chap06/bubble_sort3_verbose.py)。分别利用第 1 版至第 3 版程序对数组 1, 3, 9, 4, 7, 8, 6 进行排序,结果如下所示。

第 1 版

```
         运行示例
第1趟排序:
1  3  9  4  7  8 + 6
1  3  9  4  7 + 6  8
1  3  9  4 - 6  7  8
1  3  9 + 4  6  7  8
1  3 - 4  9  6  7  8
1 - 3  4  9  6  7  8
第2趟排序:
1  3  4  9  6  7 - 8
1  3  4  9  6 - 7  8
1  3  4  9 + 6  7  8
1  3  4 - 6  9  7  8
1  3 - 4  6  9  7  8
第3趟排序
1  3  4  6  9  7 - 8
1  3  4  6  9 + 7  8
1  3  4  6 - 7  9  8
1  3  4 - 6  7  9  8
1  3  4  6  7  9  8
…中间省略( 进行到第6趟排序 )…
比较次数为21。
交换次数为6。
```

第 2 版

```
         运行示例
第1趟排序
1  3  9  4  7  8 + 6
1  3  9  4  7 + 6  8
1  3  9  4 - 6  7  8
1  3  9 + 4  6  7  8
1  3 - 4  9  6  7  8
1 - 3  4  9  6  7  8
第2趟排序
1  3  4  9  6  7 - 8
1  3  4  9  6 - 7  8
1  3  4  9 + 6  7  8
1  3  4 - 6  9  7  8
1  3 - 4  6  9  7  8
第3趟排序
1  3  4  6  9  7 - 8
1  3  4  6  9 + 7  8
1  3  4  6 - 7  9  8
1  3  4 - 6  7  9  8
1  3  4  6  7  9  8
…中间省略( 进行到第5趟排序 )…
比较次数为20。
交换次数为6。
```

第 3 版

```
         运行示例
第1趟排序
1  3  9  4  7  8 + 6
1  3  9  4  7 + 6  8
1  3  9  4 - 6  7  8
1  3  9 + 4  6  7  8
1  3 - 4  9  6  7  8
1 - 3  4  9  6  7  8
第2趟排序
1  3  4  9  6  7 - 8
1  3  4  9  6 - 7  8
1  3  4  9 + 6  7  8
第3趟排序
1  3  4  6  9  7 - 8
1  3  4  6  9 + 7  8
1  3  4  6  7  9  8
第4趟排序
1  3  4  6  7  9 + 8
1  3  4  6  7  8  9
比较次数为12。
交换次数为6。
```

鸡尾酒排序(双向冒泡排序)

我们对下面的数值序列进行排序。

9 1 3 4 6 7 8

虽然该数值序列已接近有序状态，但使用上述第 3 版算法仍然无法尽早结束排序操作。这是因为最大元素 9 位于起始位置，而每一趟排序只能让其向后移动一位。

因此，如果在排序过程中交替改变遍历方向，在奇数趟时把最小元素移动到序列头部，在偶数趟时把最大元素移动到序列尾部，就能以较少的比较次数实现上述序列的排序。

该算法是冒泡排序的改进版，称为**双向冒泡排序**（bidirection bubble sort）或**鸡尾酒排序**（shaker sort）。

▶ shaker 在英语中表示振动筛、混合器、搅拌器，以及调制鸡尾酒时使用的摇酒器。

```
直接交换排序（第1～3版）
          运行示例
第1趟排序
9   1   3   4   6   7 - 8
9   1   3   4   6 - 7   8
9   1   3   4 - 6   7   8
9   1 - 3   4   6   7   8
9 + 1   3   4   6   7   8
1   9   3   4   6   7   8
第2趟排序
1   9   3   4   6   7 - 8
1   9   3   4   6 - 7   8
1   9   3   4 - 6   7   8
1   9 + 3   4   6   7   8
1   3   9   4   6   7   8
第3趟排序
1   3   9   4   6   7 - 8
1   3   9   4   6 - 7   8
1   3   9   4 - 6   7   8
1   3   9 + 4   6   7   8
1   3   4   9   6   7   8
第4趟排序
1   3   4   9   6   7 - 8
1   3   4   9   6 - 7   8
1   3   4   9 + 6   7   8
1   3   4   6   9   7   8
第5趟排序
1   3   4   6   9   7 - 8
1   3   4   6   9 + 7   8
1   3   4   6   7   9   8
第6趟排序
1   3   4   6   7   9 + 8
1   3   4   6   7   8   9
比较次数为21。
交换次数为6。
```

我们改进第 3 版算法，进行双向冒泡排序的 shaker_sort 函数如代码清单 6-5 所示。

代码清单 6-5   chap06/shaker_sort.py

```python
def shaker_sort(a: MutableSequence) -> None:
    """鸡尾酒排序( 双向冒泡排序 )"""
    left = 0
    right = len(a) - 1
    last = right
    while left < right:
        for j in range(right, left, -1):
            if a[j - 1] > a[j]:
                a[j - 1], a[j] = a[j], a[j - 1]
                last = j
        left = last

        for j in range(left, right):
            if a[j] > a[j + 1]:
                a[j], a[j + 1] = a[j + 1], a[j]
                last = j
        right = last
```

```
             运行示例
第1趟排序
9   1   3   4   6   7 - 8
9   1   3   4   6 - 7   8
9   1   3   4 - 6   7   8
9   1   3 - 4   6   7   8
9 + 1   3   4   6   7   8
1   9   3   4   6   7   8
第2趟排序
1   9 + 3   4   6   7   8
1   3   9 + 4   6   7   8
1   3   4   9 + 6   7   8
1   3   4   6   9 + 7   8
1   3   4   6   7   9 + 8
1   3   4   6   7   8   9
第3趟排序
1   3   4   6   7 - 8   9
1   3   4   6 - 7   8   9
1   3   4 - 6   7   8   9
1   3 - 4   6   7   8   9
1   3   4   6   7   8   9
比较次数为10。
交换次数为6。
```

while 语句中包含两个 for 语句。第 1 个 for 语句与第 3 版的直接交换排序一样，从后向前遍历，第 2 个 for 语句从前向后遍历。

▶ 变量 left 表示遍历范围内第一个元素的下标，变量 right 表示遍历范围内最后一个元素的下标。

为了输出比较和交换的详细过程，我们改写了程序（chap06/shaker_sort_verbose.py），程序的输出结果如前面的运行示例所示。

在对数组 9，1，3，4，6，7，8 进行排序时，比较次数减少到 10。

专栏 6-1 | **算术运算类内置函数**

Python 提供了许多内置函数，用于执行除四则运算以外的算术运算。函数列表如表 6C-1 所示。

表 6C-1　算术运算类内置函数

abs(x)	返回数值 x 的绝对值
bool(x)	返回 x 的逻辑值（True 或 False）
comp(real, imag)	返回一个值为 real + imag * 1j 的复数，或者将一个字符串或数转换为复数。如果省略了 imag，则默认值为零；如果 real 和 imag 都被省略，则返回 0j
divmod(a, b)	用数值 a 除以 b，返回由商和余数组成的元组
float(x)	将一个字符串或数值 x 转换为浮点数并返回。如果无参数，则返回 0.0
hex(x)	将整数 x 转换为以 0x 开始的十六进制格式字符串
int(x, base)	将 x 转换为 int 类型整数。base 必须在 0 ~ 36 的范围内，如果省略，则默认值为 10
max(args)	返回参数的最大值
min(args)	返回参数的最小值
oct(x)	将整数 x 转换为以 0o 开始的八进制格式字符串
pow(x, y, z)	用于计算 x 的 y 次幂（即 x ** y）。如果指定了 z，则返回 "x 的 y 次幂除以 z 的余数"。它比 pow(x, y) % z 的运行效率高
round(n, ndigits)	对浮点数 n 进行四舍五入取整的计算，ndigits 表示保留几位小数。如果 ndigits 被省略或为 None，返回的就是最接近输入值的整数
sum(x, start)	计算 x 从左到右的元素的和，然后加上 start 的值。start 默认为 0

在第 1 章中，笔者介绍了如何使用 while 语句和 for 语句求 1 和 n 之间所有整数之和。我们还可以调用以下表达式进行求解。

```
sum(range(1, n + 1))  # 调用 sum 函数求 1 和 n 之间所有整数之和
```

6-3 直接选择排序

直接选择排序算法首先将最小的元素移动到第 1 个位置,然后将第二小的元素移到第 2 个位置,重复这个过程,直到排序完成。

■ 直接选择排序

笔者以下面的数值序列为例,介绍**直接选择排序**(straight selection sort)的过程。首先我们来看最小的元素 1。

6	4	8	3	1	9	7

最小的元素应该位于数组头部,所以我们要让它与第 1 个位置的元素 6 进行交换。交换后的数据排列如下所示。

1	4	8	3	6	9	7

最小的元素已经位于开头位置。

接下来,我们关注第二小的元素 3,将其与第 2 个位置的元素 4 进行交换,则前两个元素排序完成,具体如下所示。

1	3	8	4	6	9	7

如图 6-10 所示,反复进行相同的操作。不断地从无序区选择最小的元素,将其与无序区第一个位置的元素进行交换,直到排序完成。

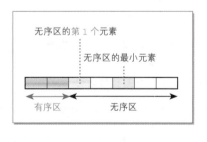

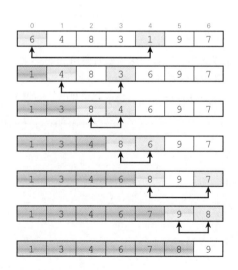

图 6-10 直接选择排序的过程

交换过程如下所示。

---

① 从无序区中选择关键字最小的元素 a[min]。

② 将 a[min] 与无序区的第 1 个元素进行交换。

重复 $n-1$ 次这个过程，直到无序区没有元素，则排序完成。算法概要如下所示。

```
for i in range(n - 1):
    min ← a[i], …, a[n - 1]中关键字最小的元素下标。
    交换a[i]和a[min]的值。
```

直接选择排序的函数如代码清单 6-6 所示。

代码清单6-6   chap06/selection_sort.py

```python
def selection_sort(a: MutableSequence) -> None:
    """直接选择排序"""
    n = len(a)
    for i in range(n - 1):
        min = i                              # 无序区的最小元素的下标
        for j in range(i + 1, n):
            if a[j] < a[min]:
                min = j
        a[i], a[min] = a[min], a[i]          # 将无序区的第1个元素和最小元素进行交换
```

元素的比较次数为 $(n^2 - n) / 2$。

*

直接交换排序是**不稳定**的，因为会跨元素交换。

不稳定算法的排序示例如图 6-11 所示。有两个值为 3 的元素（为了便于识别，我们用 3^L 表示排序前位于左侧的元素，用 3^R 表示排序前位于右侧的元素），但排序结束后，这两个元素的顺序恰好相反。

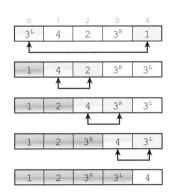

原本位于左侧的 3^L 被移动到了右侧，而位于右侧的 3^R 被移动到了左侧！！

图 6-11 "直接选择排序不稳定"的示例

6-4 直接插入排序

直接插入排序是将待排序元素插入位于它之前的合适位置，并重复这个过程，直到排序完毕。

■ 直接插入排序——

直接插入排序（straight insertion sort）与扑克牌的排序方法相似，接下来笔者以下面的数值序列为例进行说明。

| 6 | 4 | 1 | 7 | 3 | 9 | 8 |

首先关注第 2 个元素 4，它小于第 1 个元素 6，因此我们将其插入第 1 个位置。同时，将 6 向后移动一位，如下所示。

| 4 | 6 | 1 | 7 | 3 | 9 | 8 |

接下来关注第 3 个元素 1，将其插入第 1 个位置。不断进行相同的操作，如图 6-12 所示。
我们将整个数组分成有序数组和无序数组两部分，**从无序数组中取出第一个元素，将其插入有序数组中合适的位置**，然后重复 $n-1$ 次这种操作，即可将整个数组排序完成。

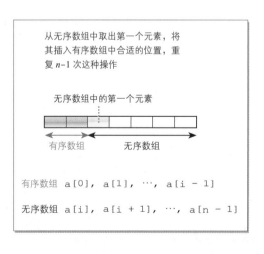
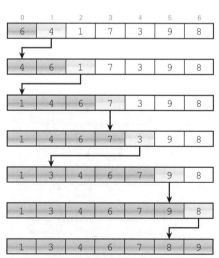

图 6-12　直接插入排序的过程

将 i 按照 1，2，…，n－1 的方式递增，同时取出下标为 i 的元素，将其插入有序数组中合适的位置。

算法概要如下所示。

```
for i in range(1, n):
    tmp ← a[i]
    将tmp插入a[0], ⋯, a[i − 1]中合适的位置。
```

下面我们来考虑如何将一个值插入数组中合适的位置。图 6-13 给出了将元素 3 插入位于它之前的合适位置的过程。

只要左侧的元素大于当前待排序元素，就用左侧的元素进行赋值。我们重复这个过程，直到左侧的元素小于或等于待排序元素，就停止遍历，将待排序元素插入该位置。

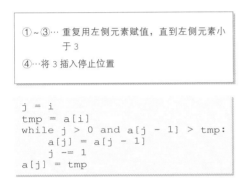
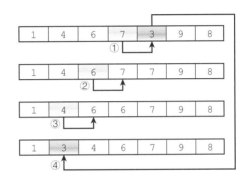

图 6-13　直接插入排序中的插入过程

首先，将 i 的值赋给控制循环的变量 j，将 a[i] 赋给 tmp，递减 j。然后重复这个过程，直到满足以下条件中的任意一个。

---

① 到达无序数组的最左侧。

② 找到关键字小于或等于 tmp 的元素 a[j − 1]。

`终止条件`

如果利用德·摩根定律（详见专栏 1-12），则只要同时满足以下两个条件，程序就会重复上述比较过程。

---

① j 大于 0。

② a[j − 1] 的值大于 tmp。

`继续条件`

遍历结束后，将待插入元素 tmp 赋给该位置的元素 a[j]。

直接插入排序的程序如代码清单 6-7 所示。

代码清单 6-7　　　　　　　　　　　　　　　　　　　　　　　chap06/insertion_sort.py

```python
# 直接插入排序

from typing import MutableSequence

def insertion_sort(a: MutableSequence) -> None:
    """直接插入排序"""
    n = len(a)
    for i in range(1, n):
        j = i
        tmp = a[i]
        while j > 0 and a[j - 1] > tmp:
            a[j] = a[j - 1]
            j -= 1
        a[j] = tmp

if __name__ == '__main__':
    print('直接插入排序')
    num = int(input('元素个数:'))
    x = [None] * num        # 创建一个元素个数为num的数组

    for i in range(num):
        x[i] = int(input(f'x[{i}]:'))

    insertion_sort(x)       # 对数组x进行直接插入排序

    print('已按升序排序。')
    for i in range(num):
        print(f'x[{i}]={x[i]}')
```

```
         运行示例
直接插入排序
元素个数: 7↵
x[0]: 6↵
x[1]: 4↵
x[2]: 3↵
x[3]: 7↵
x[4]: 1↵
x[5]: 9↵
x[6]: 8↵
已按升序排序。
x[0] = 1
x[1] = 3
x[2] = 4
x[3] = 6
x[4] = 7
x[5] = 8
x[6] = 9
```

直接插入排序是**稳定**的，因为不会跨元素交换。元素的比较次数和交换次数都是 $n^2 / 2$。

另外，直接插入排序也称为穿梭排序（shuttle sort）。

直接排序的时间复杂度

到目前为止，我们学习了 3 种直接排序算法，时间复杂度均为 $O(n^2)$，效率极低。

从下一节开始，笔者将介绍一些高效的算法。

专栏 6-2 │ **二分插入排序**

　　在直接插入排序中，随着数组中的元素个数增加，插入元素时所需的比较次数和位置移动次数也会大幅增加。

　　对于有序数组，我们可以通过二分查找法找到待插入元素的合适位置。基于二分查找法的排序算法就称为**二分插入排序**（binary insertion sort）。

　　二分插入排序的程序如代码清单 6C-1 所示。

代码清单 6C-1　　　　　　　　　　　　　　　　　　chap06/binary_insertion_sort.py

```python
# 二分插入排序

from typing import MutableSequence

def binary_insertion_sort(a: MutableSequence) -> None:
    """二分插入排序"""
    n = len(a)
    for i in range(1, n):
        key = a[i]
        pl = 0      # 查找范围内第一个元素的下标
        pr = i - 1  # 查找范围内最后一个元素的下标

        while True:
            pc = (pl + pr) // 2      # 查找范围内中间元素的下标
            if a[pc] == key:         # 查找成功
                break
            elif a[pc] < key:
                pl = pc + 1
            else:
                pr = pc - 1
            if pl > pr:
                break
        # 应插入位置的下标
        pd = pc + 1 if pl <= pr else pr + 1

        for j in range(i, pd, -1):
            a[j] = a[j - 1]
        a[pd] = key

if __name__ == '__main__':
    print('二分插入排序')
    num = int(input('元素个数:'))
    x = [None] * num                 # 创建一个元素个数为num的数组

    for i in range(num):
        x[i] = int(input(f'x[{i}]:'))

    binary_insertion_sort(x)         # 对数组x进行二分插入排序

    print('已按升序排序。')
    for i in range(num):
        print(f'x[{i}]={x[i]}')
```

```
运行示例
二分插入排序
元素个数: 7
x[0]: 6
x[1]: 4
x[2]: 3
x[3]: 7
x[4]: 1
x[5]: 9
x[6]: 8
已按升序排序。
x[0] = 1
x[1] = 3
x[2] = 4
x[3] = 6
x[4] = 7
x[5] = 8
x[6] = 9
```

Python 标准库提供了一个算法，可以将元素插入合适的位置。

它就是 bisect 模块的 insort 函数，该函数可以将某个元素插入一个有序数组（列表）中，并且不会影响原来的顺序。利用该功能，可以更简洁地实现二分插入排序算法，程序如代码清单 6C-2 所示。

代码清单 6C-2　　　　　　　　　　　　　　　　　　chap06/binary_insort.py

```python
def binary_insertion_sort(a: MutableSequence) -> None:
    """二分插入排序（利用bisect.insort）"""
    for i in range(1, len(a)):
        bisect.insort(a, a.pop(i), 0, i)
```

这个函数实质上只有两行代码。

调用 bisect.insort(a, x, lo, hi)，将 x 插入 a[lo] 和 a[hi] 之间，同时保持 a 原来的顺序不变（如果 a 中有多个元素的值与 x 相等，则将 x 插入最右侧）。

6-5 希尔排序

希尔排序是一种非常快速的排序算法，它充分发挥了直接插入排序的优势，并弥补了其不足。

直接插入排序的特点

我们对下面的数值序列使用直接插入排序。

| 1 | 2 | 3 | 4 | 5 | 0 | 6 |

首先，依次查看第 2 个元素 2、第 3 个元素 3、第 4 个元素 4、第 5 个元素 5。可以看到前 5 个元素是有序的，也就是说，我们不需要移动任何元素。所以，我们能够顺利且快速完成前面的步骤。

但是，在插入第 6 个元素 0 时，需要移动（赋值）6 次才能完成插入，具体如图 6-14 所示。

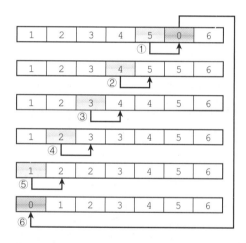

图 6-14 直接插入排序中的元素的移动

通过该示例，我们可以看出直接插入排序的两个特点。

A 如果序列有序或接近有序，直接插入排序的速度较快。

B 如果待插入位置相隔很远，则元素移动次数增加。

很显然 A 是优势，而 B 是不足。

希尔排序

希尔排序（shell sort）是唐纳德·希尔（D.L.Shell）提出来的一种高效算法，它能够发挥直接插入排序的优势 A，弥补其不足 B。

希尔排序的基本思路是：先将待排序元素的整个序列分割成由相隔元素组成的多个子序列，分别进行粗略调整，然后依次缩减相隔距离并排序，以此来减少元素的移动次数。

▶ 下节会介绍快速排序，在快速排序出现之前，希尔排序一度是最快的排序算法。

我们以图 6-15 所示的数值序列为例来理解希尔排序。

两个元素之间的相隔距离称为增量。首先，设初始增量为 4，将元素分成 {8， 7}、{1， 6}、{4， 3} 和 {2， 5} 这 4 组，以两个元素为一组进行排序。

▶ 如图 6-15 所示，对①中的 {8, 7} 排序后得到 {7, 8}，对②中的 {1, 6} 排序后得到 {1, 6}，对③中的 {4, 3} 排序后得到 {3, 4}，对④中的 {2, 5} 排序后得到 {2, 5}。

我们将增量为 4 的元素排序称为 "4- 增量排序"。虽然排序尚未完成，但它已经接近有序状态。

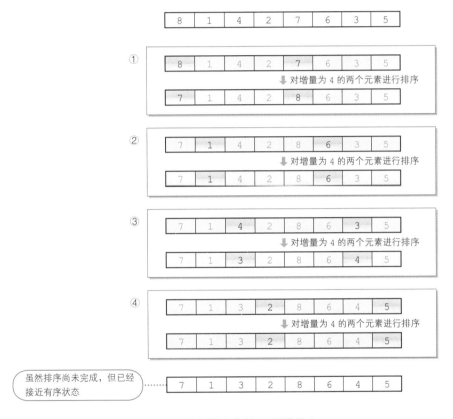

图 6-15 希尔排序中的 4- 增量排序

接下来将增量设为 2，将元素分成两组，即 {7, 3, 8, 4} 和 {1, 2, 6, 5}，进行 2- 增量排序。排序过程如图 6-16 所示。

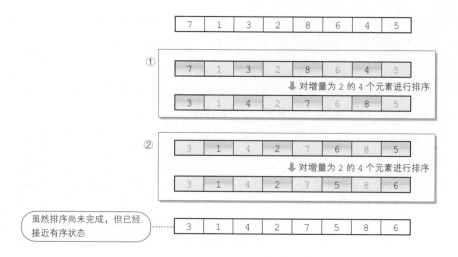

图 6-16 希尔排序中的 2- 增量排序

这样排序后的数组更接近有序状态。最后对整个数组进行 1- 增量排序，完成所有元素的排序。

整体过程如图 6-17 所示。希尔排序过程中的每趟排序称为 h- 增量排序。在上述示例中，我们将 h 的值按 4、2、1 递减，共进行了 7 次排序，整个数组才排序完成。

图 6-17 希尔排序的大致流程

对于图 6-17 **a** 所示的数组，不直接应用直接插入排序，而是通过 4- 增量排序和 2- 增量排序进行粗略调整，使数组尽可能接近图 6-17 **c** 所示的有序状态。最后执行一次直接插入排序，整个数组排序完成。

▶ 当然，7 次排序全都是通过直接插入排序完成的。

希尔排序中增加排序次数，就是为了发挥直接插入排序的优势并弥补不足。虽然排序次数有所增加，但是整体的元素移动次数有所减少。

希尔排序的程序如代码清单 6-8 所示。

代码清单 6-8　　　　　　　　　　　　　　　　　　chap06/shell_sort1.py

```python
# 希尔排序

from typing import MutableSequence

def shell_sort(a: MutableSequence) -> None:
    """希尔排序"""
    n = len(a)
    h = n // 2
    while h > 0:
        for i in range(h, n):
            j = i - h
            tmp = a[i]
            while j >= 0 and a[j] > tmp:
                a[j + h] = a[j]
                j -= h
            a[j + h] = tmp
        h //= 2

if __name__ == '__main__':
    print('希尔排序')
    num = int(input('元素个数:'))
    x = [None] * num      # 创建一个元素个数为num的数组

    for i in range(num):
        x[i] = int(input(f'x[{i}]:'))

    shell_sort(x)          # 对数组x进行希尔排序

    print('已按升序排序。')
    for i in range(num):
        print(f'x[{i}] = {x[i]}')
```

```
运行示例
希尔排序
元素个数：8
x[0]: 8
x[1]: 1
x[2]: 4
x[3]: 2
x[4]: 7
x[5]: 6
x[6]: 3
x[7]: 5
已按升序排序。
x[0] = 1
x[1] = 2
x[2] = 3
x[3] = 4
x[4] = 5
x[5] = 6
x[6] = 7
x[7] = 8
```

程序阴影部分的代码执行直接插入排序，与代码清单 6-7 几乎相同。不同之处在于，直接插入排序比较相邻的两个元素，而希尔排序比较相隔 h 个元素的两个元素。

设 h 的初始增量为 n // 2（n 的一半）。然后，在 while 循环语句的每次循环中，都缩小 h 的增量，将 h 变成原来的一半（用 h 除以 2）。

▶ h 的变化过程如下所示。

　　如果元素个数为 8，则 h 按 4 → 2 → 1 变化。

　　如果元素个数为 7，则 h 按 3 → 1 变化。

■ 增量的选择

在上面的示例中，当元素个数 n 为 8 时，h 的变化过程如下所示。

```
h = 4 → 2 → 1
```

增量 h 的本质是一个序列，它从某个值开始逐渐缩小，直到等于 1。那么，有哪些序列适合作为增量使用呢？

首先，我们来思考上述示例中的分组（图 6-18）。

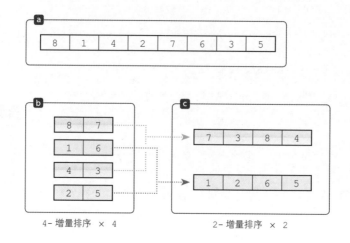

图 6-18　希尔排序中的分组（h = 4，2，1）

　　我们假设图 6-18 **a** 所示的数组中存储了 8 名学生的成绩。首先，如图 6-18 **b** 所示，将学生分成 4 组，每组 2 人进行排序，然后如图 6-18 **c** 所示，将学生分成 2 组，每组 4 人进行排序。

　　我们将图 6-18 **b** 中的 4 个组再两两一组分别组合，得到图 6-18 **c** 中的两个组。我们可以看到"蓝色组"和"黑色组"之间没有任何交换，因为这还是对相同组内的学生进行排序，可见**这种分组方法效果不佳**。

*

　　所以，我们希望增量 h 不要按照倍数关系缩小，这样才能充分混合元素，提高排序效率。下面提供一种容易创建且排序效果很好的序列。

---

    h = ⋯ → 121 → 40 → 13 → 4 → 1

　　反向来看这个序列，第 1 个数是 1，从第 2 个数开始，每个数都是前一个数的 3 倍加 1。

　　但是我们知道，h 的初始值太大反而没什么效果，所以将其限定为小于或等于元素个数 n 除以 9 的商。

　　使用该序列执行希尔排序，程序如代码清单 6-9 所示。

　　首先，在 **1** 的 while 语句中计算 h 的初始值。从 1 开始，重复乘以 3 后加 1 这一过程，将不超过 n // 9 的最大值赋给 h。

　　2 的 while 语句与第 1 版的基本相同。唯一的区别是更改 h 的方法。这里是重复用 h 除以 3（h 在迭代结束时变为 1）。

代码清单 6-9   chap06/shell_sort2.py

```python
# 希尔排序( 第2版:h = …, 40, 13, 4, 1 )

from typing import MutableSequence

def shell_sort(a: MutableSequence) -> None:
    """希尔排序( 第2版 )"""
    n = len(a)
    h = 1

    while (h < n // 9):         ■1
        h = h * 3 + 1

    while h > 0:
        for i in range(h, n):
            j = i - h
            tmp = a[i]
            while j >= 0 and a[j] > tmp:   ■2
                a[j + h] = a[j]
                j -= h
            a[j + h] = tmp
        h //= 3

if __name__ == '__main__':
    print('希尔排序( 第2版 )')
    num = int(input('元素个数:'))
    x = [None] * num           # 创建一个元素个数为num的数组

    for i in range(num):
        x[i] = int(input(f'x[{i}]:'))

    shell_sort(x)              # 对数组x进行希尔排序

    print('已按升序排序。')
    for i in range(num):
        print(f'x[{i}] = {x[i]}')
```

```
┌─────────────────────┐
│       运行示例        │
├─────────────────────┤
│ 希尔排序（第2版）      │
│ 元素个数：8↵          │
│ x[0]：8↵              │
│ x[1]：1↵              │
│ x[2]：4↵              │
│ x[3]：2↵              │
│ x[4]：7↵              │
│ x[5]：6↵              │
│ x[6]：3↵              │
│ x[7]：5↵              │
│ 已按升序排序。        │
│ x[0] = 1             │
│ x[1] = 2             │
│ x[2] = 3             │
│ x[3] = 4             │
│ x[4] = 5             │
│ x[5] = 6             │
│ x[6] = 7             │
│ x[7] = 8             │
└─────────────────────┘
```

▶ 在运行示例中，元素个数为 8，所以 h 的初始值为 1（因此，实际上执行的是直接插入排序，而不是希尔排序）。

*

希尔排序的时间复杂度为 $O(n^{1.25})$，速度非常快。但是，希尔排序会跨元素交换，所以是**不稳定**的。

6-6 快速排序

快速排序的应用范围很广，是最快的排序算法之一。

快速排序简介

快速排序（quick sort）是一种被广泛应用的快速算法。由于它的速度非常快，所以发明者霍尔（C.A.R.Hoare）将其命名为快速排序。

我们使用快速排序，将一组8个人按照身高进行升序排序，如图6-19所示。首先，我们来看其中一个人的身高。如果我们选择身高168厘米的小A，则如下一层所示，可以把待排序人员分成两组，一组的身高小于或等于小A，另一组的身高大于或等于小A。分组的基准值称为**枢轴**（pivot）。

▶ 枢轴的选择是任意的，枢轴可以放在左侧小组内也可以放在右侧小组内。

为每个小组设置枢轴并不断地分组，直到每组只有一个人时，排序完成。

至此，我们理解了快速排序算法的大致内容，接下来笔者介绍详细内容。

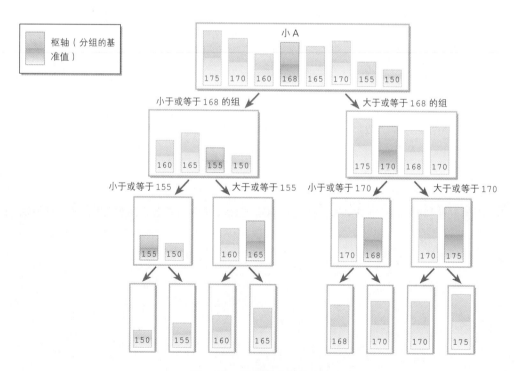

图 6-19 快速排序的概况

分组过程

首先，我们来看如何将数组分为两组。从下列数组 a 中选择 6 作为枢轴进行分组。用 x 表示枢轴，最左侧元素的下标 pl 称为左游标，最右侧元素的下标 pr 称为右游标。

在分组时，需要把小于或等于枢轴的元素移动到数组左侧（头部），把大于或等于枢轴的元素移动到数组右侧（尾部），过程如下所示。

- 从左向右遍历 pl，直到找到使 a[pl] >= x 成立的元素。
- 从右向左遍历 pr，直到找到使 a[pr] <= x 成立的元素。

该遍历使 pl 和 pr 停止在下图所示的位置。左游标停在大于或等于枢轴的元素上，右游标停在小于或等于枢轴的元素上。

现在，交换左游标 a[pl] 和右游标 a[pr] 所在位置的元素值。这样就可以把小于等于枢轴的值向左移动，大于或等于枢轴的值向右移动。

继续遍历，左游标和右游标又停在下图所示的位置。我们继续交换 a[pl] 和 a[pr] 这两个元素的值。

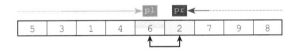

如果继续遍历，则游标会相交，如下图所示。

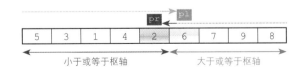

这样就完成了分组。分组后的数组如下所示。

- 小于或等于枢轴的分组：a[0], …, a[pl - 1]
- 大于或等于枢轴的分组：a[pr + 1], …, a[n - 1]

仅当 pl > pr + 1 时，才会创建下列分组（后续介绍）。

- 等于枢轴的分组：a[pr + 1], …, a[pl - 1]

在上述示例中，与枢轴相等的分组并未生成。

图 6-20 的示例中生成了与枢轴相等的分组。图 6-20 **a** 为初始状态，枢轴的值为 5。

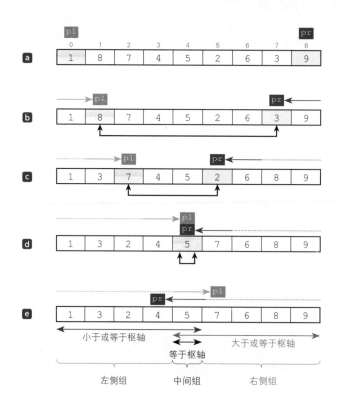

图 6-20　数组分组示例

图 6-20 **b**、图 6-20 **c** 和图 6-20 **d** 是左游标和右游标分别在找到了大于或等于枢轴和小于或等于枢轴的元素后，停在元素上的状态。

图 6-20 **d** 是第 3 次停止，pl 和 pr 都停在 a[4] 上。此时，会交换相同元素 a[4] 和 a[4]。

▶ "交换相同元素"看起来是无用功，但是最多会执行一次。如果不想交换相同的元素，就需要在每次交换前确认 "pl 和 pr 是否指向相同的元素"。比起每次确认，最多交换一次相同元素的做法计算成本要低一些。

如果继续遍历，则 pl 和 pr 相交，分组结束（图 6-20 **e**）。

▶ 如前所述，只有当分组完成，`pl > pr + 1` 成立时，中间组才会被创建。

基于上述思路进行数组分组的程序如代码清单 6-10 所示。选择位于数组中间的元素作为枢轴，阴影部分的代码执行分组。

代码清单 6-10　　　　　　　　　　　　　　　　　　　　　　　chap06/partition.py

```python
# 数组分组

from typing import MutableSequence

def partition(a: MutableSequence) -> None:
    """对数组分组并显示"""
    n = len(a)
    pl = 0          # 左游标
    pr = n - 1      # 右游标
    x = a[n // 2]   # 枢轴( 中间元素 )

    while pl <= pr:                        # 用枢轴 x 对数组 a 进行分组
        while a[pl] < x: pl += 1
        while a[pr] > x: pr -= 1
        if pl <= pr:
            a[pl], a[pr] = a[pr], a[pl]
            pl += 1
            pr -= 1

    print(f'枢轴的值为{x}。')

    print('小于等于枢轴的组')
    print(*a[0 : pl])                      # a[0] ~ a[pl - 1]

    if pl > pr + 1:
        print('等于枢轴的组')
        print(*a[pr + 1 : pl])             # a[pr + 1] ~ a[pl - 1]

    print('大于或等于枢轴的组')
    print(*a[pr + 1 : n])                  # a[pr + 1] ~ a[n - 1]

if __name__ == '__main__':
    print('对数组进行分组。')
    num = int(input('元素个数:'))
    x = [None] * num        # 创建一个元素个数为num的数组

    for i in range(num):
        x[i] = int(input(f'x[{i}]:'))

    partition(x)            # 对数组x分组并显示
```

运行示例
```
对数组进行分组。
元素个数: 9 ⏎
x[0]: 1 ⏎
x[1]: 8 ⏎
x[2]: 7 ⏎
x[3]: 4 ⏎
x[4]: 5 ⏎
x[5]: 2 ⏎
x[6]: 6 ⏎
x[7]: 3 ⏎
x[8]: 9 ⏎
枢轴的值为5。
小于等于枢轴的组
1 3 2 4 5
等于枢轴的组
5
大于等于枢轴的组
5 7 6 8 9
```

在该程序中，我们选取了位于数组中间的元素作为枢轴。枢轴的选择会影响分组和排序的性能。笔者将在后面介绍这一点。

▶ 我们暂时选取位于数组中间的元素作为枢轴。

快速排序

数组分组不断发展，就出现了快速排序算法。

具体思路如图 6-21 所示。对一个包含 9 个元素的数组 a 进行分组，可以得到如图 6-21 ⓐ 所示的左侧组 a[0]~a[4] 和右侧组 a[5]~a[8]。

然后，通过相同的步骤对这两个组继续分组，具体如图 6-21 **b** 和图 6-21 **c** 所示。图 6-21 **b** 是对 a[0]~a[4] 分组，图 6-21 **c** 是对 a[5]~a[8] 分组。

▶ 由于篇幅所限，这里省略了图 6-21 **b** 和图 6-21 **c** 之后的分组（后续分组如图 6C-1 和图 6-22 所示）。

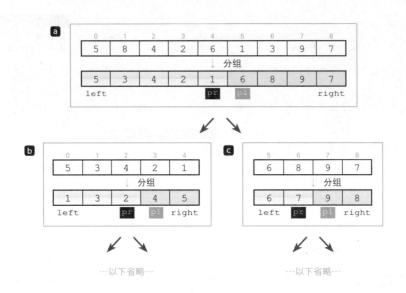

图 6-21　通过数组分组进行快速排序

如果组内只有一个元素，则不需要进一步分组，所以分组仅适用于有两个或更多元素的组。因此，数组分组将按以下方式重复进行。

- 如果 **pr** 位于开头的右侧（**left < pr**），则对左侧组进行分组。
- 如果 **pl** 位于末尾的左侧（**pl < right**），则对右侧组进行分组。

▶ 在创建中间组（a[pr + 1]~a[pl - 1]）后，该部分将从分组对象中排除（因为无须分组）。

与上一章的八皇后问题一样，快速排序也是一种**分治法**，因此可以通过递归调用轻松实现。

快速排序的程序如代码清单 6-11 所示。将数组 a、分组范围内的第一个元素和最后一个元素的下标作为参数传递给 qsort 函数，执行快速分组。

▶ 在图 6-21 **a** 中，left 为 0，right 为 8；在图 6-21 **b** 中，left 为 0，right 为 4；在图 6-21 **c** 中，left 为 5，right 为 8。

```python
# 快速排序

from typing import MutableSequence

def qsort(a: MutableSequence, left: int, right: int) -> None:
    """对a[left] ~ a[right]进行快速排序"""
    pl = left                      # 左游标
    pr = right                     # 右游标
    x = a[(left + right) // 2]     # 枢轴(中间元素)

    while pl <= pr:                               与代码清单 6-10 相同
        while a[pl] < x: pl += 1
        while a[pr] > x: pr -= 1
        if pl <= pr:                                              ■1
            a[pl], a[pr] = a[pr], a[pl]
            pl += 1
            pr -= 1

    if left < pr:  qsort(a, left, pr)                             ■2
    if pl < right: qsort(a, pl, right)

def quick_sort(a: MutableSequence) -> None:
    """快速排序"""
    qsort(a, 0, len(a) - 1)

if __name__ == '__main__':
    print('快速排序')
    num = int(input('元素个数:'))
    x = [None] * num     # 创建一个元素个数为num的数组

    for i in range(num):
        x[i] = int(input(f'x[{i}]:'))

    quick_sort(x)            # 对数组x进行快速排序

    print('已按升序排序。')
    for i in range(num):
        print(f'x[{i}] = {x[i]}')
```

```
运行示例
快速排序
元素个数: 9⏎
x[0]: 5⏎
x[1]: 8⏎
x[2]: 4⏎
x[3]: 2⏎
x[4]: 6⏎
x[5]: 1⏎
x[6]: 3⏎
x[7]: 9⏎
x[8]: 7⏎
已按升序排序。
x[0] = 1
x[1] = 2
x[2] = 3
x[3] = 4
x[4] = 5
x[5] = 6
x[6] = 7
x[7] = 8
x[8] = 9
```

■1处执行分组，与代码清单 6-10 相同。为了对左右两组继续分组，函数末尾增加了递归调用，如■2所示。

▶ 与本章介绍的其他排序函数不同，qsort 函数接收 3 个参数。因此，可以将 qsort 函数作为一个参数，传递给 quick_sort 函数调用，以与其他函数保持一致。

调用函数表达式 qsort(a, 0, len(a) - 1)，将第一个元素的下标 0 传给形参 left，将最后一个元素的下标传给形参 right。

快速排序是**不稳定**的，因为要交换不相邻，甚至相隔很远的元素。

专栏 6-3 ｜ 快速排序的分组过程可视化

前面介绍的快速排序程序没有显示中间过程，所以我们不清楚数组的分组过程。如果像代码清单 6C-3 那样重写快速分组函数，就可以将数组的分组过程可视化（只需增加阴影部分的一行代码）。

代码清单 6C-3   chap06/quick_sort1_verbose.py

```python
def qsort(a: MutableSequence, left: int, right: int) -> None:
    """对a[left] ~ a[right]进行快速排序( 数组的分组过程可视化 )"""
    pl = left                      # 左游标
    pr = right                     # 右游标
    x = a[(left + right) // 2]    # 枢轴( 中间元素 )

    print(f'a[{left}]~a[{right}]:', *a[left : right + 1])

    while pl <= pr:
        while a[pl] < x: pl += 1
        while a[pr] > x: pr -= 1
        if pl <= pr:
            a[pl], a[pr] = a[pr], a[pl]
            pl += 1
            pr -= 1

    if left < pr:  qsort(a, left, pr)
    if pl < right: qsort(a, pl, right)
```

```
                              运行示例
a[0]~a[8]: 5 8 4 2 6 1 3 9 7
a[0]~a[4]: 5 3 4 2 1
a[0]~a[2]: 1 3 2
a[0]~a[1]: 1 2
a[3]~a[4]: 4 5
a[5]~a[8]: 6 8 9 7
a[5]~a[6]: 6 7
a[7]~a[8]: 9 8
```

这个运行示例的输入值与前面介绍的运行示例的值相同。数组的分组如图 6C-1 所示。

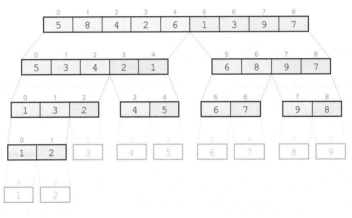

图 6C-1   快速排序中数组的分组过程

非递归快速排序

5.2 节介绍了递归函数 recur 的非递归实现方法。下面我们用非递归方式实现 qsort 函数,程序如代码清单 6-12 所示。

▶ 在运行本程序时, 需要将代码清单 4C-1 的脚本文件 stack.py 与本程序的脚本文件 quick_sort1_non_recur.py 放在同一目录下。

代码清单 6-12　　　　　　　　　　　　　　　　　　　chap06/quick_sort1_non_recur.py

```
# 快速排序（非递归版）

from stack import Stack                               ← 代码清单4C-1
from typing import MutableSequence

def qsort(a: MutableSequence, left: int, right: int) -> None:
    """对a[left] ~ a[right]进行快速排序（非递归版）"""
    range = Stack(right - left + 1)                    ← 创建栈

    range.push((left, right))

    while not range.is_empty():
        pl, pr = left, right = range.pop()   # 取出左右游标
        x = a[(left + right) // 2]            # 枢轴（中间元素）

        while pl <= pr:
            while a[pl] < x: pl += 1
            while a[pr] > x: pr -= 1
            if pl <= pr:                      ← 与代码清单 6-10 和代码清单 6-11 相同
                a[pl], a[pr] = a[pr], a[pl]
                pl += 1
                pr -= 1

        if left < pr:  range.push((left, pr))   # 保存左侧组的游标
        if pl < right: range.push((pl, right))  # 保存右侧组的游标
```

第 5 章中以非递归方式实现的 recur 函数使用了栈来临时存储数据。这次的快速排序中同样使用了栈。

qsort 函数中使用的 range 栈如下所示。

- range 存储了由分组范围内第一个（最左侧）元素的下标与末尾（最右侧）元素的下标组成的元组。

程序中蓝色阴影部分的代码用于创建栈。栈的容量为 right - left + 1，与待分组数组中的元素个数相同。

▶ 稍后我们再讨论实际所需的容量。

我们再来看一下程序的主要部分。

```
range.push((left, right))   ← 0

while not lstack.is_empty():          1
    pl, pr = left, right = range.pop()

    # 对数组a[left] ~ a[right]进行分组   2

    if left < pr:  range.push((left, pr))
    if pl < right: range.push((pl, right))
```

可以结合图 6-22 来理解这个程序。

▶ 图 6-22 给出了包含 9 个元素的数组的分组过程，该数组中元素的值分别为 5，8，4，2，6，1，3，9，7。

[0] 将元组 (left, right) 压入 range 栈中。这是待分组数组的范围，即由第一个元素的下标和最后一个元素的下标组成的元组。

如图 6-22 **[a]** 所示，让元组 (0, 8) 入栈。

▶ 调用表达式 range.push((left, right)) 中使用了双重小括号。外层小括号是调用运算符，内层小括号是连接运算符，用于将 left 和 right 连接起来创建元组。

当栈不为空时，while 语句循环执行以下操作（因为栈中存储了待分组数组的范围。如果栈为空，则表示没有需要分组的数组；如果栈不为空，则表示有需要分组的数组）。

[1] 让元组出栈并将其赋给 (pl, pr) 和 (left, right)（图 6-22 **[b]**）。

赋值后，pl 和 left 等于 0，pr 和 right 等于 8。数值表示待排序（分组）数组的范围（由第一个（最左侧）元素的下标和最后一个（最右侧）元素的下标组成的元组）。

于是，程序对 a[0] ～ a[8] 进行分组。数组被分成由 a[0] ～ a[4] 组成的左侧组和由 a[5] ～ a[8] 组成的右侧组（pl 为 5，pr 为 4）。

[2] 第 1 个 if 语句将元组 (0, 4) 压入栈中，第 2 个 if 语句将元组 (5, 8) 压入栈中。栈的状态如图 6-22 **[c]** 所示。

*

while 语句重复执行循环体。

[1] 让元组出栈并将其赋给 (pl, pr) 和 (left, right)（图 6-22 **[d]**）。

赋值后，pl 和 left 等于 5，pr 和 right 等于 8。

于是，程序对 a[5] ～ a[8] 进行分组。数组被分成由 a[5] ～ a[6] 组成的左侧组和由 a[7] ～ a[8] 组成的右侧组（pl 为 7，pr 为 6）。

[2] 第 1 个 if 语句将元组 (5, 6) 压入栈中，第 2 个 if 语句将元组 (7, 8) 压入栈中。栈的状态如图 6-22 **[e]** 所示。

*

分组完成后，将左侧组的范围和右侧组的范围压入栈中。然后反复让范围出栈并分组，由此执行排序。

当栈为空时，表示排序结束（图 6-22 **[n]**）。

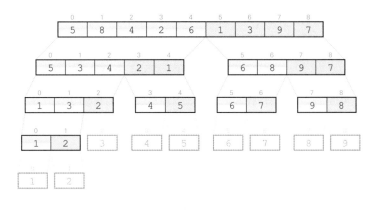

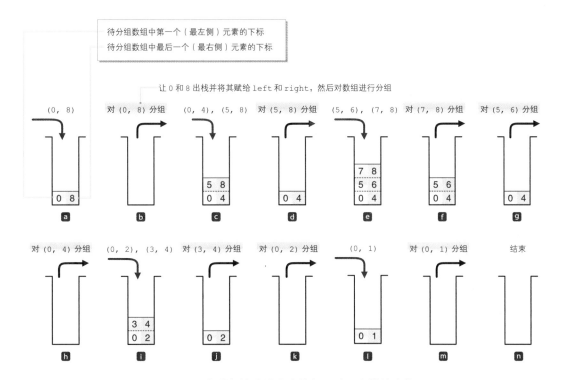

图 6-22　非递归快速排序中的数组分组和栈的变化

栈的容量

栈的容量与待排序数组中的元素的个数相等。我们来讨论最优的容量大小。
入栈顺序有以下两种策略。

A　元素个数较多的组先入栈。

B　元素个数较少的组先入栈。

我们以图 6-23 所示的排序为例，来验证两种策略的差异。

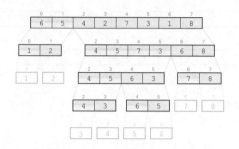

图 6-23 基于快速排序的分组

A 元素个数较多的组先入栈（先对元素个数较少的组进行分组）

栈的变化过程如图 6-24 所示。

例如，将图 6-24 b 中出栈的 a[0] ～ a[7] 分成 a[0] ～ a[1] 的左侧组和 a[2] ～ a[7] 的右侧组。

因为元素个数较多的组 (2, 7) 先入栈，所以栈如图 6-24 c 所示，先出栈进行分组的是元素个数较少的组 (0, 1)（图 6-24 d）。

栈中最多可同时容纳两个元组（图 6-24 c、图 6-24 f 和图 6-24 i）。

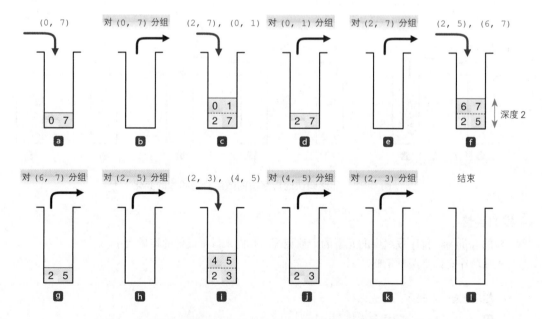

图 6-24 非递归快速排序中栈的变化（元素个数较多的组先入栈）

B 元素个数较少的组先入栈（先对元素个数较多的组进行分组）

　　栈的变化过程如图 6-25 所示。

　　例如，将图 6-25 **b** 中出栈的 a[0] ～ a[7] 划分成 a[0] ～ a[1] 的左侧组和 a[2] ～ a[7] 的右侧组。

　　因为元素个数较少的组 (0, 1) 先入栈，所以栈如图 6-25 **c** 所示，先出栈进行分组的是元素个数较多的组 (2, 7)（图 6-25 **d** ）。

　　栈中最多可同时容纳 4 个元组（图 6-25 **g** ）。

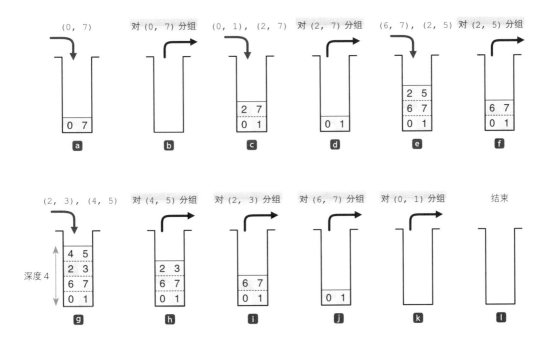

图 6-25　非递归快速排序中栈的变化（元素个数较少的组先入栈）

　　通常，元素个数越少的数组，所需的分组次数就越少。因此，如策略 **A** 所示，**如果先对元素较少的组进行分组，再对元素个数较多的组进行分组，则可以减少栈中同时容纳的值。**

　　▶　策略 **A** 和 **B** 的进栈次数和出栈次数是相同的。唯一不同的是"栈中可同时容纳的数据个数的最大值"。

　　如果采用策略 **A**，则当数组中的元素个数为 n 时，栈中同时入栈的数据个数为 $\log_2 n$。因此，即使元素个数 n 等于 1 000 000，栈的容量也只要 20 即可。

枢轴的选择

枢轴的选择方法对快速排序的运行效率有很大的影响。我们以下面的数组为例进行验证。

$$\boxed{8}\ \boxed{7}\ \boxed{6}\ \boxed{5}\ \boxed{4}\ \boxed{3}\ \boxed{2}\ \boxed{1}\ \boxed{0}$$

首先，我们使用最左侧的元素 8 作为枢轴。数组被分成两组，一组只有枢轴 8，另一组由剩余的元素组成。但是，要是反复执行这种**不均衡的分组**，将数组分成只有一个元素和剩余元素的两组，快速排序就无法实现。

在理想情况下，我们应该使用**有序数组的中间值**（即中值）作为枢轴。这是因为数组会被平均分成两部分，没有不平衡。

但是，如果需要耗费大量的计算时间寻找中值，那就本末倒置了。

如果采用以下策略，则至少可以避免最坏的情况。

【策略 1】如果待分组数组的元素个数大于或等于 3，则随机取出 3 个元素，选择其中的中值作为枢轴。

例如，在上述数组中，第一个元素为 8，中间元素为 4，最后一个元素为 0，我们取这 3 个元素的中值 4 作为枢轴，就可以避免偏差。

▶ 专栏 1-5 中介绍过求 3 个数的中值（中位数）的算法。

进一步完善该思路，就可以得到以下策略。

【策略 2】对待分组数组的第一个元素、中间元素和最后一个元素进行排序，然后将中间元素与倒数第二个元素进行交换。取倒数第二个元素的值 `a[right - 1]` 作为枢轴，即可将分组范围缩小到 `a[left + 1]` ~ `a[right - 2]`。

下面结合图 6-26 的示例进行说明。

ⓐ 这是排序前的状态。我们关注第一个元素 8、中间元素 4 和最后一个元素 0，对这 3 个元素进行排序。

ⓑ 排序后第一个元素为 0，中间元素为 4，最后一个元素为 8。此时，将中间元素 4 与倒数第二个元素 1 进行交换。

ⓒ 取倒数第二个元素 4 作为枢轴。`a[left]` 为 0，小于枢轴，`a[right - 1]` 为 4，`a[right]` 为 8，大于或等于枢轴。

因此，可以按照如下方式修改遍历的起始位置（缩小了分组对象的范围）。

■ 左游标 pl 的起始位置：`left` → `left + 1`　　※ 向右移动一位。

■ 右游标 pr 的起始位置：`right` → `right - 2`　　※ 向左移动两位。

该方法可以避免分组偏差，并将分组时需要遍历的元素减少了 3 个。因此，平均速度能够提高几个百分点。

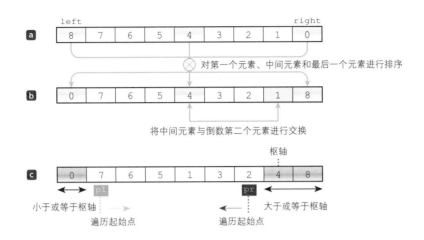

图 6-26 选择枢轴和缩小分组范围

时间复杂度

在快速排序中，我们反复地将数组分成更小的组，解决的是更小的问题，所以时间复杂度为 $O(n \log_2 n)$。

但是，根据待排序数组元素的初始值和枢轴的选择方法，排序过程也有可能很慢。例如，每次都是分成只有一个元素的组和由剩余元素组成的组，就需要进行 n 次分组。因此，在最坏情况下，时间复杂度是 $O(n^2)$。

*

由前面的内容可知，当元素个数较少时，快速排序的速度并不快。因此，我们按以下方式修改程序。

- 当元素个数较少时，改为使用直接插入排序。
- 采用前面的【策略 2】。

基于此思路创建的程序如代码清单 6-13 所示。

代码清单 6-13   chap06/quick_sort2.py

```python
# 快速排序( 第2版 )

from typing import MutableSequence

def sort3(a: MutableSequence, idx1: int, idx2: int, idx3: int):
    """将a[idx1]、a[idx2]、a[idx3]按升序排序,返回中值的下标"""
    if a[idx2] < a[idx1]: a[idx2], a[idx1] = a[idx1], a[idx2]
    if a[idx3] < a[idx2]: a[idx3], a[idx2] = a[idx2], a[idx3]
    if a[idx2] < a[idx1]: a[idx2], a[idx1] = a[idx1], a[idx2]
    return idx2

def insertion_sort(a: MutableSequence, left: int, right: int) -> None:
    """对a[left] ～ a[right]进行直接插入排序"""
    for i in range(left + 1, right + 1):
        j = i
        tmp = a[i]
        while j > 0 and a[j - 1] > tmp:
            a[j] = a[j - 1]
            j -= 1
        a[j] = tmp

def qsort(a: MutableSequence, left: int, right: int) -> None:
    """对a[left] ～ a[right]进行快速排序"""
    if right - left < 9:        # 如果元素个数小于9,则改为使用直接插入排序
        insertion_sort(a, left, right)
    else:
        pl = left                         # 左游标
        pr = right                        # 右游标
        m = sort3(a, pl, (pl + pr) // 2, pr)
        x = a[m]

        a[m], a[pr - 1] = a[pr - 1], a[m]
        pl += 1
        pr -= 2
        while pl <= pr:
            while a[pl] < x: pl += 1
            while a[pr] > x: pr -= 1
            if pl <= pr:
                a[pl], a[pr] = a[pr], a[pl]
                pl += 1
                pr -= 1

        if left < pr:  qsort(a, left, pr)
        if pl < right: qsort(a, pl, right)

def quick_sort(a: MutableSequence) -> None:
    """快速排序"""
    qsort(a, 0, len(a) - 1)

if __name__ == '__main__':
    print('快速排序( 第2版 )')
    num = int(input('元素个数:'))
    x = [None] * num        # 创建一个元素个数为num的数组

    for i in range(num):
        x[i] = int(input(f'x[{i}]:'))

    quick_sort(x)                # 对数组x进行快速排序

    print('已按升序排序。')
    for i in range(num):
        print(f'x[{i}] = {x[i]}')
```

```
运行示例
快速排序 ( 第2版 )
元素个数: 12↵
x[0]: 5↵
x[1]: 8↵
x[2]: 4↵
x[3]: 2↵
x[4]: 6↵
x[5]: 1↵
x[6]: 3↵
x[7]: 9↵
x[8]: 7↵
x[9]: 0↵
x[10]: 3↵
x[11]: 5↵
已按升序排序。
x[0] = 0
x[1] = 1
x[2] = 2
x[3] = 3
x[4] = 3
x[5] = 4
x[6] = 5
x[7] = 5
x[8] = 6
x[9] = 7
x[10] = 8
x[11] = 9
```

专栏 6-4 | **利用 sorted 函数进行排序**

Python 提供了内置函数 sorted 用于排序。该函数接收可迭代对象（任意类型），在对其中元素进行排序后，返回一个 list 类型的列表。

也就是说，sorted 并不是一个排序函数，它用于创建一个有序列表并将其返回。

使用这个函数，可以轻松实现少量变量值的排序，如下所示。

```
a, b       = sorted([a, b])         # 将 2 个值按升序排序
a, b, c    = sorted([a, b, c])      # 将 3 个值按升序排序
a, b, c, d = sorted([a, b, c, d])   # 将 4 个值按升序排序
```

上述示例中都是将包含变量 a，b，…的列表传递给 sorted 函数进行排序的，函数返回的列表经过解包后被赋给变量 a，b，…。

排序一般按升序排序，但如果将 True 赋给关键字参数 reverse，也可以按降序排序。

*

代码清单 6C-4 是使用 sorted 函数对列表进行排序的程序示例。该程序执行了升序和降序两种排序。

代码清单 6C-4   chap06/sorted_sort.py

```python
# 使用sorted函数排序

print('使用sorted函数排序')
num = int(input('元素个数:'))
x = [None] * num        # 创建一个元素个数为num的数组

for i in range(num):
    x[i] = int(input(f'x[{i}]:'))

# 对数组x进行升序排序
x = sorted(x)
print('已按升序排序。')
for i in range(num):
    print(f'x[{i}] = {x[i]}')

# 对数组x进行降序排序
x = sorted(x, reverse=True)
print('已按降序排序。')
for i in range(num):
    print(f'x[{i}] = {x[i]}')
```

```
         运行示例
使用sorted函数排序
元素个数: 5⏎
x[0]: 6⏎
x[1]: 4⏎
x[2]: 3⏎
x[3]: 7⏎
x[4]: 1⏎
已按升序排序。
x[0] = 1
x[1] = 3
x[2] = 4
x[3] = 6
x[4] = 7
已按降序排序。
x[0] = 7
x[1] = 6
x[2] = 4
x[3] = 3
x[4] = 1
```

因为元组是不可变的，所以元组本身无法排序。如果需要对元组进行排序，可以分两步执行，如下所示。

① 利用 sorted 函数创建一个有序排列的列表。

② 将创建的列表转换成元组。

我们在交互模式下进行确认。

```
>>> x = (1, 3, 2)⏎          ← 元组
>>> x = tuple(sorted(x))⏎   ← 将有序列表转换成元组
>>> x⏎
(1, 2, 3)
```

6-7　归并排序

归并排序（merge sort）用于将一个数组拆分成两半分别进行排序，然后将排好序的数组归并起来。

有序数组的归并

首先，我们来理解如何**归并**两个有序数组。比较每个数组中当前元素的值，取出值较小的元素，并将其存储到临时数组中，然后反复进行该操作，即可创建一个有序数组。

程序如代码清单 6-14 所示。分别有元素个数为 na 的数组 a 与元素个数为 nb 的数组 b，merge 函数先将两个数组归并，然后将其存储到数组 c 中。

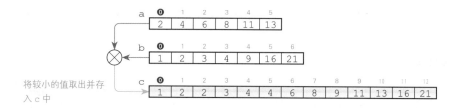

图 6-27　有序数组的归并

我们用 pa、pb、pc 表示遍历数组 a、b、c 时当前元素的下标（以下称为游标）。如图 6-27 中的●所示，首先遍历第一个元素，3 个游标的初始值全都为 0。

1 首先比较数组 a 的当前元素 a[pa] 和数组 b 的当前元素 b[pb]，将较小的值存入 c[pc] 中，存储前元素所在数组的游标和存储后元素所在数组的游标均向后移动一位。

在图 6-27 的示例中，b[0] 为 1，a[0] 为 2，所以 b[0] 小于 a[0]，将 1 赋给 c[0]。赋值后，游标 pb 和 pc 均向后移动一位（数组 a 中的值不变，所以游标 pa 不移动）。

反复比较 a[pa] 和 b[pb]，将较小的值赋给 c[pc]，赋值前元素所在数组的游标和数组 c 的游标 pc 均向后移动一位。直到游标 pa 到达数组 a 的末尾，或游标 pb 到达数组 b 的末尾，while 循环语句才结束。

2 通过代码段**1**，数组 b 的所有元素都被复制到数组 c 中，但是当数组 a 中还有剩余元素时，程序会执行代码段**2**的 while 语句（游标 pa 未到达数组 a 的末尾）。

移动游标，同时将剩余元素全部存入数组 c 中。

3 通过代码段**1**，数组 a 的所有元素都被复制到数组 c 中，但是当数组 b 中还有剩余元素时，程序会执行代码段**3**的 while 语句（游标 pb 未到达数组 b 的末尾）。

移动游标，同时将剩余元素全部存入数组 c 中。

```python
# 有序数组的归并

from typing import Sequence, MutableSequence

def merge_sorted_list(a: Sequence, b: Sequence, c: MutableSequence) -> None:
    """将有序数组a和b归并后存入c"""
    pa, pb, pc = 0, 0, 0                        # 游标
    na, nb, nc = len(a), len(b), len(c)         # 元素个数

    while pa < na and pb < nb:          # 存储较小的元素
        if a[pa] <= b[pb]:
            c[pc] = a[pa]
            pa += 1
        else:                                                   # 1
            c[pc] = b[pb]
            pb += 1
        pc += 1

    while pa < na:                      # 复制a中的剩余元素
        c[pc] = a[pa]
        pa += 1                                                 # 2
        pc += 1

    while pb < nb:                      # 复制b中的剩余元素
        c[pc] = b[pb]
        pb += 1                                                 # 3
        pc += 1

if __name__ == '__main__':
    a = [2, 4, 6, 8, 11, 13]
    b = [1, 2, 3, 4, 9, 16, 21]
    c = [None] * (len(a) + len(b))
    print('两个有序数组的归并')

    merge_sorted_list(a, b, c)      # 将数组a和b归并后存入c

    print('已将数组a和b归并并存入数组c。')
    print(f'配列a:{a}')
    print(f'配列b:{b}')
    print(f'配列c:{c}')
```

运行结果
两个有序数组的归并
已将数组a和b归并并存入数组c。
数组a: [2, 4, 6, 8, 11, 13]
数组b: [1, 2, 3, 4, 9, 16, 21]
数组c: [1, 2, 2, 3, 4, 4, 6, 8, 9, 11, 13, 16, 21]

这是一个简单的算法，通过 3 个循环语句实现了归并。归并的时间复杂度为 $O(n)$。

▶ 使用 Python 标准库进行归并的方法如下所示。

```python
c = list(sorted(a + b))      # 将 a 和 b 连接后进行排序，再转换为 list
```

这种方法的优点是可以用于无序的数组 a 和数组 b，缺点是排序速度较慢。
如果希望提高归并的速度，可以使用 heapq 模块的 merge 函数（chap06/heapq_merge.py）。

```
import heapq

a = [2, 4, 6, 8, 11, 13]
b = [1, 2, 3, 4, 9, 16, 21]
c = list(heapq.merge(a, b))                # 将数组 a 和 b 归并后存入 c
```

归并排序

归并排序采用分治法，通过对有序数组进行归并实现排序。

其基本思路如图 6-28 所示。首先，将数组从中间分成前后两部分。在图 6-28 的示例中，数组的元素个数为 12，所以将其分成两个元素个数均为 6 的数组。

我们只需先对前后两部分数组分别进行排序再归并，即可完成整个数组的排序。

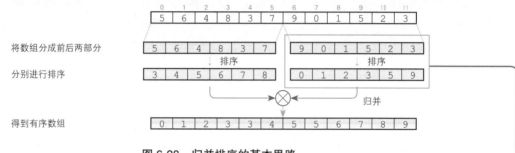

图 6-28　归并排序的基本思路

通过相同的操作对数组的前后两部分分别进行排序。

例如，后半部分的排序过程如图 6-29 所示。当然，对于在此过程中新创建的前半部分 9，0，1 和后半部分 5，2，3，也要通过相同的方式进行排序。

归并排序算法

归并排序的过程可以总结如下。

当数组中的元素个数大于或等于 2 时，可通过以下过程进行排序。

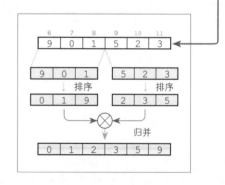

图 6-29　后半部分数组的排序

- 对数组的前半部分进行归并排序。
- 对数组的后半部分进行归并排序。
- 将数组的前半部分和后半部分归并。

归并排序的程序如代码清单 6-15 所示。

```python
# 归并排序

from typing import MutableSequence

def merge_sort(a: MutableSequence) -> None:
    """归并排序"""

    def _merge_sort(a: MutableSequence, left: int, right: int) -> None:
        """对a[left] ~ a[right]递归地进行归并排序"""
        if left < right:
            center = (left + right) // 2

            _merge_sort(a, left, center)         # 对前半部分进行归并排序
            _merge_sort(a, center + 1, right)    # 对后半部分进行归并排序

            p = j = 0
            i = k = left

            while i <= center:
                buff[p] = a[i]
                p += 1
                i += 1

            while i <= right and j < p:
                if buff[j] <= a[i]:
                    a[k] = buff[j]
                    j += 1
                else:
                    a[k] = a[i]
                    i += 1
                k += 1

            while j < p:
                a[k] = buff[j]
                k += 1
                j += 1

    n = len(a)
    buff = [None] * n                 # 创建临时数组
    _merge_sort(a, 0, n - 1)          # 对整个数组进行归并排序
    del buff                          # 释放临时数组

if __name__ == '__main__':
    print('归并排序')
    num = int(input('元素个数:'))
    x = [None] * num      # 创建一个元素个数为num的数组

    for i in range(num):
        x[i] = int(input(f'x[{i}]:'))

    merge_sort(x)              # 对数组x进行归并排序

    print('已按升序排序。')
    for i in range(num):
        print(f'x[{i}] = {x[i]}')
```

```
                        运行示例
归并排序
元素个数: 9
x[0]: 5
x[1]: 8
x[2]: 4
x[3]: 2
x[4]: 6
x[5]: 1
x[6]: 3
x[7]: 9
x[8]: 7
已按升序排序。
x[0] = 1
x[1] = 2
x[2] = 3
x[3] = 4
x[4] = 5
x[5] = 6
x[6] = 7
x[7] = 8
x[8] = 9
```

▶ 程序 chap06/heapq_merge_sort.py 改写了上述程序，使用 heapq 模块的 merge 函数对数组的前半部分和后半部分进行了归并。

我们来看一下前半部分和后半部分的排序程序（主要部分摘要）。

```python
def merge_sort(a: MutableSequence) -> None:

    def _merge_sort(a: MutableSequence, left: int, right: int) -> None:
        """对a[left] ～ a[right]递归地进行归并排序"""
        if left < right:
            center = (left + right) // 2

            _merge_sort(a, left, center)        # 对前半部分进行归并排序
            _merge_sort(a, center + 1, right)   # 对后半部分进行归并排序

            # 中间省略：对前半部分和后半部分进行归并

    n = len(a)
    buff = [None] * n                # 创建临时数组        ← A
    _merge_sort(a, 0, n - 1)         # 对整个数组进行归并排序 ← B
    del buff                         # 释放临时数组
```

首先是排序前的准备，我们需要创建一个临时数组 buff，用于临时存储归并结果 (A)。
然后，调用内部函数 _merge_sort 执行排序（ B ）。

*

_merge_sort 函数接收待排序数组 a、待排序范围内的第一个元素的下标 left 和最后一个元素的下标 right。在函数主体部分的 if 语句的作用下，只有当 left 小于 right 时，才进行实际的排序处理。

首先是将 _merge_sort 函数递归地应用于前半部分 a[left] ～ a[center] 和后半部分 a[center + 1] ～ a[right]。

这样即可完成对数组前半部分和后半部分的排序，如图 6-30 所示。

▶ 实际上，被调用的 _merge_sort 函数是通过多次递归调用 _merge_sort 函数来进行排序的。

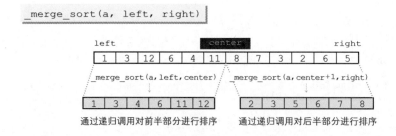

图 6-30　前半部分和后半部分的排序

使用临时数组 buff，将排序后的前半部分和后半部分归并到一起。
如图 6-31 所示，包括 3 个步骤。

1 将数组的前半部分 a[left] ～ a[center] 复制到 buff[0] ～ buff[center - left] 中。

```
        p = j = 0
        i = k = left
1   while i <= center:
        buff[p] = a[i]
        p += 1
        i += 1
2   while i <= right and j < p:
        if buff[j] <= a[i]:
            a[k] = buff[j]
            j += 1
        else:
            a[k] = a[i]
            i += 1;
        k += 1
3   while j < p:
        a[k] = buff[j]
        k += 1
        j += 1
```

当 while 语句结束时，p 值等于复制的元素个数 center - left + 1（图 6-31 **a**）。

2 将数组的后半部分 a[center + 1] ～ a[right]，以及复制到 buff 中的数组前半部分的 p 个元素进行归并，并将结果存储到数组 a 中（图 6-31 **b**）。

3 将数组 buff 中剩余的元素复制到数组 a 中（图 6-31 **c**）。

*

归并数组的时间复杂度为 $O(n)$。当数据的元素个数为 n 时，归并排序的层次深度为 $\log_2 n$，所以总的时间复杂度为 $O(n \log_2 n)$。

归并排序是**稳定**的，因为不会越过元素进行交换

a 将数组 a 的前半部分复制到数组 buff 中

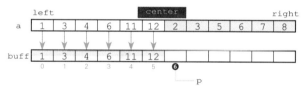

b 将数组 a 的后半部分和数组 buff 归并到数组 a 中

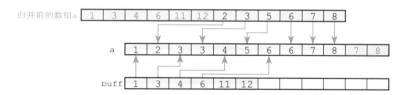

c 将数组 buff 中的剩余元素复制到数组 a 中

图 6-31　归并排序中数组前半部分和后半部分的归并

6-8 堆排序

堆排序（heap sort）是选择排序的一种应用，很好地利用了堆（heap）的特性进行排序。

■ 堆

堆排序利用堆的特性进行排序。堆是一棵完全二叉树，其中，父节点的值总是大于等于其子节点的值。

▶ 堆的本意是"累积"或"堆叠"。当然，只要顺序一致，值的大小关系可以相反（父节点的值小于等于其子节点的值）。

　　如果觉得堆排序很难，或者不了解树相关的术语，建议学完第9章后再来学习堆排序。

图 6-32 **a** 给出了一棵不是堆的完全二叉树。将其堆化（转化为堆）后，如图 6-32 **b** 所示。每一对父子节点都满足"父节点的值 ≥ 子节点的值"。

　　当然，**最大值是堆顶的根节点**。

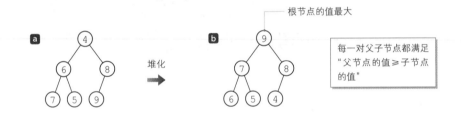

图 6-32　完全二叉树的堆化

堆中兄弟节点之间没有必然的大小关系。例如在图 6-32 **b** 中，兄弟节点 7 和 8 中较小的 7 位于左侧，兄弟节点 6 和 5 中较小的 5 则位于右侧。

▶ 因此，堆也被称为**偏序树**（partial ordered tree）。

图 6-33 显示了如何将堆中的元素存储到数组中。

　　首先，将最上层的根节点存储到 a[0] 中。然后向下一层，从左到右访问所有元素。在该过程中，下标的值逐一递增，同时堆中元素被存储到数组的各个元素中。

　　重复这个过程，直到最底层，即可将堆中元素全部存储到数组中。

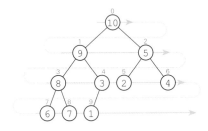 

图 6-33　堆中元素和数组元素的对应关系

按照上述过程将堆中元素存储到数组中，则父节点的下标和左右子节点的下标之间存在以下关系。

对于任意元素 a[i]，
- 父节点为 a[(i - 1) // 2]，
- 左子节点为 a[i * 2 + 1]，
- 右子节点为 a[i * 2 + 2]。

我们来实际确认一下。例如 a[3] 的父节点为 a[1]，左右子节点分别为 a[7] 和 a[8]。同样地，a[2] 的父节点为 a[0]，左右子节点分别为 a[5] 和 a[6]。

可见，a[3] 和 a[2] 都满足上述关系。

■ 堆排序

堆排序利用了"根节点的值最大"这一特性。具体来讲，就是反复执行以下操作。

- 从堆中提取值最大的根节点。
- 将根节点以外的部分转化为堆。

对提取的所有值进行排列，就可以得到一个有序数组。也就是说，**堆排序是一种选择排序**。

*

从堆中提取值最大的根节点后，需要找出剩余元素中的最大值。

例如，有一个包含 10 个元素的堆，从堆中提取最大值后，需要找出剩余 9 个元素中的最大值。因此，必须将剩余 9 个元素组成的树转化为堆。

■ 删除根节点后重建堆

下面笔者以图 6-34 为例，介绍删除根节点后重建堆的过程。

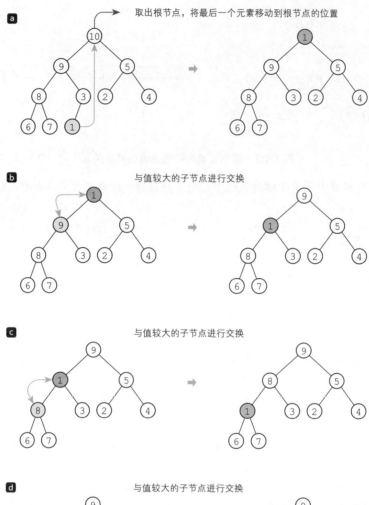

图 6-34　删除根节点后重建堆

a 首先取出根节点 10。然后将叶节点中最后一个元素 1（位于最底层最右侧的元素）移动到堆
　顶空出来的位置。

　此时，除了刚刚移动的 1，其他元素都满足堆的要求。所以，我们只需要将 1 **移动到合适的**
　位置即可。

b 1 有两个子节点 9 和 5。重建堆，就必须将 3 个值中的最大值放到上层，因为必须满足"父
　节点的值 ≥ 子节点的值"的要求。

比较两个子节点后，将较大的 9 与 1 进行交换。1 被交换到左子节点的位置，如图 6-34 **b** 中的右侧图所示。

c 此时，1 有两个子节点 8 和 3。与上述步骤一样，将较大的 8 与 1 交换。1 被交换到左子节点的位置，如 6-34 **c** 中的右侧图所示。

d 此时，1 有两个子节点 6 和 7。右子节点 7 的值更大，交换后，1 被交换到右子节点的位置，如图 6-34 **d** 中的右侧图所示。

至此，已不能继续向下遍历，堆重建完成。

重建后的树是一个堆。每一对父子节点都满足"父节点的值≥子节点的值"，最大值 9 恰好位于根节点。

*

在上述示例中，1 被移动到了最底层叶节点的位置。但是，如果在移动过程中，出现了左右子节点的值均小于待移动的元素的情况，则停止交换，结束遍历。

因此，在删除根节点后重建堆时，需要将元素移动到适当的位置，过程如下所示。

① 取出根节点。
② 将最后一个元素（位于最底层最右侧的元素）移动到根节点的位置。
③ 从根节点开始，反复与大于自身的子节点进行交换，逐层向下，直到满足以下条件之一时结束循环。
  ▪ 子节点的值小于父节点的值。
  ▪ 到达叶节点。

■ 堆排序的扩展

接下来，我们以图 6-35 为例介绍堆排序自身的算法流程。

a 取出位于根节点 a[0] 的最大值 10，与数组的最后一个元素 a[9] 进行交换。

b 将最大值移动到 a[9] 后，a[9] 排序完成。
按照前述过程，将元素 a[0]～a[8] 重新堆化。于是，第二大的元素 9 被移动到根节点的位置。
取出位于根节点 a[0] 的最大值 9，与数组的最后一个元素 a[8] 进行交换。

c 将第二大的值移动到 a[8] 后，a[8]～a[9] 排序完成。
按照前述过程，将元素 a[0]～a[7] 重新堆化。于是，第三大的元素 8 被移动到根节点的位置。
取出位于根节点 a[0] 的最大值 8，将其与数组的最后一个元素 a[7] 进行交换。

同理，继续进行如图 6-35 **d** 和图 6-35 **e** 所示的流程，这样一来，堆中元素会按照从大到小的顺序，从数组末尾开始依次存储到数组中。

*

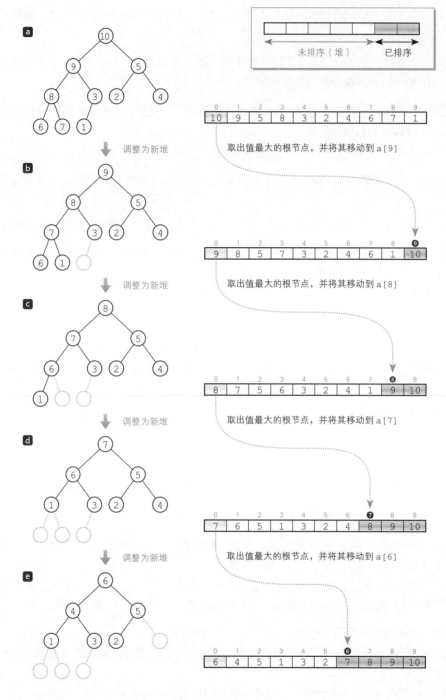

图 6-35　堆排序的基本思路

上述过程一般化后如下所示（假设数组的元素个数为 n）。

1. 用 n - 1 初始化变量 i。
2. 交换 a[0] 和 a[i]。
3. 将 a[0], a[1], …, a[i - 1] 重新堆化。
4. 将 i 的值递减，直到 i 等于 0 时结束，否则返回到 2。

按照该步骤即可完成排序。

*

但是，这里缺少一个关键点。**那就是不能保证数组的初始状态满足堆的要求。**
也就是说，在应用上述步骤之前，**必须将数组转化为堆。**

数组堆化

我们来看一下图 6-36 所示的二叉树。以 4 为根的子树 A 不是堆，但是以其左子节点 8 为根的子树 B，以及以其右子节点 5 为根的子树 C 都满足堆的要求。

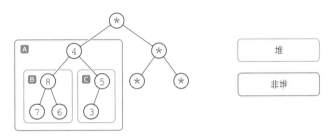

图 6-36　左子树和右子树均为堆的子树

前面介绍了删除根节点后重建堆的过程：删除根节点，将最后一个元素移动到根节点的位置，再将其向下调整到适当的位置。这个过程同样适用于图 6-36 的情况。我们将根节点 4 向下调整到适当的位置，就完成了子树 A 的堆化。

*

这表明通过从底层较小的子树向上调整，也能完成数组的堆化。具体示例如图 6-37 所示。
从最底层最右侧开始向左遍历，在所在层全部遍历结束后向上移动一层，这样就可以完成子树的堆化。

ⓐ 这棵树不是堆（随机排列）。我们关注最后（最底层最右侧）的子树 {9, 10}。只需将元素 9 向下调整，就完成了该子树的堆化。

ⓑ 接下来关注左侧的子树 {7, 6, 8}。将元素 7 移动到右子节点的位置，就完成了堆化。

ⓒ 最底层结束后，我们关注其上一层最后（最右侧）的子树 {5, 2, 4}。该子树恰好是一个堆，所以不需要移动元素。

ⓓ 下面关注左侧以 3 为根的子树。这里只需将元素 3 移动到其右子节点的位置，由此就完成了堆化。

e 再向上移动一层，就到达了顶层，我们关注整棵树。以左子节点 10 为根的子树和以右子节点 5 为根的子树都是堆。那么，只需将元素 1 向下调整到适当的位置，就能完成堆化。

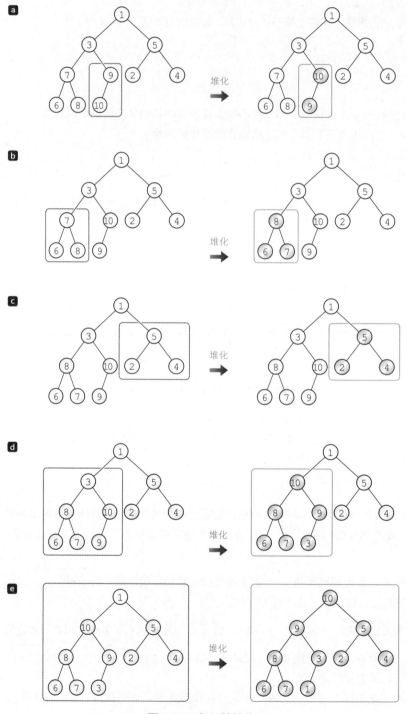

图 6-37　数组的堆化

一切准备就绪，可以编写堆排序程序了。程序如代码清单 6-16 所示。

代码清单 6-16   chap06/heap_sort.py

```python
# 堆排序

from typing import MutableSequence

def heap_sort(a: MutableSequence) -> None:
    """堆排序"""

    def down_heap(a: MutableSequence, left: int, right: int) -> None:
        """将a[left] ～ a[right]堆化"""
        temp = a[left]        # 根节点

        parent = left
        while parent < (right + 1) // 2:
            cl = parent * 2 + 1        # 左子节点
            cr = cl + 1                # 右子节点
            child = cr if cr <= right and a[cr] > a[cl] else cl # 较大值
            if temp >= a[child]:
                break
            a[parent] = a[child]
            parent = child
        a[parent] = temp

    n = len(a)

    for i in range((n - 1) // 2, -1, -1):      # 将a[i] ～ a[n - 1]堆化    ❶
        down_heap(a, i, n - 1)

    for i in range(n - 1, 0, -1):
        a[0], a[i] = a[i], a[0]        # 将最大元素与无序区最后一个元素进行交换 ❷
        down_heap(a, 0, i - 1)         # 将a[0] ～ a[n - 1]堆化

if __name__ == '__main__':
    print('堆排序')
    num = int(input('元素个数:'))
    x = [None] * num        # 创建一个元素个数为num的数组

    for i in range(num):
        x[i] = int(input(f'x[{i}]:'))

    heap_sort(x)            # 对数组x进行堆排序

    print('已按升序排序。')
    for i in range(num):
        print(f'x[{i}] = {x[i]}')
```

```
运行示例
堆排序
元素个数: 7
x[0]: 6
x[1]: 4
x[2]: 3
x[3]: 7
x[4]: 1
x[5]: 9
x[6]: 8
已按升序排序。
x[0] = 1
x[1] = 3
x[2] = 4
x[3] = 6
x[4] = 7
x[5] = 8
x[6] = 9
```

down_heap 函数

down_heap 函数用于将数组 a 的元素 a[left] ～ a[right] 堆化。假设除第一个元素 a[left] 以外的元素均已完成堆化，则将 a[left] 向下调整到适当的位置，即可完成堆化。

▶ 该函数是 heap_sort 函数的内部函数。这里执行的是前面介绍的"删除根节点后重建堆"的步骤。

heap_sort 函数

heap_sort 函数用于对元素个数为 n 的数组 a 进行堆排序。该函数由两个步骤构成。

1 调用 down_heap 函数将数组 a 堆化。

▶ 这里执行的是前面介绍的"数组堆化"的步骤。

2 取出值最大的根节点 a[0]，与数组的最后一个元素进行交换，然后将剩余元素重新堆化，重复该步骤即可完成排序。

▶ 这里执行的是前面介绍的"堆排序的扩展"的步骤。

堆排序的时间复杂度

我们前面已经学过，堆排序是选择排序的一种应用。

直接选择排序是从无序区的所有元素中选择最大值。而在堆排序中，只需提取第一个元素即可获取最大值，但需要将剩余元素重新堆化。

直接选择排序中选择最大元素的时间复杂度为 $O(n)$，而堆排序中重新堆化的时间复杂度为 $O(\log_2 n)$。

▶ 将根节点向下调整到适当位置的操作与二分查找的相似之处在于，每次遍历都会将选择范围减半。

由于需要反复进行重新堆化的操作，所以堆排序的整体时间复杂度为 $O(n \log_2 n)$。与之相对，直接选择排序的时间复杂度为 $O(n^2)$。

专栏 6-5 | **利用 heapq 模块进行堆排序**

---

　　heapq 模块提供了两个函数，heappush 函数将元素压入堆中，heappop 函数让堆中的元素出堆（进堆和出堆操作仍需满足堆的要求）。

　　因此，通过这些函数，我们可以非常简单地实现堆排序功能，具体如代码清单 6C-5 所示。

代码清单 6C-5　　　　　　　　　　　　　　　　　　　　　　　　chap06/heapq_heap_sort.py

```
def heap_sort(a: MutableSequence) -> None:
    """堆排序(使用heapq.push和heapq.pop)"""

    heap = []
    for i in a:
        heapq.heappush(heap, i)
    for i in range(len(a)):
        a[i] = heapq.heappop(heap)
```

只需将所有元素压入 heap 堆中并取出即可。

6-9 计数排序

计数排序（counting sort）也叫分布计数排序，是一种快速排序算法，不涉及元素之间的比较操作。

计数排序

前面介绍的排序算法都按照某种形式比较元素的键值。接下来要介绍的**计数排序**则**不需要进行元素的比较操作**。

假设某次考试成绩满分为 10 分，有 9 名学生参加测试，我们使用计数排序来看这 9 名学生的成绩（图 6-38）

▶ 下面假设待排序数组为 a，数组中的元素个数为 n，最高分为 max。

第 1 步 创建频数分布表

首先，基于数组 a 创建一个**频数分布表**，用于显示 "每个分数有多少名学生"。频数存储到一个元素个数为 11 的数组 f 中。

先将数组 f 的所有元素初始化为 0（图 6-38 **0**），然后从头开始遍历数组 a，完成频数分布表。

数组 a 的第 1 个元素 a[0] 是 5 分，所以将 f[5] 递增为 1（图 6-38 **1**）。数组 a 的第 2 个元素 a[1] 是 7 分，所以将 f[7] 递增为 1（图 6-38 **2**）。

继续遍历数组到最后一个元素 a[n - 1]，即可完成频数分布表。

▶ 例如，f[3] 的值为 2，表示成绩为 3 分的学生有 2 名。

图 6-38 创建频数分布表

第2步 创建累积频数分布表

接下来创建**累积频数分布表**，用于显示"0分和该分数之间有多少名学生"。如图6-39所示，从数组 f 的第2个元素开始，每个元素的值等于原值加上前一个元素的值。

最终可以得到最后一行所示的累积频数分布表。

▶ 例如，f[4] 的值为 6，表示0分和4分之间的学生有6人，f[10] 的值为 9，表示0分和10分之间的学生有9人。

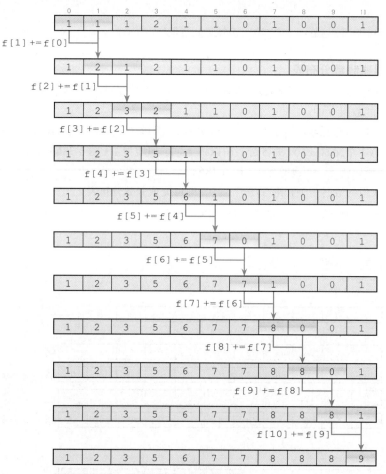

累积频数分布表: 小于等于某个值的元素的总数

图 6-39 创建累积频数分布表

■ 第3步 创建目标数组

　　找到了各个分数的学生在数组中所处的位置，基本上就等于完成了排序。

```
for i in range(n - 1, -1, -1):
    f[a[i]] -= 1           ←①
    b[f[a[i]]] = a[i]      ←②
```

　　最后就是把数组 a 中各个元素的值与累积频数分布表 f 进行匹配，来创建一个有序数组。但是，这里需要一个与数组 a 的元素个数相等的目标数组，我们将其设为数组 b。

　　我们从后往前遍历数组 a 来进行匹配（图 6-40）。

*

图 6-40**a** … 最后一个元素 a[8] 的值为 3。而累积频数分布表中 f[3] 的值为 5，这表示 0 分到 3 分的学生有 5 名。

　　所以，将 3 存储到目标数组的 b[4] 中（通过语句②进行赋值）。

▶　请注意，数组中第 5 个元素的下标为 4。

　　在进行该存储操作之前，通过语句①，将 f[a[i]]，即 f[3] 的元素值减 1，使其从 5 变成 4。原因如图 6-40**c** 的说明所示。接下来，我们继续遍历数组 a。

图 6-40**b** … 接下来关注倒数第 2 个元素 a[7]，其值为 1。而累积频数分布表中 f[1] 的值为 2，这表示 0 分到 1 分的学生有 2 名。

　　所以，将 1 存储到目标数组的 b[1] 中。

▶　数组中第 2 个元素的下标为 1。在进行该存储操作之前，将 f[1] 的元素值减 1，使其从 2 变成 1。

图 6-40**c** … 继续遍历数组。接下来关注 a[6]，其值为 3。这是第 2 次存储成绩为 3 分的学生。前面在把 a[8] 的值 3 存储到目标数组中时，将 f[3] 的元素值减 1，使其从 5 变成 4，所以本次将其存储到目标数组的第 4 个元素 b[3] 中。

*

　　在排序前，数组末端的 3 被存储到了 b[4]，数组前端的 3 被存储到了 b[3]。

　　在将值存储到目标数组中时，将参照的数组 f 的元素值减 1，是为了防止在遇到相同值的元素时，发生存储位置重复的问题。

*

　　待 a[0] 也完成上述操作后，数组 a 中的所有元素都被存储到了目标数组 b 中合适的位置。这样就完成了排序。

■ 第4步 复制数组

　　虽然已完成排序，但是排序结果仍存储在临时数组 b 中，数组 a 还是未排序的状态。

```
for i in range(n):
    a[i] = b[i]
```

　　因此，我们将数组 b 中的所有元素重新复制到数组 a 中。

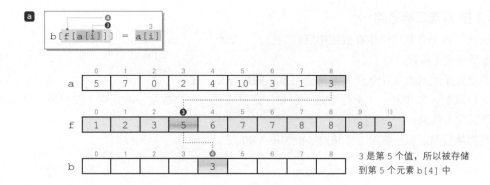

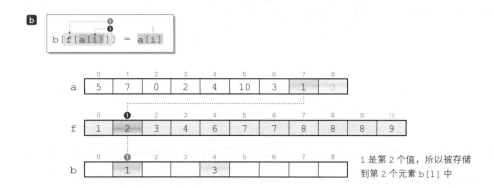

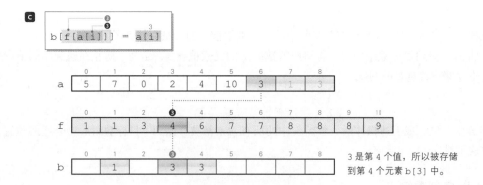

图 6-40　创建目标数组

计数排序算法只通过 for 循环语句进行排序，无须使用 if 语句，所以程序文体特别优美。
计数排序的程序如代码清单 6-17 所示。

代码清单 6-17

```python
# 计数排序

from typing import MutableSequence

def fsort(a: MutableSequence, max: int) -> None:
    """计数排序( 数组元素的值大于等于0,小于等于max )"""
    n = len(a)
    f = [0] * (max + 1)       # 累积频数
    b = [0] * n               # 临时数组

    for i in range(n):                 f[a[i]] += 1               # [Step 1]
    for i in range(1, max + 1):        f[i] += f[i - 1]           # [Step 2]
    for i in range(n - 1, -1, -1):     f[a[i]] -= 1; b[f[a[i]]] = a[i]   # [Step 3]
    for i in range(n):                 a[i] = b[i]                # [Step 4]

def counting_sort(a: MutableSequence) -> None:
    """计数排序"""
    fsort(a, max(a))

if __name__ == '__main__':
    print('计数排序')
    num = int(input('元素个数:'))
    x = [None] * num          # 创建一个元素个数为num的数组

    for i in range(num):
        while True:
            x[i] = int(input(f'x[{i}]:'))
            if x[i] >= 0: break

    counting_sort(x)          # 对数组x进行计数排序

    print('已按升序排序。')
    for i in range(num):
        print(f'x[{i}] = {x[i]}')
```

```
          运行示例
计数排序
元素个数: 7 ↵
x[0]: 22 ↵
x[1]: 5 ↵
x[2]: 11 ↵
x[3]: 32 ↵
x[4]: 99 ↵
x[5]: 68 ↵
x[6]: 70 ↵
已按升序排序。
x[0] = 5
x[1] = 11
x[2] = 22
x[3] = 32
x[4] = 68
x[5] = 70
x[6] = 99
```

只读取正值

　　fsort 函数用于进行计数排序。当数组中所有元素的值都大于等于 0 且小于等于 max 时，即可对数组 a 进行排序。

　　counting_sort 函数用于将数组 a 及其元素的最大值 max(a) 传递给 fsort 函数，以完成调用。

　　在运行示例中，元素的最大值为 99，所以调用表达式 fsort(a, max(a)) 可以被看作 fsort(a, 99)。

　　▶ 本程序中的阴影部分代码将键盘的读取值限定为大于等于 0 的值。

　　fsort 函数的开头部分创建了 f 和 b 两个数组。

　　前面已经介绍过，数组 f 用于存储频数分布和累积频数，数组 b 是一个临时数组，用于存储排序后的数组。

　　两个数组中的元素都初始化为 0。

　　▶ 数组 f 中的元素下标为 0～max，所以元素个数为 max + 1。而数组 b 用于临时存储排序结果，所以其元素个数与数组 a 相同。

　　该函数包含 4 个步骤。第 1 步到第 4 步的程序与前面介绍的程序相同。

*

计数排序算法无须进行数据的比较和交换，所以速度极快。程序中仅用了多个 `for` 循环语句，既没有递归调用也没有二重循环，显然，这是一种高效的算法。

但是，由于计数排序需要使用频数分布表，所以仅适用于数据的最小值和最大值已知的情况。例如考试成绩只能取 0 和 100 之间的整数。

▶ 使用 `fsort` 函数的前提是数组 a 的元素值大于等于 0 且小于等于 `max`。

计数排序是**稳定**的，因为每一步都是按顺序遍历数组中的元素，不会越过元素。

但是请注意，在第 3 步遍历数组 a 时，如果从头部而不是从末尾开始，可能会导致算法不稳定。

▶ 从头向末尾遍历会导致算法不稳定，这一点可通过如下内容确认。

如果从头开始遍历，则图 6-40 **a** 和图 6-40 **c** 的执行顺序相反。那么，原本位于数组开头一侧的 3 会被存储到 a[4] 中，位于数组末尾一侧的 3 会被存储到 a[3] 中。也就是说，排序前和排序后，相同键值的顺序关系发生了颠倒。

章末习题

• 2001 年春季考试 第 13 题

在对 n 个数据进行冒泡排序时，数据之间的比较次数是多少？

A. $n \log_2 n$ B. $n(n + 1) / 4$ C. $n(n - 1) / 2$ D. n^2

• 2007 年春季考试 第 14 题

利用以下算法对数组 A[i](i = 1, 2, ···, n) 进行排序。当首次完成第 2 行到第 3 行的处理时，确定已经实现的数组状态是哪一个？

〔算法〕

行号

1   将 i 从 1 递增到 $n - 1$，同时重复第 2 行到第 3 行。

2   将 j 从 n 递减到 $i + 1$，同时重复第 3 行。

3   如果 A[j] < A[$j - 1$]，则交换 A[j] 和 A[$j - 1$]。

A. A[1] 是最小值   B. A[1] 是最大值

C. A[n] 是最小值   D. A[n] 是最大值

• 2002 年秋季考试 第 13 题

利用以下算法对无序数组 A[i](i = 1, 2, ···, n) 进行排序。可以使用哪个式子表示元素之间比较次数的时间复杂度？

（算法）

(1) 找出 A[1] ～ A[n] 中最小的元素，将其与 A[1] 交换。

(2) 找出 A[2] ～ A[n] 中最小的元素，将其与 A[2] 交换。

(3) 同样地，在缩小范围的同时反复进行上述处理。

A. $O(\log_2 n)$ B. $O(n)$ C. $O(n \log_2 n)$ D. $O(n^2)$

• 2002 年春季考试 第 14 题

当使用某个排序算法将 4 个数（4、1、3、2）按照升序排列时，数组的交换过程如右图所示。请问使用的是哪个算法？

A. 快速排序   B. 选择排序

C. 插入排序   D. 冒泡排序

（1, 4, 3, 2）	
（1, 3, 4, 2）	
（1, 2, 3, 4）	

■ 2000 年秋季考试 第 13 题

希尔排序的排序过程如下所示。在通过步骤 (1) ~ (4) 对数据序列 "7, 2, 8, 3, 1, 9, 4, 5, 6" 进行排序时，步骤 (3) 需要重复多少次？ [] 中的数值要四舍五入取整。

（步骤）

(1) [数据个数 ÷ 3] → H。

(2) 将数据序列分成多个子序列，每个子序列由相隔 H 个元素的元素组成，通过插入排序对每个子序列进行排序。

(3) [H ÷ 3] → H。

(4) 如果 H 等于 0，则数据序列排序完成，否则返回步骤 (2)。

A. 2   B. 3   C. 4   D. 5

■ 1995 年春季考试 第 16 题

请先阅读有关数据排序和归并的描述，然后在 □□□ 内填入合适的词语。

将数据按照键值由小到大的顺序排列，称为按照 □ a □ 进行 □ b □。如果待排序的数据序列存储在外存储器上，该操作称为 □ c □。

另外，把按照特定顺序 □ b □ 后的多个文件整合为一个文件的操作称为 □ d □。

	a	b	c	d
A.	降序	排序	外部排序	归并
B.	升序	归并	外部归并	排序
C.	降序	归并	内部归并	排序
D.	升序	排序	外部排序	归并
E.	升序	归并	内部归并	排序

■ 1997 年秋季考试 第 9 题

将所有数据分成大于某个值和小于等于某个值的两组，然后继续对两组数据进行同样的操作。反复进行该操作，直到所有数据完成排序。请问这是哪种排序方法？

A. 快速排序   B. 冒泡排序   C. 堆排序   D. 归并排序

■ 2005 年春季考试 第 14 题

关于数据的排序方法，下列哪项描述是正确的？

A. 在快速排序中，按照一定间隔取出元素组成子序列，对各子序列进行排序，然后缩小间隔进行同样的操作，直到间隔变成 1

B. 在希尔排序中，反复进行如下操作：比较相邻元素，如果大小顺序相反，则交换两个元素

C. 在冒泡排序中，反复进行如下操作：首先确定一个中间基准值，将元素分成大于基准值和小于基准值的两组，然后对每组元素进行相同的分组处理

D. 在堆排序中，对无序区元素构建有序树，从中选出最大值或最小值并将其移动到有序区。反复进行该操作，缩小无序区

■ 2002 年春季考试 第 13 题

下面的流程图表示通过最大值选择法将数据按照升序排序。哪个式子表示＊标记的处理（比较）执行的次数？

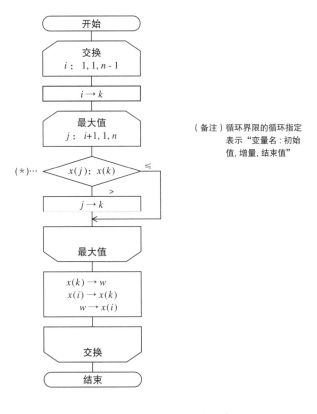

A. $n-1$ 　　　B. $\dfrac{n(n-1)}{2}$ 　　　C. $\dfrac{n(n+1)}{2}$ 　　　D. n^2

■ 2018 年秋季考试 第 6 题

下面哪一项描述了快速排序的处理方法？

A. 将数据添加到有序区数据序列中合适的位置，并反复执行该操作

B. 找出数据的最小值，再从剩余数据中继续找出最小值。反复执行该操作

C. 选择合适的基准值，将数据分成小于基准值和大于基准值的两组。然后，从两组数据中选择基准值继续分组。反复执行该操作

D. 反复比较和交换相邻的数据，进而将较小的值移动到一侧

下列流程图表示的是哪种排序算法？

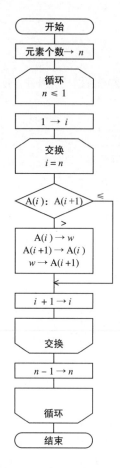

A. 快速排序　　　　B. 鸡尾酒排序　　　　C. 插入排序　　　　D. 冒泡排序

第 7 章

字符串查找

本章主要介绍字符串查找算法，该算法用于在一个字符串中查找子字符串。

- 字符串查找
- 文本串和模式串
- 暴力匹配算法（直接匹配算法或朴素匹配算法）
- KMP 算法
- Boyer–Moore 算法
- 利用语言的功能和标准库实现字符串查找

7-1 暴力匹配算法

本章将介绍的**字符串查找**（string searching）算法用于在一个字符串中查找一个子字符串。首先笔者来介绍最基本也是最简单的**暴力匹配算法**（brute force method）。

字符串查找

本章将介绍字符串查找算法。

字符串查找用于判断一个字符串中是否包含另外一个字符串。如果包含，则返回其位置。

例如，从字符串 'STRING' 中查找 'IN'，一定会查找成功；而从字符串 'QUEEN' 中查找 'IN'，则会查找失败。

如图 7-1 所示，我们把被查找的字符串称为**文本串**，将待匹配的字符串称为**模式串**。

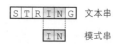

模式串在文本串中的什么位置？

图 7-1　字符串查找

暴力匹配算法（直接匹配算法）

首先介绍暴力匹配算法。

我们通过暴力匹配算法从文本串 'ABABCDEFGHA' 中查找模式串 'ABC'，查找过程如图 7-2 所示。

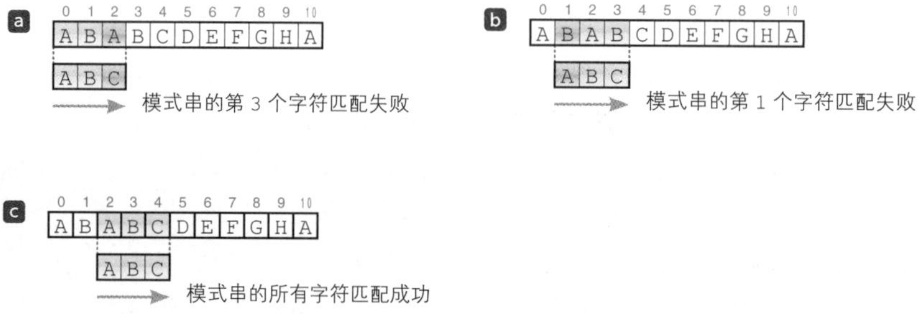

a
```
  0 1 2 3 4 5 6 7 8 9 10
  A B A B C D E F G H A
  A B C
  ──────▶ 模式串的第 3 个字符匹配失败
```

b
```
  0 1 2 3 4 5 6 7 8 9 10
  A B A B C D E F G H A
    A B C
    ──────▶ 模式串的第 1 个字符匹配失败
```

c
```
  0 1 2 3 4 5 6 7 8 9 10
  A B A B C D E F G H A
      A B C
      ──────▶ 模式串的所有字符匹配成功
```

图 7-2　暴力匹配算法的概要

a 将文本串的首字符 'A' 与模式串 'ABC' 的首字符对齐，依次匹配每一个字符。我们看到 'A' 和 'B' 匹配成功，但是最后一个字符 'C' 匹配失败。

b 将模式串向右移动一位，从文本串的第 2 个字符开始依次匹配。我们看到模式串的首字符 'A' 与文本串的 'B' 匹配失败。

c 继续将模式串向右移动一位，模式串中的 'A'、'B'、'C' 与文本串匹配成功，表明查找成功。

暴力匹配算法是对线性查找算法的扩展，所以也称为**直接匹配算法**或**朴素匹配算法**。

*

下面我们再来看一下这个算法的具体过程。

图 7-3 给出了图 7-2 中匹配过程的详细描述。

a 将文本串和模式串的首字符对齐，按顺序依次匹配，也就是将文本串中下标为 **0** 的字符与模式串中下标为 **0** 的字符对齐。

如图 7-3 **1** 和图 7-3 **2** 所示，只要字符相等，就继续依次匹配。

但是，如果出现图 7-3 **3** 那种字符不相等的情况，就可以判断不需要继续匹配。然后执行下一步。

b 将模式串的比较位置向右移动一位。也就是将文本串中下标为 **1** 的字符与模式串中下标为 **0** 的字符对齐。

如图 7-3 **4** 所示，首字符匹配失败，此时可以判断不需要继续匹配。然后执行下一步。

c 继续将模式串的比较位置向右移动一位，也就是将文本串中下标为 **2** 的字符与模式串中下标为 **0** 的字符对齐。

按图 7-3 **5**、图 7-3 **6**、图 7-3 **7** 的顺序，从模式串的首字符开始依次匹配，所有字符匹配成功。

至此，查找成功。

在图 7-3 **3** 中，文本串中的比较位置已经前进到了 **2**，但在接下来的图 7-3 **4** 中又回退到了 **1**。

文本串中的比较位置**不进反退**，可见暴力匹配算法效率低下。

通过暴力匹配算法进行字符串查找的程序如代码清单 7-1 所示。

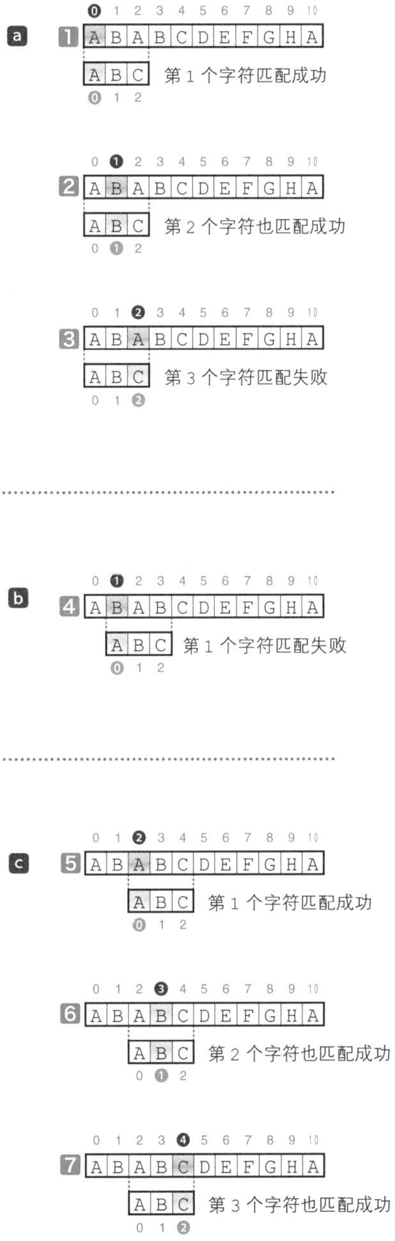

图 7-3　通过暴力匹配算法进行查找

代码清单 7-1   chap07/bf_match.py

```python
# 通过暴力匹配算法进行字符串查找

def bf_match(txt: str, pat: str) -> int:
    """通过暴力匹配算法进行字符串查找"""
    pt = 0                    # 遍历txt的游标
    pp = 0                    # 遍历pat的游标

    while pt != len(txt) and pp != len(pat):
        if txt[pt] == pat[pp]:
            pt += 1
            pp += 1
        else:
            pt = pt - pp + 1
            pp = 0

    return pt - pp if pp == len(pat) else -1

if __name__ == '__main__':
    s1 = input('文本串:')             # 文本字符串
    s2 = input('模式串:')             # 模式字符串

    idx = bf_match(s1, s2)            # 通过暴力匹配算法从s1字符串中查找s2字符串

    if idx == -1:
        print('文本串中不包含模式串。')
    else:
        print(f'第{(idx + 1)}个字符匹配成功。')
```

运行示例
文本串：ABABCDEFGHA⏎
模式串：ABC⏎
第3个字符匹配成功。

bf_match 函数的功能是在字符串 txt 中查找字符串 pat，并返回 txt 中匹配位置的下标。如果字符串 pat 在字符串 txt 中出现多次，则返回第一个匹配位置的下标。

如果查找失败，则返回 -1。

*

我们用字符串 txt 存储文本串，用变量 pt 遍历字符串 txt。pt 相当于图 7-3 中●内的值。然后，我们用字符串 pat 存储模式串，用变量 pp 遍历字符串 pat。pp 相当于图 7-3 中蓝色实心圆●内的值。

两个变量的初始值均为 0，并随着遍历或模式串的移动而更新。

专栏 7-1　处理字符编码的 ord 函数和 chr 函数

如代码清单 7-3 所示，Boyer-Moore 算法程序中使用的 ord 函数是 Python 的内置函数，ord 函数的功能是对单个 Unicode 字符的字符串，返回代表它的 Unicode 码点的整数，例如 ord('a') 的返回值是整数 97。

chr 函数与 ord 函数的转换功能刚好相反。例如，chr(97) 的返回值是由一个字符组成的字符串 'a'。

专栏 7-2	利用语言的功能和标准库实现字符串查找

我们可以利用语言的功能或标准库来判断一个字符串中是否包含另外一个字符串。

▪利用语言的功能进行判断

我们可以使用成员运算符，即 in 运算符和 not　in 运算符，查找一个字符串中是否包含另外一个字符串。例如，下列语句可以用来判断字符串 txt 中是否包含 ptn。

```
ptn in txt                  # txt 中是否包含 ptn？
ptn not in txt              # txt 中是否不包含 ptn？
```

但是，这些方法只能判断是否包含某个字符串，不能判断字符串所在位置。

▪使用 **find** 系列方法或 **index** 系列方法进行判断

我们可以使用 str 类类型的方法 find、rfind、index、rindex，查找一个字符串中是否包含目标字符串。如果包含，则返回匹配位置。

```
str.find(sub[, start[, end]])
```

查找字符串 str 的 [start:end] 中是否包含 sub。如果包含，则返回 str 内的 sub 的最小索引；如果不包含，则返回 −1。（可选参数 start 和 end 是切片符号。）

※ 中括号 [] 中的参数是可选的。

本方法接收参数 sub、start、end，我们可以省略第 3 个参数 end，或者同时省略第 2 个参数 start 和第 3 个参数 end。（第 1 个参数 sub 不能省略。）

```
str.rfind(sub[, start[, end]])
```

查找字符串 str 的 [start:end] 中是否包含 sub。如果包含，则返回 str 内的 sub 的最大索引；如果不包含，则返回 −1。（可选参数 start 和 end 是切片符号。）

```
str.index(sub[, start[, end]])
```

与 find() 类似。但是，如果未找到 sub，程序则会抛出 ValueError 异常。

```
str.rindex(sub[, start[, end]])
```

与 rfind() 类似。但是，如果未找到 sub，程序则会抛出 ValueError 异常。

另外，chap07/index.py 是使用了 index 方法的程序示例，chap07/with.py 则是使用了 find 系列方法的程序示例。

▪使用 **with** 系列方法进行判断

我们可以使用 with 系列方法判断某个字符串是否以特定字符串开头或结尾。

```
str.startswith(prefix[, start[, end]])
```

如果字符串以指定的 prefix 开头，则返回 True，否则返回 False。prefix 也可以是由多个供查找的前缀构成的元组。如果有可选参数 start，则从所指定位置开始判断；如果有可选参数 end，则在所指定位置停止比较。

```
str.endswith(suffix[, start[, end]])
```

如果字符串以指定的 suffix 结尾，则返回 True，否则返回 False。suffix 也可以是由多个供查找的后缀构成的元组。如果有可选参数 start，则从所指定位置开始判断；如果有可选参数 end，则在所指定位置停止比较。

7-2 KMP 算法

在暴力匹配算法中，当遇到不匹配的字符时，算法会将模式串向后移动一位，然后从模式串的第一个字符开始重新匹配。与暴力匹配算法不同，KMP 算法会有效利用之前的匹配结果。

KMP 算法

上一节的暴力匹配算法会在遇到不匹配的字符时舍弃之前的匹配结果，从模式串的第一个字符开始重新匹配。

高德纳（D. E. Knuth）、莫里斯（J. H. Morris）和普拉特（V. R. Pratt）共同提出了 **KMP 算法**，该算法能够有效利用已经匹配过的信息。

我们以从文本串"ZABCABXACCADEF"中查找模式串"ABCABD"为例，来看一下 KMP 算法。

首先，如下图所示，先将文本串和模式串的首字符对齐，再依次进行匹配。文本串的首字符"Z"与模式串不相等，所以匹配失败。

| Z | A | B | C | A | B | X | A | C | C | A | D | E | F |

| A | B | C | A | B | D |

然后，将模式串向右移动一位。从模式串的首字符开始依次进行匹配，模式串的最后一个字符"D"与文本串的"X"匹配失败。

| Z | A | B | C | A | B | X | A | C | C | A | D | E | F |

| A | B | C | A | B | D |

请注意上图中蓝字部分，文本串中的"AB"和模式串中的"AB"相等。如果将这部分视为"已匹配"，则接下来只需确认文本串中从"X"开始的部分与模式串中的"CABD"是否相等。

因此，如下图所示，将模式串直接向右移动三位，使"AB"对齐，然后从第 3 个字符"C"开始匹配。

| Z | A | B | C | A | B | X | A | C | C | A | D | E | F |

| A | B | C | A | B | D |

综上所述，KMP 算法会在匹配失败时，找到文本串和模式串中已匹配的部分，计算下一趟匹配的起始位置，使模式串向右移动最大的距离。

但是，如果在每次移动模式串时都重新计算下一趟匹配的起始位置，那么算法效率一定很低。于是，我们事先创建一个表，用于存储移动位数。

这个思路如图 7-4 所示。左图表示文本串和模式串匹配失败，右图表示下一趟匹配的起始位置。

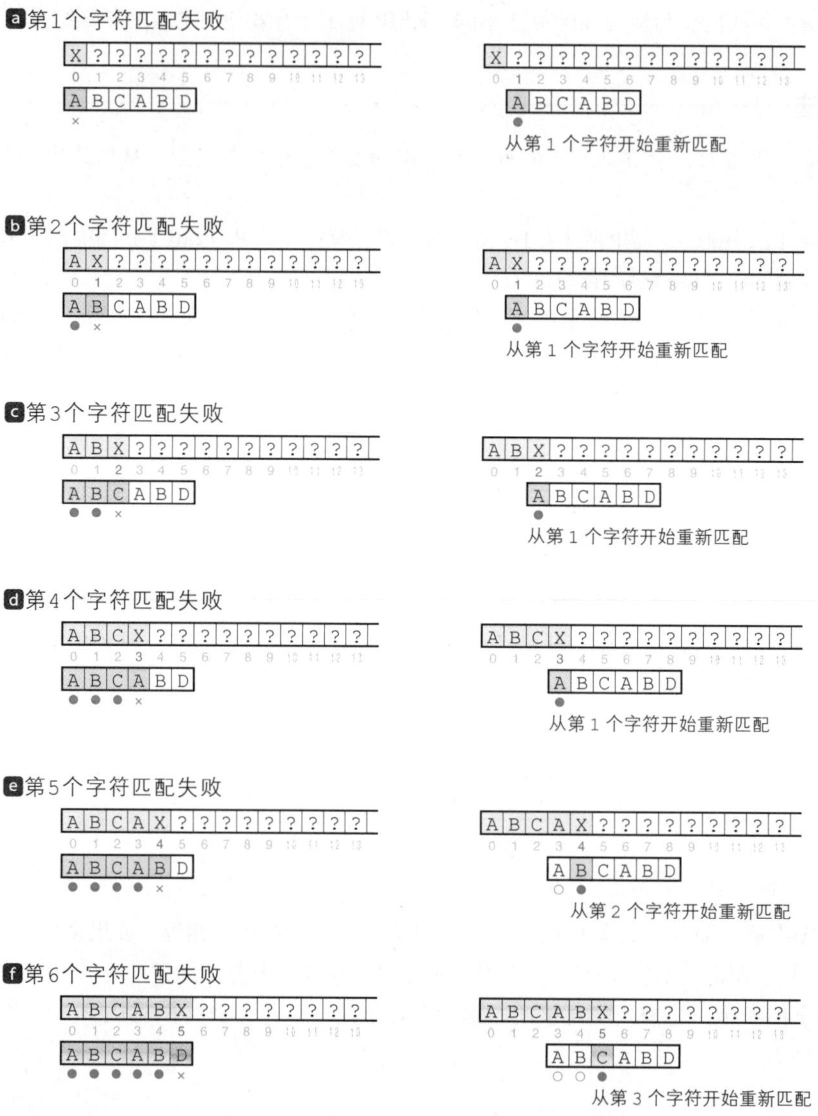

图 7-4 KMP 算法中下一趟匹配的起始位置

a ～ **d** 当模式串的第 1 个字符至第 4 个字符匹配失败时，需要在向右移动模式串后从第 1 个字符开始重新匹配。

e 当模式串的第 5 个字符匹配失败时，由于向右移动模式串后第 1 个字符匹配成功，所以可以从**第 2 个字符**开始重新匹配。

f　　　　当模式串的第 6 个字符匹配失败时，可以**从第 3 个字符开始重新匹配**。

在创建表时，我们会在模式串中查找"重复的字符序列"。在这个过程中，也可以采用 KMP 算法的思路。

如果模式串的第一个字符匹配失败，那么很明显**要将模式串向右移动一位，再从模式串的第 1个字符开始重新匹配**。我们来看一下第 2 个字符及其后继字符。这次我们不再将模式串和文本串对齐，而是先将两个模式串对齐再进行计算。

- 假设有两个相同的模式串"ABCABD"，将其中一个模式串向右移动一位后，两者对齐。如下图所示，由于蓝字部分匹配失败，所以需要在向右移动模式串后，从第 1 个字符开始重新匹配。因此，将第 2 个字符"B"重新开始匹配的匹配值设为 0。

▶　因为模式串中第 1 个字符的下标为 0，所以从该位置开始重新匹配。

A	B	C	A	B	D
–	0				

- 将模式串向右移动一位，但仍然不匹配。因此，将第 3 个字符"C"重新开始匹配的匹配值设为 0。

A	B	C	A	B	D
–	0	0			

- 将模式串向右移动一位，"AB"匹配，则我们能够得到以下信息。
  - 如果模式串中第 4 个字符"A"之前一直匹配，则可以在将模式串向右移动后，跳过"A"，从第 2 个字符开始重新匹配（图 7-4 **e**）。
  - 如果模式串中第 5 个字符"A"之前一直匹配，则可以在将模式串向右移动后，跳过"AB"，从第 3 个字符开始重新匹配（图 7-4 **f**）。

因此，重新开始匹配的匹配值就是 1 和 2。

A	B	C	A	B	D
–	0	0	1	2	

- 继续将模式串向右移动两位，但匹配失败。因此，将模式串中最后一个字符"D"重新开始匹配的匹配值设为 0。

A	B	C	A	B	D
–	0	0	1	2	0

这样就创建好了匹配表。

通过 KMP 算法进行字符串查找的程序如代码清单 7-2 所示。

代码清单 7-2   chap07/kmp_match.py

```python
# 通过KMP算法进行字符串查找

def kmp_match(txt: str, pat: str) -> int:
    """通过KMP算法进行字符串查找"""
    pt = 1              # 遍历txt的游标
    pp = 0              # 遍历pat的游标
    skip = [0] * (len(pat) + 1)     # 跳转表

    # 创建跳转表
    skip[pt] = 0
    while pt != len(pat):
        if pat[pt] == pat[pp]:
            pt += 1
            pp += 1
            skip[pt] = pp
        elif pp == 0:
            pt += 1
            skip[pt] = pp
        else:
            pp = skip[pp]

    # 查找
    pt = pp = 0
    while pt != len(txt) and pp != len(pat):
        if txt[pt] == pat[pp]:
            pt += 1
            pp += 1
        elif pp == 0:
            pt += 1
        else:
            pp = skip[pp]

    return pt - pp if pp == len(pat) else -1

if __name__ == '__main__':
    s1 = input('文本串：')       # 文本字符串
    s2 = input('模式串：')       # 模式字符串

    idx = kmp_match(s1, s2)      # 通过KMP算法从s1字符串中查找s2字符串

    if idx == -1:
        print('文本串中不包含模式串。')
    else:
        print(f'第{(idx + 1)}个字符匹配成功。')
```

❶ 创建表

❷ 查找

kmp_match 函数的传入参数和返回值与暴力破解算法中的 bf_match 函数相同。

程序中的❶用于创建跳转表，❷用于执行查找。

在 KMP 算法中，遍历文本串的游标 pt 只向前移动，**永不回退**。这是暴力破解算法所不具备的。

虽然 KMP 算法很复杂，性能却不会高于接下来要介绍的 Boyer-Moore 算法。因此，我们在实际程序中很少使用它。

7-3 Boyer–Moore 算法

无论是从理论上来说还是从实践上来说，Boyer-Moore 算法均优于 KMP 算法，并广泛应用于字符串查找程序。

Boyer–Moore 算法

Boyer–Moore 算法（一般称 BM 算法）是由博耶（R.S.Boyer）和摩尔（J.S.Moore）设计的，在理论和实践上均优于 KMP 算法。

BM 算法的基本策略是**从右向左进行匹配**，当发现某个字符匹配失败时，根据预先设定的表决定模式串的移动位数。

我们以从文本串"ABCXDEZCABACABAC"中查找模式串"ABAC"为例来看一下 BM 算法。

首先，如图 7-5 **a** 所示，将文本串和模式串的首字符对齐，然后从模式串的末尾开始匹配，末尾的"C"与文本串中对应位置的"X"匹配失败。因此，如图 7-5 **b** ～ 图 7-5 **d** 所示，由于模式串中不存在"X"，所以即使将模式串向右移动 1 至 3 位，仍然不匹配。

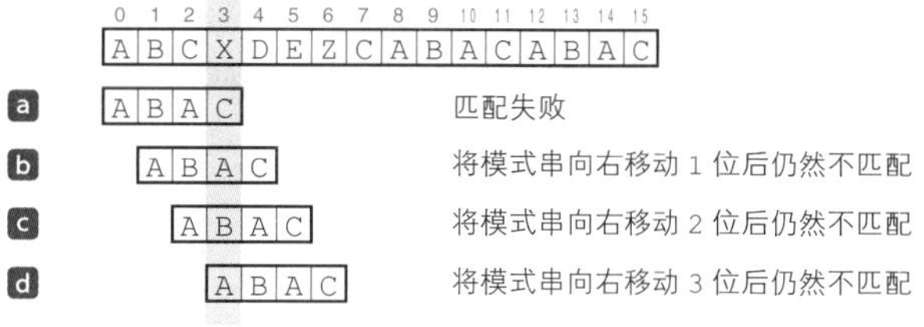

图 7-5 模式串的末尾字符匹配失败

综上所述，一旦在文本串中出现模式串中不存在的字符（称为坏字符），就可以将模式串直接移动到坏字符的下一个字符。因此，可跳过图 7-5 **b** 至图 7-5 **d** 的步骤，将模式串直接向右移动 4 个字符，跳到图 7-6 的步骤。

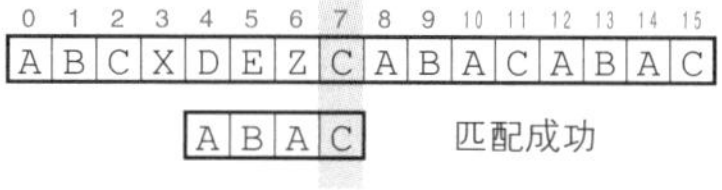

图 7-6 模式串的末尾字符匹配成功

将模式串的末尾字符与文本串进行匹配，可以看到"C"和"C"匹配成功。因此，继续比较"C"的前一个字符"A"，完成图 7-7 的步骤。

```
        0 1 2 3 4 5 6 7 8 9 10 11 12 13 14 15
        A B C X D E Z C A B A C A B A C
 a            A B A C        匹配失败
 b              A B A C      将模式串向右移动 1 位后仍然不匹配
 c                A B A C    将模式串向右移动 2 位后仍然不匹配
```

图 7-7　模式串与文本串的字符匹配失败

模式串中的字符 "A" 与文本串中的 "Z" 匹配失败。如图 7-7 **b** 和图 7-7 **c** 所示，即使将模式串向右移动 1 位或 2 位，字符 "Z" 与模式串中的字符仍然不匹配。

因此，将模式串直接向右移动 3 位，跳到图 7-8 的步骤。

▶ 假设模式串的长度为 n，当遍历到模式串中不存在的字符，即坏字符时，需要注意不能直接将模式串移动 n 位，而是要达到 "关注字符移动后与坏字符之间相差 n 位" 的效果。

例如，在图 7-6 中我们将模式串向右移动 4 位后，关注字符与坏字符相差 4 位，但这次将模式串移动 3 位后，关注字符与坏字符也相差 4 位。

```
        0 1 2 3 4 5 6 7 8 9 10 11 12 13 14 15
        A B C X D E Z C A B A C A B A C
 a                A B A C        匹配失败
 b                  A B A C      将模式串向右移动 1 位即可
 c                    A B A C    将模式串向右移动 2 位后仍然不匹配
 d                      A B A C  不能将模式串向右移动 3 位
```

图 7-8　模式串与文本串的字符匹配失败

文本串中的字符 "A" 与模式串的末尾字符 "C" 匹配失败（图 7-8 **a**）。但是，"A" 与模式串中的第 1 个字符和第 3 个字符都能匹配成功。因此，如图 7-8 **b** 所示，将模式串向右移动一位，使 "A" 与模式串中后面的 "A" 对齐。

▶ 此时，不能像图 7-8 **d** 那样将模式串直接移动 3 位，以使 "A" 与模式串的首字符 "A" 对齐。

将模式串向右移动一位，跳到图 7-9 的步骤。从末尾字符开始依次匹配，所有字符匹配成功，因此查找成功。

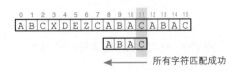

```
        0 1 2 3 4 5 6 7 8 9 10 11 12 13 14 15
        A B C X D E Z C A B A C A B A C
                    A B A C
              ◀────────  所有字符匹配成功
```

图 7-9　查找成功

　　要想使用该算法，需要事先创建一个表，将匹配到每个字符后的模式串移动位数（匹配过程中要移动多少个字符）存储到表中。

　　假设模式串的长度为 n，匹配过程中的移动位数会根据如下所示的情况来确定。

▪ 如果坏字符不包含在模式串中

　　□ 移动位数为 n。

　　▶ 相当于图 7-5 的示例。由于模式串中不存在 "x"，所以模式串要向右移动 4 位。

▪ 如果坏字符包含在模式串中

　　□ 如果该字符出现在最右的位置，该位置的下标为 k，则将模式串向右移动 n - k - 1 位。

　　▶ 相当于前面图 7-8 的示例。"A" 在模式串中出现 2 次，因此将模式串向右移动 1 位（不能移动 3 位）。

　　□ 模式串中不存在相同字符，模式串末尾字符的移动位数为 n。

　　▶ 在这种情况（遇到本例中 "ABAC" 中的 "C"）下，不需要移动模式串。所以方便起见，我们将移动位数设为 n。

　　因此，以这里的示例来说，创建的表如图 7-10 所示。

　　▶ 图 7-10 所示的移动位数只针对大写字母。表中不存在的字符，例如数字和符号等，移动位数均为 4。

| 文本串 … ABCXDEZCABACABAC | | | 模式串 … ABAC | | |

A	B	C	D	E	F	G	H	I	J	K	L	M
1	2	4	4	4	4	4	4	4	4	4	4	4

N	O	P	Q	R	S	T	U	V	W	X	Y	Z
4	4	4	4	4	4	4	4	4	4	4	4	4

图 7-10　跳转表

　　Boyer-Moore 算法的程序如代码清单 7-3 所示。`bm_match` 函数的传入参数和返回值与前面介绍的两个函数相同。

　　因为要计算模式串中可能存在的所有字符的移动位数，所以我们使用一个元素个数为 256 的数组 `skip` 来存储跳转表。（因此程序不支持汉字等字符。）

　　▶ 原始的 BM 算法需要两个数组，我们这里介绍的是简化版的 BM 算法，只需要一个数组。

```
# 通过Boyer-Moore算法进行字符串查找( 支持0～255个字符 )

def bm_match(txt: str, pat: str) -> int:
    """通过Boyer-Moore算法进行字符串查找"""
    skip = [None] * 256      # 跳转表

    # 创建跳转表
    for pt in range(256):
        skip[pt] = len(pat)
    for pt in range(len(pat)):
        skip[ord(pat[pt])] = len(pat) - pt - 1

    # 查找
    while pt < len(txt):
        pp = len(pat) - 1
        while txt[pt] == pat[pp]:
            if pp == 0:
                return pt
            pt -= 1
            pp -= 1
        pt += skip[ord(txt[pt])] if skip[ord(txt[pt])] > len(pat) - pp \
            else len(pat) - pp

    return -1
```

运行示例

文本串：ABABCDEFGHA⏎
模式串：ABC⏎
第3个字符匹配成功。

▶ 专栏 7-1 中已经介绍了本程序中使用的 ord 函数。

专栏 7-3 | 字符串查找算法的时间复杂度和实用性

假设文本串的长度为 n，模式串的长度为 m，我们来看一下本章介绍的 3 种字符串查找算法。

▪ 暴力匹配算法

暴力匹配算法的时间复杂度为 $O(mn)$，但它实际的时间复杂度为 $O(n)$，除非是有意设置的复杂模式串。这是一种简单匹配算法，但它实际上运行速度很快。

▪ KMP 算法

KMP 算法是一种快速模式匹配算法，即使在最坏情况下时间复杂度也能达到 $O(n)$。这种算法的缺点是比较复杂，而且当模式串中重复字符较少时，效果欠佳。但是，KMP 算法不需要回退，可以在读取顺序文件的同时进行查找。

▪ Boyer-Moore 算法

Boyer-Moore 算法也是一种快速模式匹配算法，即使在最坏的情况下，时间复杂度也能达到 $O(n)$，平均时间复杂度为 $O(n/m)$。原始的 Boyer-Moore 算法中使用两个数组，与 KMP 算法一样，创建数组的过程比较复杂，所以效果相互抵消。而简化版 BM 算法的速度非常快。

程序一般会使用标准库（详见专栏 7-2）。如果要使用除标准库以外的方法，则使用较多的是简化版 BM 算法（或其改进版），在某些情况下还会使用暴力匹配算法。

章末习题

▪2014 年春季考试 第 8 题

数组 X 和数组 Y 分别存储了长度为 m 和 n 的字符串。如下图所示的算法流程图将数组 X 中的字符串与数组 Y 中的字符串拼接到一起，然后存储到数组 Y 中。请从下列选项中选择合适的操作放入图中 a 和 b 两处。这里假设一个数组元素存储一个字符。

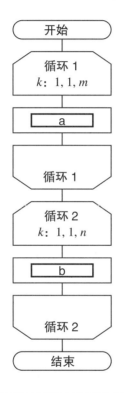

（备注）循环界限的循环指定
表示"变量名：初始
值, 增量, 结束值"

	a	b
A.	$X(k) \rightarrow Z(k)$	$Y(k) \rightarrow Z(m+k)$
B.	$X(k) \rightarrow Z(k)$	$Y(k) \rightarrow Z(n+k)$
C.	$Y(k) \rightarrow Z(k)$	$X(k) \rightarrow Z(m+k)$
D.	$Y(k) \rightarrow Z(k)$	$X(k) \rightarrow Z(n+k)$

假设有字符串 A 为 "aababx △"，字符串 B 为 "ab △"，当下列流程图结束时，k 等于多少？将字符串的首字符记作第一个字符，A[i] 表示字符串 A 中第 i 个字符，B[j] 表示字符串 B 中第 j 个字符，"△" 表示结束字符。

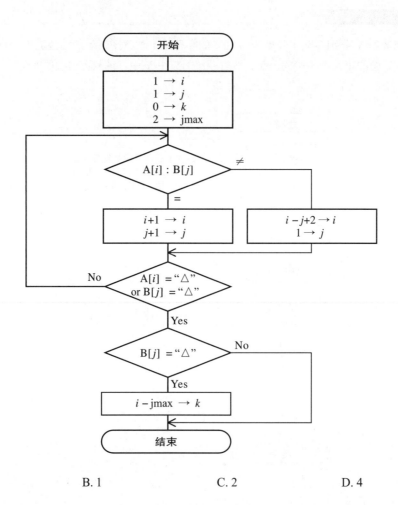

A. 0   B. 1   C. 2   D. 4

## 第 8 章

线性表

本章要介绍的线性表是一种数据元素的有序集合。

- 表结构
- 线性表（单链表）
- 循环链表
- 双链表
- 双向循环链表
- 节点（元素）
- 自引用类型
- 后继指针和前驱指针
- 通过游标实现单链表
- 使用自由列表管理和重用已删除节点
- 可迭代对象和迭代器的实现

8-1 什么是线性表

表（list）是一种数据元素按一定顺序排列的数据结构。本节介绍表结构中最基本的单链表。

线性表

本章介绍表。如图 8-1 所示，**表是一种数据元素按一定顺序排列的数据结构**。

▶ 第 4 章介绍的栈和队列也是一种表结构。另外，这里的表与 Python 内置的列表类型（list 类型）有所不同（详见专栏 8-1）。

图 8-1 列表

线性表（linear list）或**链表**（linked list）是最简单的一种表结构。

以图 8-2 所示的线性表为例，数据 A 到 F 从头开始按顺序排列。这个结构就像一个电话通讯录，其中 A 打给 B，B 打给 C，以此类推。在这个结构中，不能越过某个人打电话或打给前一个人。

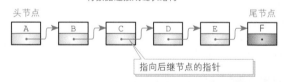

图 8-2 线性表

表中的各**元素**（element）称为**节点**（node）。每个节点由数据域和指向其后继节点的**指针**（pointer）组成。

表中的第一个节点称为**头节点**（head node），最后一个节点称为**尾节点**（tail node）。

表中某个节点的前一个节点称为**前驱节点**（predecessor node），后一个节点称为**后继节点**（successor node）。

线性表的实现

我们使用一个由元组构成的列表（list）来实现上述线性表，具体如图 8-3 所示。

▶ 使用元组表示每个成员，元组由 int 类型的成员编号、str 类型的姓名和电话号码组成。由于篇幅有限，图 8-3 **a** 和图 8-3 **b** 中只列出了成员编号。

```
data = [
    (12, 'John', '999-999-1234'),
    (33, 'Paul', '999-999-1235'),
    (57, 'Mike', '999-999-1236'),
    (69, 'Rita', '999-999-1237'),
    (41, 'Alan', '999-999-1238'),
    None,
    None,
]
```

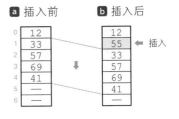

插入位置之后的元素都后移一位

图 8-3 通过数组向线性表中插入元素

list 类型的数组 data 中的元素个数为 7。当前有 5 名成员，data[5] 和 data[6] 为空。

■ 获取后继节点

数组的每个元素中按照打电话的顺序存储了数据。**将当前元素的下标加 1**，就可以获取后继节点的下标。

■ 插入和删除节点

假设有一个会员编号为 55 的新会员，我们在 12 号和 33 号之间插入该数据。如图 8-3 **b** 所示，从插入位置开始，后面的元素**均需向后移动**一位。

删除节点时也同样如此，数组内的元素必须移动。

*

使用数组实现的线性表具有如下问题。

在进行插入和删除操作时必须移动数据元素，所以效率非常低。

8-2 单链表

在本节要介绍的线性表中，每个节点包含一个指向其后继节点的指针，我们将这种基于指针实现的线性表称为**单链表**。

通过指针实现单链表

如果在向单链表中插入数据时创建一个节点实例，在删除数据时释放相应的节点实例，前述效率低的问题就能迎刃而解。

我们可以使用图 8-4 所示的 Node 类实现单链表的节点。Node 类的每一个节点包括两个字段：数据域 data，以及指向下一个节点的引用 next，**它指向一个与其自身类型相同的实例**。

这种结构称为**自引用结构**（self referential structure），它包括一个或多个指向自身的指针变量。

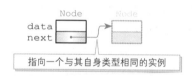

图 8-4　单链表的 Node 节点

Node 的详细说明如图 8-5 所示。data 是指向数据的引用，而不是数据本身，next 是指向节点的引用。

▶ 图 8-5 中标出了指向节点的箭头和指向数据的箭头，但这样显得比较乱，因此后面的图中都省略了指向数据的箭头。

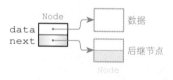

图 8-5　Node 示意图

我们把指向后继节点的字段 next 称为**后继指针**。

后继指针 next 中存储了指向后继节点的引用。

但是，尾节点是没有后继节点的，所以它的后继指针为 None。

*

单链表的节点类型为 Node 类型，我们使用 LinkedList 类实现单链表，程序如代码清单 8-1[A] ~ 代码清单 8-1[J] 所示。

代码清单 8-1[A]   chap08/linked_list.py

```python
# 单链表

from __future__ import annotations
from typing import Any, Type

class Node:
    """单链表中的节点类"""

    def __init__(self, data: Any = None, next: Node = None):
        """初始化"""
        self.data = data       # 数据
        self.next = next       # 后继指针
```
➡

▨ 节点类 Node

Node 节点类包括两个字段和一个 __init__ 方法。

▪字段

前面已经提到过，Node 节点类包括两个字段，如下所示。
- data：数据（指向数据的引用，可以是任意类型）。
- next：后继指针（指向后继节点的引用，是 Node 类型）。

▪__init__ 方法

__init__ 方法接收 data 和 next 这两个参数，并将其分别赋给相应的字段。在调用时，这两个参数都可以省略，如果省略，它们将被视为 None。

▶ 在编写本书时，根据 Python 中的注释规范，不能使用类名注释类中定义的方法。例如，为了标识参数是 Node 类型而用 ": Node" 注释 __init__ 方法中的第三个参数 next，这时程序就会发生错误。

为了避免出现上述错误，程序开头使用 import 语句从 __future__ 模块导入 annotations。我们可以将其理解为把以后新版本的特性导入到了当前版本。

如果 Python 版本升级后可以支持注释功能，就不需要再使用 import 语句了。

专栏 8-1 | Python 中的列表（list）不是表结构

线性表（单链表）的优点是可以快速地在表中的任意位置插入或删除元素，而数组是将所有元素相继存放在连续的存储空间中，在存储空间占用和速度方面优于线性表。

Python 内置的列表（list）并不是线性表，它的内部实现是数组，其所有元素相继存放在连续的存储空间中。所以，操作速度不会特别慢。

即使连续添加或删除元素，也不会每次操作都需要分配或释放存储空间，因为存储空间已经预先分配好了，并且分配的存储空间大于实际所需的最小存储空间。

代码清单 8-1[B]　　　　　　　　　　　　　　　　　　　　　　　　　　　chap08/linked_list.py

```python
class LinkedList:
    """单链表类"""

    def __init__(self) -> None:
        """初始化"""
        self.no = 0            # 节点个数
        self.head = None       # 头节点
        self.current = None    # 当前节点

    def __len__(self) -> int:
        """返回单链表中的节点个数"""
        return self.no
```

➡

■ 单链表类 LinkedList

单链表类 LinkedList 包括 3 个字段。

▪ no

单链表中的节点个数。

▪ head

指向头节点的引用。

▪ current

指向当前节点的引用，本书中将其称为**当前指针**。例如，从单链表中查找并删除某个节点时，就可以使用当前指针指向该节点，然后将其从单链表中删除。

▶ 表 8-1 总结了通过各种方法更新当前指针 current 的结果。

字段前的"self."是必不可少的，和前文一样，为了简单起见，本书在正文和代码中均省略了"self."。

■ 初始化：__init__

单链表类 LinkedList 的 __init__ 方法用于创建一个不含节点的**空单链表**。如图 8-6 所示，指向头节点的引用 head 为 Node 类型，该方法会将 None 赋值给 head。

请注意，字段 head 是指向头节点的引用，而不是头节点。在一个不含节点的空单链表中，head 指向一个不存在的引用，因此其值被设为 None。

图 8-6　空单链表

▶ 如果将 None 赋给当前指针 current，则表示当前未指向任何元素。

■ 返回节点个数：__len__

__len__ 方法用于返回单链表中的节点个数，即直接返回 no 的值。

▶ 执行该方法可以将单链表作为参数传给 len 函数。

• **空单链表**

如图 8-6 所示，当单链表为空（不包含任何节点）时，head 的值为 None。因此，我们可以通过以下内容来判断单链表是否为空。

```
head is None                # 单链表是否为空？
```

• **只包含一个节点的单链表**

图 8-7 给出了一个只包含一个节点的单链表。

Node 类型的字段 head 指向头节点 A。头节点 A 也是单链表的尾节点，因此其后继指针的值为 None。

head 所指节点的后继指针的值为 None，因此我们可以通过以下内容来判断单链表中是否只包含一个节点。

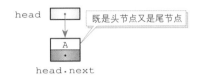

图 8-7　只包含一个节点的单链表

```
head.next is None           # 单链表中是否只包含一个节点？
```

• **包含两个节点的单链表**

图 8-8 给出了一个包含两个节点的单链表，其中节点 A 为头节点，节点 B 为尾节点。

hcad 所指节点 A 的后继指针 next 指向了节点 B（即 head.next 指向节点 B）。

节点 B 是单链表的尾节点，其后继指针的值为 None，因此我们可以通过以下内容来判断单链表中是否包含两个节点。

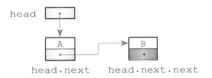

图 8-8　包含两个节点的单链表

```
head.next.next is None      # 单链表中是否包含两个节点？
```

▶　假设这里的后继指针是一个表示数据的表达式，那么我们可以用 head.data 表示指向节点 A 的数据，用 head.next.data 表示指向节点 B 的数据。

另外，还可以使用 no == 0、no == 1、no == 2 进行上述这几项判断。

• **尾节点的判断**

假设 Node 类型的变量 p 指向单链表中的某个节点。我们可以通过以下内容判断变量 p 所指节点是否为单链表的尾节点。

```
p.next is None              # p 所指节点是否为单链表的尾节点？
```

■ 查找：search

search 方法用于查找单链表中是否包含某个值为 data 的节点。

查找算法使用线性查找。如图 8-9 所示，从头节点开始遍历，直到找到目标节点。该图给出了节点 D 的查找过程。按①→②→③→④依次遍历，即可查找成功。

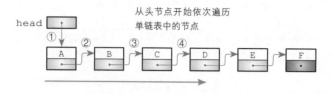

图 8-9　查找节点（线性查找）

节点遍历的终止条件是满足以下条件中的任意一个。

---

① 一直遍历到尾节点都没有找到符合查找条件的节点。

② 找到了符合查找条件的节点。

详细的查找过程如图 8-10 所示，我们对照该图来理解程序。

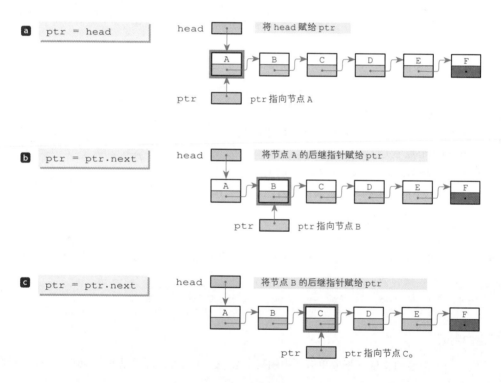

图 8-10　查找节点

1 假设变量 ptr 指向遍历过程中的当前节点，用 head 初始化变量 ptr。如图 8-10 **a** 所示，ptr 指向了 head 所指的头节点 A。同时将计数器变量 cnt 设为 0，该变量表示遍历过程中当前节点与头节点的距离。

2 判断终止条件 **1**。如果 ptr 的值不为 None，则执行循环体 **3** 和循环体 **4**。如果 ptr 的值为 None，则单链表中不存在要遍历的节点，因此结束 while 循环语句，进行到语句 **5**。

3 为了判断终止条件**2**，我们需要判断待查找的数据 data 与遍历过程中当前节点的数据 ptr.data 是否相等。如果相等，则查找成功。将 ptr 赋给当前指针 current，并返回计数器变量 cnt，它表示所找到节点的编号。

▶ cnt 的值从 0 开始（如果找到的是头节点，则 cnt 为 0）。

4 将 ptr.next 赋给 ptr，开始遍历下一个节点。

▶ 在图 8-10 **a** 中，ptr 指向节点 A，执行赋值语句 ptr ＝ ptr.next 后，图 8-10 **a** 就变成图 8-10 **b**。这是因为将节点 A 的后继指针 ptr.next 赋给 ptr，ptr 所指对象会由节点 A 变成节点 B。

5 如果程序执行到这一步，就表示查找失败，程序会返回 -1。

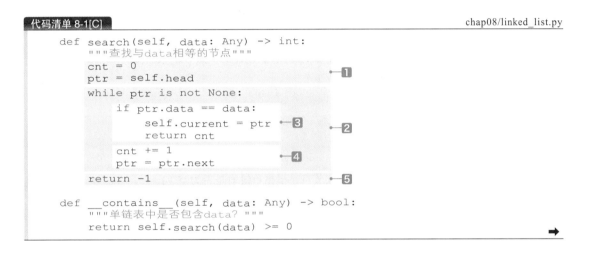

代码清单 8-1[C]   chap08/linked_list.py

```python
def search(self, data: Any) -> int:
    """查找与data相等的节点"""
    cnt = 0
    ptr = self.head                          ←1
    while ptr is not None:
        if ptr.data == data:
            self.current = ptr               ←3
            return cnt                            2
        cnt += 1
        ptr = ptr.next                       ←4
    return -1                                ←5

def __contains__(self, data: Any) -> bool:
    """单链表中是否包含data？"""
    return self.search(data) >= 0
```

判断单链表中是否包含数据：__contains__

__contains__ 方法用于判断单链表中是否包含与 data 相等的节点。如果包含，则返回 True，否则返回 False。

▶ 执行该方法可以将 in 运算符应用于单链表。

在单链表头部插入节点：add_first

add_first 方法用于在单链表的头部插入节点。

代码清单 8-1[D]   chap08/linked_list.py

```python
def add_first(self, data: Any) -> None:
    """在头部插入节点"""
    ptr = self.head                    # 插入前的头节点   ←1
    self.head = self.current = Node(data, ptr)           ←2
    self.no += 1
```

插入过程的具体示例如图 8-11 所示，向图 8-11 **a** 所示的单链表头部插入节点 G，结果如图 8-11 **b** 所示。

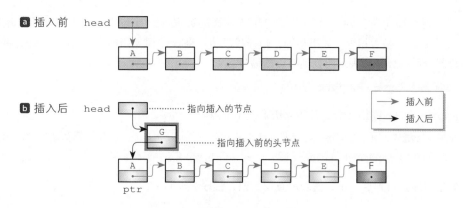

图 8-11　向单链表头部插入节点

1️⃣ 在插入节点之前，将指针 ptr 指向头节点 A。

2️⃣ 通过 Node(data, ptr) 创建待插入节点 G。新创建的节点 G 的数据域为 data，节点 G 的后继指针指向 ptr（插入前的头节点 A）。

此时再执行赋值语句，head 就会指向新插入的节点。

▶ 当前指针 current 也指向新插入的节点（接下来要介绍的 add_last 方法也是如此）。

▨ 在单链表尾部插入节点：add_last

add_last 方法用于在单链表尾部插入节点。根据单链表是否为空（head is None 是否成立），该方法会执行不同的操作。

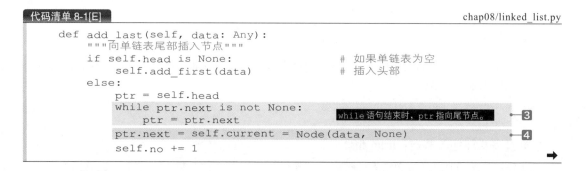

代码清单 8-1[E]　　　　　　　　　　　　　　　　　　　　　　　　　　chap08/linked_list.py

```
def add_last(self, data: Any):
    """向单链表尾部插入节点"""
    if self.head is None:            # 如果单链表为空
        self.add_first(data)         # 插入头部
    else:
        ptr = self.head
        while ptr.next is not None:                        ●3
            ptr = ptr.next           while 语句结束时，ptr 指向尾节点。
        ptr.next = self.current = Node(data, None)         ●4
        self.no += 1
```

▪ 当单链表为空时

向尾部插入节点与向头部插入节点的操作相同，我们可以使用 add_first 方法完成插入操作。

▪ 当单链表不为空时

插入过程的具体示例如图 8-12 所示，向图 8-12🅰 所示的单链表尾部插入节点 G，结果如图 8-12🅑 所示。

3️⃣ 这一步用于找到尾节点。我们将 ptr 初始化为指向头节点，然后通过不断地用后继指针给 ptr 赋值，即可从头节点开始依次遍历单链表中的每一个节点。当 ptr.next 指向 None

时，while 循环语句结束。此时，ptr 指向尾节点 F。

4 通过 Node(data, None) 创建待插入节点 G。将节点 G 的后继指针设置为 None，使位于尾部的节点 G 不会指向单链表中的任何节点。

将新插入的节点 G 赋给节点 F 的后继指针 ptr.next。

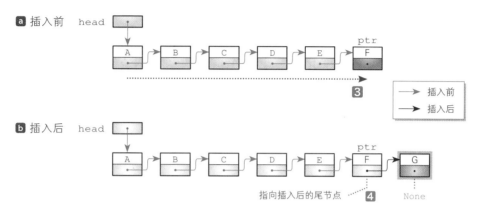

图 8-12　向单链表尾部插入节点

■ 删除头节点：remove_first

remove_first 方法用于删除头节点。仅当列表不为空（即 head is not None 成立）时，remove_first 方法才会执行实际操作。

```
代码清单 8-1[F]                                                chap08/linked_list.py

    def remove_first(self) -> None:
        """删除头节点"""
        if self.head is not None:              # 如果单链表不为空
            self.head = self.current = self.head.next
        self.no -= 1
```

删除过程的具体示例如图 8-13 所示，从图 8-13**a** 所示的单链表中删除头节点 A，结果如图 8-13**b** 所示。

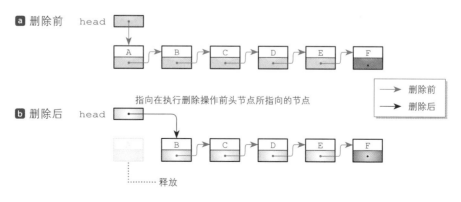

图 8-13　删除头节点

最初，head 指向头节点，我们用指向第 2 个节点的 head.next 给 head 赋值，使 head 指向节点 B（当前指针 current 也被修改为指向节点 B）。

因此，没有任何指针再指向删除前的节点 A。

► 即使单链表中只有一个节点（图 8-7），也可以执行删除操作，将单链表变为空表。因为删除前的头节点也是尾节点，所以其后继指针 head.next 的值为 None。把 None 赋给 head，我们就得到了一个空单链表。

删除尾节点 :remove_last

remove_last 方法用于删除尾节点。仅当单链表不为空时，才会执行删除操作。根据单链表中是否只有一个节点，该方法会执行不同的操作。

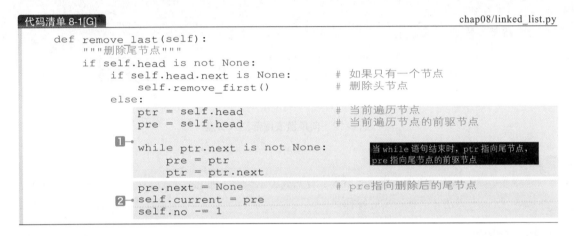

代码清单 8-1[G]   chap08/linked_list.py

```
def remove_last(self):
    """删除尾节点"""
    if self.head is not None:
        if self.head.next is None:        # 如果只有一个节点
            self.remove_first()           # 删除头节点
        else:
            ptr = self.head               # 当前遍历节点
            pre = self.head               # 当前遍历节点的前驱节点

            while ptr.next is not None:    当 while 语句结束时，ptr 指向尾节点，
                pre = ptr                  pre 指向尾节点的前驱节点
                ptr = ptr.next

            pre.next = None               # pre 指向删除后的尾节点
            self.current = pre
            self.no -= 1
```

▪ **当表中只有一个节点时**

相当于删除头节点，我们可以使用 remove_first 方法执行删除操作。

▪ **当表中有两个或更多节点时**

删除过程的具体示例如图 8-14 所示，从图 8-14 **a** 所示的单链表中删除尾节点 F，结果如图 8-14 **b** 所示。

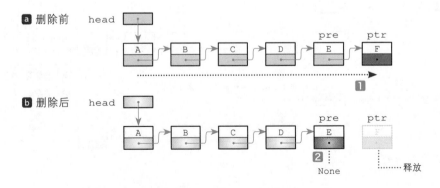

图 8-14 删除尾节点

1️⃣ 这里我们要找到尾节点和倒数第二个节点。遍历方法与前述 add_last 方法的 3️⃣ 基本相同。不同之处在于，这里增加了一个 pre 变量，它指向当前遍历节点的前驱节点。

在图 8-14 中，当 while 语句结束时，pre 指向节点 E，ptr 指向节点 F。

2️⃣ 我们用 None 给倒数第二个节点 E 的后继指针赋值。这样就没有任何指针再指向节点 F。

▶ 当前指针 current 也被修改为指向删除后的尾节点 pre。

删除任意节点 :remove

remove 方法用于删除单链表中的任意节点。仅当单链表不为空，并且参数指定的节点 p（p 指向的节点）存在时，该方法才会执行删除操作。

· 当 p 为头节点时

相当于删除头节点，我们可以使用 remove_first 方法执行删除操作。

· 当 p 不为头节点时

删除过程的具体示例如图 8-15 所示，从图 8-15 a️ 所示的单链表中删除 p 所指的节点 D，结果如图 8-15 b️ 所示。

1️⃣ 这里我们要做的是找到节点 p 的前驱节点。

while 语句从头节点开始遍历单链表，直到当前遍历节点 ptr 的后继指针 ptr.next 等于 p，才会结束循环。

但是，如果遇到 None，则意味着 p 不指向任何节点。因此执行 return 语句结束循环，不执行删除操作。

当 ptr.next 等于 p 时，while 语句结束。此时，ptr 指向节点 C，它是待删除节点 D 的前驱节点。

2️⃣ 将节点 D 的后继指针 p.next 赋给节点 C 的后继指针 ptr.next，即可将节点 C 的后继指针修改为指向节点 E。

因此，没有任何指针再指向节点 D。

▶ 当前指针 current 被修改为指向已删除节点的前驱节点（图 8-15 中的节点 C）。

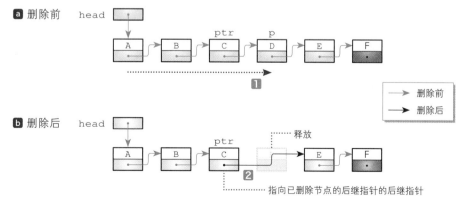

图 8-15 删除节点

```python
    def remove(self, p: Node) -> None:
        """删除节点p"""
        if self.head is not None:
            if p is self.head:                    # 如果p为头节点
                self.remove_first()               # 删除头节点
            else:
                ptr = self.head

                while ptr.next is not p:
                    ptr = ptr.next
                    if ptr is None:
                        return                     # 如果单链表中不包含ptr

                ptr.next = p.next
                self.current = ptr
                self.no -= 1

    def remove_current_node(self) -> None:
        """删除当前节点"""
        self.remove(self.current)

    def clear(self) -> None:
        """删除所有节点"""
        while self.head is not None:              # 直到单链表为空
            self.remove_first()                   # 删除头节点
        self.current = None
        self.no = 0

    def next(self) -> bool:
        """将当前节点向后移动一位"""
        if self.current is None or self.current.next is None:
            return False                          # 无法继续向后移动
        self.current = self.current.next
        return True
```

1

2

➡

▨ 删除当前节点：remove_current_node

　　remove_current_node 方法用于删除当前节点。将当前指针 current 传递给 remove 方法，即可执行删除操作。

　　然后，将当前指针 current 修改为指向已删除节点的前驱节点。

▨ 删除所有节点：clear

　　clear 方法用于删除所有节点。重复删除头节点，直到单链表为空（head 变为 None），即可删除所有节点。

　　▶　由于单链表为空，所以当前指针 current 的值也修改为 None。

▨ 将当前节点向后移动一位：next

　　next 方法用于将当前节点向后移动一位。但是，仅当列表不为空，并且当前节点有后继节点时，next 方法才会将当前节点向后移动一位。

　　具体来说，就是将当前指针 current 修改为 current.next。

　　如果移动成功，则返回 True，否则返回 False。

代码清单 8-1[I] 　　　　　　　　　　　　　　　　　　　　　　　　　chap08/linked_list.py

```
def print_current_node(self) -> None:
    """显示当前节点"""
    if self.current is None:
        print('当前节点不存在。')
    else:
        print(self.current.data)

def print(self) -> None:
    """显示所有节点"""
    ptr = self.head

    while ptr is not None:
        print(ptr.data)
        ptr = ptr.next
```
➡

显示当前节点：print_current_node

print_current_node 方法用于显示当前节点。具体来讲，就是显示当前指针 current 所指节点的数据域 current.data。

但是，如果当前节点不存在（current 为 None），就会显示"当前节点不存在。"。

显示所有节点：print

print 方法用于按顺序输出单链表中所有节点的数据。

通过 ptr 从头节点遍历到尾节点，同时输出各节点的数据域 ptr.data。

▶ 这两个方法不会修改当前指针 current 的值。

*

执行各方法后的 current 的值如表 8-1 所示。

表 8-1　执行各方法后的 current 的值

方法	current 的值
__init__	None
search	如果查找成功，current 是找到的节点
add_first	插入的头节点
add_last	插入的尾节点
remove_first	删除后的头节点（如果单链表为空，则为 None）
remove_last	删除后的尾节点（如果单链表为空，则为 None）
remove	已删除节点的前驱节点
remove_current_node	已删除节点的前驱节点
clear	None
next	移动后的当前节点
print_current_node	不发生变化
print	不发生变化

```python
    def __iter__(self) -> LinkedListIterator:
        """返回迭代器"""
        return LinkedListIterator(self.head)

class LinkedListIterator:
    """LinkedList类的迭代器类"""

    def __init__(self, head: Node):
        self.current = head

    def __iter__(self) -> LinkedListIterator:
        return self

    def __next__(self) -> Any:
        if self.current is None:
            raise StopIteration
        else:
            data = self.current.data
            self.current = self.current.next
            return data
```

可迭代对象和迭代器的实现

str 类型的字符串、list 类型的列表、tuple 类型的元组等都有一个共同点，那就是**可迭代**，也就是**可重复**。可迭代对象中的元素可以逐个迭代获取。

将可迭代对象作为参数传递给**内置函数 iter**，它会返回该可迭代对象的**迭代器**。

迭代器是一个对象，表示可迭代的数据集合。通过调用迭代器的 __next__ 方法或将其传递给**内置函数 next**，可以逐个获取迭代器中的元素。

当所有元素都被取出后，该方法会抛出 **StopIteration 异常**。

▶ 在第 1 次调用 next 函数时取出第 1 个元素，在第 2 次调用时取出第 2 个元素，以此类推，在每次调用时取出自身的下一个元素。

为了实现迭代，我们用 LinkedList 类实现一个迭代器。LinkedListIterator 类用来表示迭代器。

▶ 迭代器类的实现方式如下所示。
   ■ 实现 __iter__ 方法，该方法用于返回一个迭代器对象，其中包含 __next__ 方法。
   ■ __next__ 方法用于返回迭代器的下一个元素。但是，当没有更多的元素时，抛出 StopIteration。

该程序的迭代器不会更新当前指针 current。

▶ 后面的代码清单 8-2 中使用了单链表类 LinkedList，其中"(12) 遍历"的菜单中使用了迭代器（将 LinkedList 类型的 lst 传给 for 语句）。

在程序中使用单链表

使用单链表类 LinkedList 的程序如代码清单 8-2 所示。

```python
# 单链表类LinkedList的使用示例

from enum import Enum
from linked_list import LinkedList

Menu = Enum('Menu', ['向头部插入', '向尾部插入', '删除头节点', '删除尾节点',
                     '显示当前节点', '当前节点向后移动', '删除当前节点', '全部删除',
                     '查找', '成员判断', '显示所有节点', '遍历', '结束'])

def select_Menu() -> Menu:
    """选择菜单"""
    s = [f'({m.value}){m.name}' for m in Menu]
    while True:
        print(*s, sep='   ', end='')
        n = int(input(':'))
        if 1 <= n <= len(Menu):
            return Menu(n)

lst = LinkedList()                                          # 创建单键表

while True:
    menu = select_Menu()                                   # 选择菜单

    if menu == Menu.向头部插入:                             # 向头部插入
        lst.add_first(int(input('值:')))

    elif menu == Menu.向尾部插入:                           # 向尾部插入
        lst.add_last(int(input('值:')))

    elif menu == Menu.删除头节点:                           # 删除头节点
        lst.remove_first()

    elif menu == Menu.删除尾节点:                           # 删除尾节点
        lst.remove_last()

    elif menu == Menu.显示当前节点:                         # 显示当前节点
        lst.print_current_node()

    elif menu == Menu.当前节点向后移动:                     # 当前节点向后移动
        lst.next()

    elif menu == Menu.删除当前节点:                         # 删除当前节点
        lst.remove_current_node()

    elif menu == Menu.全部删除:                             # 全部删除
        lst.clear()

    elif menu == Menu.查找:                                 # 查找
        pos = lst.search(int(input('值:')))
        if pos >= 0:
            print(f'等于该值的数据位于表中第{pos + 1}位。')
        else:
            print('没有符合条件的数据。')

    elif menu == Menu.成员判断:                             # 成员判断
        print('等于该值的数据'
              + ('存在。' if int(input('值:')) in lst else '不存在。'))

    elif menu == Menu.显示所有节点:                         # 显示所有节点
        lst.print()

    elif menu == Menu.遍历:                                 # 遍历所有节点
        for e in lst:
            print(e)
    else:                                                   # 结束
        break
```

运行示例

(1) 向头部插入　(2) 向尾部插入　(3) 删除头节点　(4) 删除尾节点　(5) 显示当前节点　(6) 当前节点
向后移动　(7) 删除当前节点　(8) 全部删除　(9) 查找　(10) 成员判断　(11) 显示所有节点
(12) 遍历　(13) 结束：1⏎
值：1⏎　　　　　　　　　　　　　　　　　　　　　　　　　　　　　　　　　　向头部插入①

(1) 向头部插入　(2) 向尾部插入　…中间省略…　(13) 结束：2⏎
值：5⏎　　　　　　　　　　　　　　　　　　　　　　　　　　　　　　　　　　向尾部插入⑤

(1) 向头部插入　(2) 向尾部插入　…中间省略…　(13) 结束：1⏎
值：10⏎　　　　　　　　　　　　　　　　　　　　　　　　　　　　　　　　　向头部插入⑩

(1) 向头部插入　(2) 向尾部插入　…中间省略…　(13) 结束：2⏎
值：12⏎　　　　　　　　　　　　　　　　　　　　　　　　　　　　　　　　　向尾部插入⑫

(1) 向头部插入　(2) 向尾部插入　…中间省略…　(13) 结束：1⏎
值：14⏎　　　　　　　　　　　　　　　　　　　　　　　　　　　　　　　　　向头部插入⑭

(1) 向头部插入　(2) 向尾部插入　…中间省略…　(12) 遍历　(13) 结束：4⏎　删除尾部的⑫

(1) 向头部插入　(2) 向尾部插入　…中间省略…　(12) 遍历　(13) 结束：9⏎
值：12⏎　　　　　　　　　　　　　　　　　　　　　　　　　　　　　　　　　查找⑫，失败
没有符合条件的数据。

(1) 向头部插入　(2) 向尾部插入　…中间省略…　(12) 遍历　(13) 结束：9⏎
值：10⏎　　　　　　　　　　　　　　　　　　　　　　　　　　　　　　　　　查找⑩，成功
等于该值的数据位于表中第2位。

(1) 向头部插入　(2) 向尾部插入　…中间省略…　(12) 遍历　(13) 结束：5⏎
10　　　　　　　　　　　　　　　　　　　　　　　　　　　　　　　　　　　　当前节点为⑩

(1) 向头部插入　(2) 向尾部插入　…中间省略…　(12) 遍历　(13) 结束：11⏎
14
10
1　　　　　　　　　　　　　　　　　　　　　　　　　　　　　　　　　　　　显示所有节点
5

(1) 向头部插入　(2) 向尾部插入　…中间省略…　(12) 遍历　(13) 结束：9⏎
值：1⏎　　　　　　　　　　　　　　　　　　　　　　　　　　　　　　　　　　查找①，成功
等于该值的数据位于表中第3位。

(1) 向头部插入　(2) 向尾部插入　…中间省略…　(12) 遍历　(13) 结束：7⏎　删除当前节点
(1) 向头部插入　(2) 向尾部插入　…中间省略…　(12) 遍历　(13) 结束：3⏎　删除头节点
(1) 向头部插入　(2) 向尾部插入　…中间省略…　(12) 遍历　(13) 结束：11⏎
10
5　　　　　　　　　　　　　　　　　　　　　　　　　　　　　　　　　　　　显示所有节点

(1) 向头部插入　(2) 向尾部插入　…中间省略…　(12) 遍历　(13) 结束：9⏎
值：10⏎　　　　　　　　　　　　　　　　　　　　　　　　　　　　　　　　　查找⑩，成功
等于该值的数据位于表中第1位。

(1) 向头部插入　(2) 向尾部插入　…中间省略…　(12) 遍历　(13) 结束：6⏎　当前指针向后移动
(1) 向头部插入　(2) 向尾部插入　…中间省略…　(12) 遍历　(13) 结束：5⏎
5　　　　　　　　　　　　　　　　　　　　　　　　　　　　　　　　　　　　当前节点为⑤

(1) 向头部插入　(2) 向尾部插入　…中间省略…　(12) 遍历　(13) 结束：10⏎
值：7⏎　　　　　　　　　　　　　　　　　　　　　　　　　　　　　　　　　　成员判断
等于该值的数据不存在。

(1) 向头部插入　(2) 向尾部插入　…中间省略…　(12) 遍历　(13) 结束：12⏎
10
5　　　　　　　　　　　　　　　　　　　　　　　　　　　　　　　　　　　　遍历所有节点

(1) 向头部插入　(2) 向尾部插入　…中间省略…　(12) 遍历　(13) 结束：13⏎

8-3 通过游标实现单链表

本节介绍单链表的另一种实现方式：将各节点存储到数组元素中，通过巧妙地操作元素，实现单链表。

通过游标实现单链表

上一节介绍了单链表，其特点是在插入和删除节点时不需要移动元素。但是，**在每次执行插入操作和删除操作时，程序内部都需要相应地创建或销毁节点实例，因此分配或释放存储空间的成本不可小觑。**

在程序执行过程中，如果数据量相对稳定，或者我们能够预测数据量的上限，则可以通过巧妙地操作数组元素，提高插入操作和删除操作的效率，如图 8-16 所示。

a 单链表的逻辑结构示意图

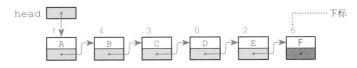

b 数组中的物理结构实现

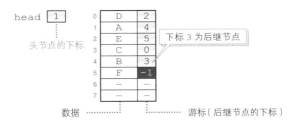

图 8-16 通过游标实现单链表

后继指针是一个 int 类型的整数，是存储了后继节点的元素的下标。我们把用整数下标表示的指针称为**游标**。

例如，节点 B 的游标为 3，表示其后继节点 C 存储在数组中下标为 3 的位置。

另外，尾节点的游标为 -1。在图 8-16 的示例中，尾节点 F 的游标为 -1。

表示头节点的 head 也是一个游标。在图 8-16 的示例中，存储头节点 A 的元素下标为 1，它是 head 的值。

该方法与前面介绍过的单链表的不同之处在于，在插入和删除节点时不需要移动元素。例如，向图 8-16 所示的单链表头部插入节点 G，过程如图 8-17 所示。只要将 head 由 1 修改为 6，并将节点 G 的后继游标设为 1 即可。

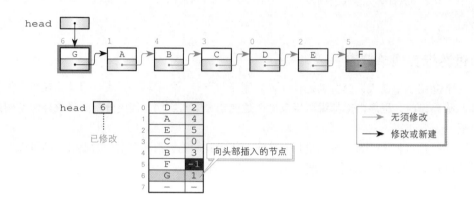

图 8-17　向单链表头部插入节点

基于上述思路实现单链表，程序如代码清单 8-3[A]~ 代码清单 8-3[C] 所示。

代码清单 8-3[A]　　　　　　　　　　　　　　　　　　　　　chap08/array_list.py

```python
#  单链表( 数组游标版 )

from __future__ import annotations
from typing import Any, Type

Null = -1

class Node:
    """单链表的节点类( 数组游标版 )"""

    def __init__(self, data = Null, next = Null, dnext = Null):
        """初始化"""
        self.data  = data      # 数据
        self.next  = next      # 单链表的后继指针
        self.dnext = dnext     # 自由列表的后继指针

class ArrayLinkedList:
    """单链表类( 数组游标版 )"""

    def __init__(self, capacity: int):
        """初始化"""
        self.head = Null                    # 头节点
        self.current = Null                 # 当前节点
        self.max = Null                     # 当前使用的最后一条记录
        self.deleted = Null                 # 自由列表的头节点
        self.capacity = capacity            # 单链表容量
        self.n = [Node()] * self.capacity   # 单链表主体
        self.no = 0
```

```python
    def __len__(self) -> int:
        """返回单链表中的节点的个数"""
        return self.no

    def get_insert_index(self):
        """求下一条待插入记录的下标"""
        if self.deleted == Null:                    # 待删除的记录不存在
            if self.max < self.capacity:
                self.max += 1
                return self.max                     # 使用新记录
            else:
                return Null                         # 容量溢出
        else:
            rec = self.deleted                          # 从自由列表中
            self.deleted = self.n[rec].dnext            # 取出头节点rec
            return rec

    def delete_index(self, idx: int) -> None:
        """将记录idx添加到自由列表中"""
        if self.deleted == Null:                    # 待删除的记录不存在
            self.deleted = idx                      # 将idx添加到自由列表
            self.n[idx].dnext = Null                # 头部
        else:
            rec = self.deleted                      # 将idx插入
            self.deleted = idx                      # 自由列表头部
            self.n[rec].dnext = rec

    def search(self, data: Any) -> int:
        """查找与data相等的节点"""
        cnt = 0
        ptr = self.head                             # 当前遍历的节点
        while ptr != Null:
            if self.n[ptr].data == data:
                self.current = ptr
                return cnt                          # 查找成功
            cnt += 1
            ptr = self.n[ptr].next                  # 遍历后继节点
        return Null                                 # 查找失败

    def __contains__(self, data: Any) -> bool:
        """单链表中是否包含data？"""
        return self.search(data) >= 0

    def add_first(self, data: Any):
        """向头部插入节点"""
        ptr = self.head                             # 插入操作前的头节点
        rec = self.get_insert_index()
        if rec != Null:
            self.head = self.current = rec          # 插入到第rec条记录
            self.n[self.head] = Node(data, ptr)
            self.no += 1

    def add_last(self, data: Any) -> None:
        """向尾部插入节点"""
        if self.head == Null:                       # 如果单链表为空，
            self.add_first(data)                    # 则在头部插入
        else:
            ptr = self.head
            while self.n[ptr].next != Null:
                ptr = self.n[ptr].next
            rec = self.get_insert_index()
            if rec != Null:                         # 插入到第rec条记录
```

```
                    self.n[ptr].next = self.current = rec
                    self.n[rec] = Node(data)
                    self.no += 1

    def remove_first(self) -> None:
        """删除头节点"""
        if self.head != Null:                    # 如果单链表不为空
            ptr = self.n[self.head].next
            self.delete_index(self.head)
            self.head = self.current = ptr
            self.no -= 1

    def remove_last(self) -> None:
        """删除尾节点"""
        if self.head != Null:
            if self.n[self.head].next == Null:   # 如果只有一个节点
                self.remove_first()              # 则删除头节点
            else:
                ptr = self.head          # 当前遍历的节点
                pre = self.head          # 当前遍历的节点的前驱节点

                while self.n[ptr].next != Null:
                    pre = ptr
                    ptr = self.n[ptr].next
                self.n[pre].next = Null       # pre是执行删除操作后的尾节点
                self.delete_index(pre)
                self.current = pre
                self.no -= 1

    def remove(self, p: int) -> None:
        """删除记录p"""
        if self.head != Null:
            if p == self.head:               # 如果p是头节点
                self.remove_first()          # 则删除头节点
            else:
                ptr = self.head

                while self.n[ptr].next != p:
                    ptr = self.n[ptr].next
                    if ptr == Null:
                        return               # 单链表中不包含p
                self.n[ptr].next = Null
                self.delete_index(ptr)
                self.n[ptr].next = self.n[p].next
                self.current = ptr
                self.no -= 1

    def remove_current_node(self) -> None:
        """删除当前节点"""
        self.remove(self.current)

    def clear(self) -> None:
        """删除所有节点"""
        while self.head != Null:          # 删除头节点
            self.remove_first()           # 直到单链表为空
        self.current = Null

    def next(self) -> bool:
        """将当前节点向后移动一位"""
        if self.current == Null or self.n[self.current].next == Null:
            return False                  # 不能继续移动
        self.current = self.n[self.current].next
        return True
```

```python
    def print_current_node(self) -> None:
        """显示当前节点"""
        if self.current == Null:
            print('当前节点不存在。')
        else:
            print(self.n[self.current].data)

    def print(self) -> None:
        """显示所有节点"""
        ptr = self.head

        while ptr != Null:
            print(self.n[ptr].data)
            ptr = self.n[ptr].next

    def dump(self) -> None:
        """转储数组"""
        for i in self.n:
            print(f'[{i}]  {i.data} {i.next} {i.dnext}')

    def __iter__(self) -> ArrayLinkedListIterator:
        """返回迭代器"""
        return ArrayLinkedListIterator(self.n, self.head)

class ArrayLinkedListIterator:
    """ArrayLinkedList类的迭代器类"""

    def __init__(self, n: int, head: int):
        self.n = n
        self.current = head

    def __iter__(self) -> ArrayLinkedListIterator:
        return self

    def __next__(self) -> Any:
        if self.current == Null:
            raise StopIteration
        else:
            data = self.n[self.current].data
            self.current = self.n[self.current].next
            return data
```

➡

▉ 数组中的空元素

　　类中的各方法与前面介绍的指针版本（代码清单 8-1[A] ~ 代码清单 8-1[J]）几乎是一一对应的，但对删除节点的管理有所不同，下面我们来看一下。

　　首先，我们以图 8-18 为例，看一下删除节点的过程。

ⓐ 在单链表中，有 4 个节点按照 {A→B→C→D} 的顺序排列，它们在数组中的存储状态如图 8-18 右侧的图所示。

ⓑ 向单链表头部插入节点 E 之后的状态。节点 E 存储在数组中下标为 4 的位置。

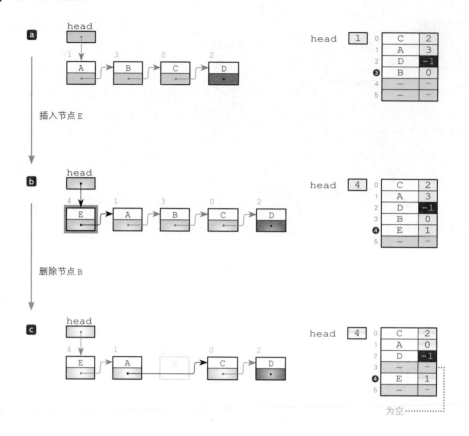

图 8-18　在单链表中插入和删除节点

插入的节点被存储到**数组中最后的下标位置**（需要注意的是，**这并不是单链表的尾部**）。

当然，节点在数组中的物理地址与其在单链表中的逻辑顺序并不一致。也就是说，单链表中的第 n 个节点并不一定存储在数组下标为 n 的元素中。

从现在开始，为了区分单链表中的逻辑顺序，我们将数组中下标为 n 的元素内存储的节点称为**第 n 条记录**。

▶ 所以，插入的节点 E 存储在第 4 条记录中。

c 这是在图 8-18**b** 所示的状态下删除表中第 3 个节点 B 之后的结果。第 3 条记录之前存储了节点 B 的数据，现在为空。

*

如果反复进行删除操作，则最后**数组中会残留大量空记录**；如果最多只删除一条记录，则可以将其下标存储到某个变量中进行管理，这样就可以轻松地重用该记录。

但实际上这里删除了多条记录，所以管理起来并不容易。

自由列表

自由列表（free list）也是一种单链表，用于管理已删除记录的顺序。

节点类 Node 和单链表类 ArrayLinkedList 中结合了表示数据顺序的单链表和自由列表，因此我们需要增加指针版中不存在的字段。

▪ 节点类 Node 中新增的字段

▪ dnext

dnext 用于表示自由列表的后继指针（自由列表中指向后继节点的游标）。

▪ 单链表类 ArrayLinkedList 中新增的字段

▪ deleted

deleted 用于表示指向自由列表的头节点的游标。

▪ max

max 用于表示数组中最后一个位置所存储节点的记录编号。

▶ 图 8-18 的●内的值就是 max。（该值的变化过程是 3 → 4 → 4。）

*

我们通过图 8-19 来看一下在插入和删除节点时，自由列表的变化情况。

a 列表中按照 {A → B → C → D → E} 的顺序存储了 5 个节点。max 为 7，第 8 条以后的记录未使用。第 1 条、第 3 条和第 5 条记录已被删除，自由列表中存储了 {3 → 1 → 5}。

▶ 如图 8-19 **a** 所示，有一个单链表存储原始的数据序列，另外一个单链表，即自由列表，管理已删除的记录。

单链表类 ArrayLinkedList 的 deleted 字段等于 3，是自由列表的头节点的下标（图 8-19 **a** 中为 3）。

b 这是向单链表尾部插入节点 F 的状态。节点下的存储位置是自由列表 {3 → 1 → 5} 的**头节点**。将节点 F 存储到第 3 条记录，同时从自由列表中删除 3，自由列表变成 {1 → 5}。
如上所示，只要自由列表中包含空记录，就不会从单链表中查找未使用记录（第 max 条之后的记录）增加 max，也不会向该位置存储数据。因此，max 的值仍为 7。

c 这是删除节点 D 之后的状态。由于删除的是存储在第 7 条记录中的数据，所以我们要将其添加到自由列表的头节点，于是自由列表变成了 {7 → 1 → 5}。

▶ 我们可以使用 delete_index 方法将被删除的记录添加到自由列表中。

另外，在插入节点时，可以使用 get_insert_index 方法确定待存储的记录编号。由于图 8-19 **b** 中有已删除记录，所以我们要将待插入节点存储到自由列表中登记的记录中。如果没有已删除记录且自由列表为空，就增加 max，使用数组末尾的未使用记录存储待插入节点。

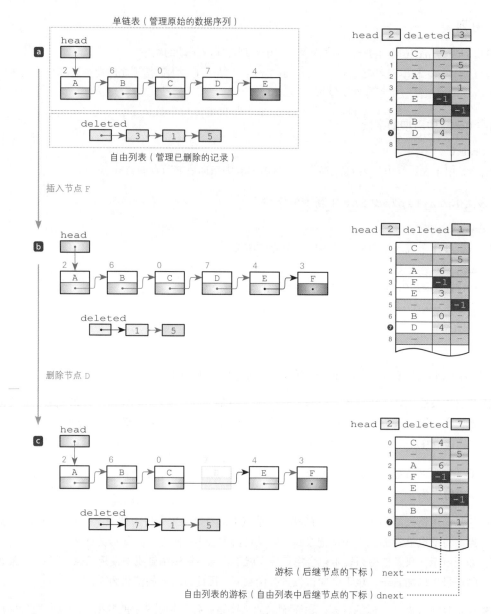

图 8-19　插入和删除节点时，自由列表的变化情况

在程序中使用数组游标版的单链表

数组游标版的单链表类 `ArrayLinkedList` 的程序如代码清单 8-4 所示。

▶　这里省略了程序的运行结果。

代码清单 8-4 · chap08/array_list_test.py

```python
# 数组版单链表类ArrayLinkedList的使用示例

from enum import Enum
from array_list import ArrayLinkedList

Menu = Enum('Menu', ['向头部插入', '向尾部插入', '删除头节点', '删除尾节点',
                     '显示当前节点', '当前节点向后移动', '删除当前节点', '全部删除',
                     '查找', '成员判断', '显示所有节点', '遍历', '结束'])

def select_Menu() -> Menu:
    """选择菜单"""
    s = [f'({m.value}){m.name}' for m in Menu]
    while True:
        print(*s, sep='  ', end='')
        n = int(input(':'))
        if 1 <= n <= len(Menu):
            return Menu(n)

lst = ArrayLinkedList(100)                              # 创建单链表

while True:
    menu = select_Menu()                               # 选择菜单
    if menu == Menu.向头部插入:                         # 向头部插入
        lst.add_first(int(input('值:')))

    elif menu == Menu.向尾部插入:                       # 向尾部插入
        lst.add_last(int(input('值:')))

    elif menu == Menu.删除头节点:                       # 删除头节点
        lst.remove_first()

    elif menu == Menu.删除尾节点:                       # 删除尾节点
        lst.remove_last()

    elif menu == Menu.显示当前节点:                     # 显示当前节点
        lst.print_current_node()

    elif menu == Menu.当前节点向后移动:                 # 当前节点向后移动
        lst.next()

    elif menu == Menu.删除当前节点:                     # 删除当前节点
        lst.remove_current_node()

    elif menu == Menu.全部删除:                         # 全部删除
        lst.clear()

    elif menu == Menu.查找:                             # 查找
        pos = lst.search(int(input('值:')))
        if pos >= 0:
            print(f'等于该值的数据位于表中第{pos + 1}位。')
        else:
            print('没有符合条件的数据。')

    elif menu == Menu.成员判断:                         # 成员判断
        print('等于该值的数据'
              + ('存在。' if int(input('值:')) in lst else '不存在。'))

    elif menu == Menu.显示所有节点:                     # 显示所有节点
        lst.print()

    elif menu == Menu.遍历:                             # 遍历所有节点
        for e in lst:
            print(e)
    else:                                               # 结束
        break
```

专栏 8-2 逻辑运算符

在许多编程语言中，逻辑运算符（逻辑与、逻辑或、逻辑非等运算符）的求值结果通常是 True 或 False 等逻辑值。但是，Python 中的逻辑运算符与其他语言完全不同，如表 8C-1 所示。

表 8C-1 逻辑运算符

x and y	对 x 求值，如果 x 为假，则返回 x，否则对 y 求值并返回其结果
x or y	对 x 求值，如果 x 为真，则返回 x，否则对 y 求值并返回其结果
not x	如果 x 为真，则返回 False，否则返回 True

▶ 3 种逻辑运算符的优先级由高到低为 not、and、or。

如上表所示，**and** 运算符或 **or** 运算符总是返回最后计算得到的结果，而不是 True 或 False。

例如，表达式“5 or 3”的计算结果为 5，表达式“0 or 3”的计算结果为 3。此外，5 and 3 的计算结果为 3（并不是 True 或 False）。

And 运算符和 or 运算符总是先计算其左操作数，只有在仅靠左操作数的值无法确定该逻辑表达式的结果时，才会求解其右操作数，这被称为**短路求值**（short circuit evaluation）。具体计算过程如下所示。

- **and** 运算符计算其左操作数，如果结果为假，则不再计算右操作数的值。
- **or** 运算符计算其左操作数，如果结果为真，则不再计算右操作数的值。

图 8C-1 列出了 Python 中逻辑运算符的计算规则。

a 逻辑与（and运算符）

x	y	x and y
真	真	y
真	假	y
假	真	x
假	假	x

当两者都为真时才为真

b 逻辑或（or运算符）

x	y	x or y
真	真	x
真	假	x
假	真	y
假	假	y

一方为假则为假

c 逻辑非（not运算符）

x	not x
真	False
假	True

如果为假，则返回 True

灰色阴影部分的操作数无须计算（忽略）。
蓝色文字的真和假是决定计算结果的操作数。
※ 以 x and y 为例，“真 and 假”的结果为假，即 y 的值，“假 and 真”的结果为假，即 x 的值。

图 8C-1 Python 中的逻辑运算符 and、or、not

8-4 双向循环链表

本节将介绍双向循环链表（circular double linked list），它的结构比前面的单链表更复杂。

■ 循环链表

如图 8-20 所示，将单链表的尾节点指针指向头节点，形成的环状单链表称为**循环链表**（circular list），可用于表示环状排列的数据。

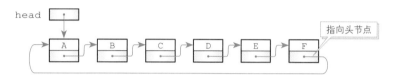

图 8-20 循环链表

循环链表和单链表的区别在于，尾节点 F 的后继指针指向的是头节点，而不是 None。

▶ 其中每个节点的类型与单链表相同。

■ 双链表

单链表的优点是可以很容易地找到某个节点的后继节点，缺点是**很难找到前驱节点**。

双链表（doubly linked list）则可以找到某个节点的前驱节点，弥补单链表的缺点。如图 8-21 所示，每个节点都包含指向后继节点的指针和指向前驱节点的指针。

▶ 双链表也称为双向链表（bidirectional linked list）。

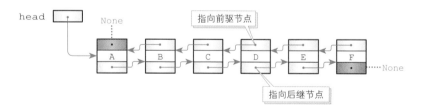

图 8-21 双链表

如图 8-22 所示，我们可以通过一个包含 3 个字段的 Node 类实现双链表的节点。

- data：数据（指向数据的引用：可以是任意类型）。
- prev：**前驱指针**（指向前驱节点的引用，是 Node 类型）。
- next：**后继指针**（指向后继节点的引用，是 Node 类型）。

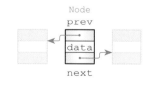

图 8-22 双链表中的节点

双向循环链表

如图 8-23 所示，将循环链表和双链表组合到一起，就得到了**双向循环链表**。

▶ 双向循环链表中每个节点的类型与双链表相同。

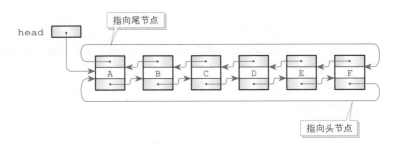

图 8-23　双向循环链表

双向循环链表的实现

本节介绍双向循环链表。双向循环链表的程序如代码清单 8-5[A] ~ 代码清单 8-5[F] 所示。

代码清单 8-5[A]　　　　　　　　　　　　　　　　　chap08/double_list.py

```python
# 双向循环链表

from __future__ import annotations
from typing import Any, Type

class Node:
    """双向循环链表中的节点类"""

    def __init__(self, data: Any = None, prev: Node = None,
                       next: Node = None) -> None:
        """初始化"""
        self.data = data             # 数据
        self.prev = prev or self      # 前驱指针
        self.next = next or self      # 后继指针

class DoubleLinkedList:
    """双向循环链表"""

    def __init__(self) -> None:
        """初始化"""
        self.head = self.current = Node()    # 创建虚拟节点
        self.no = 0

    def __len__(self) -> int:
        """返回链表中的节点个数"""
        return self.no

    def is_empty(self) -> bool:
        """链表是否为空？"""
        return self.head.next is self.head
```
➡

与前面一样，我们需要定义节点类和链表类。

节点类 Node

双向循环链表的 Node 节点类包含 3 个字段。

其中的 data 和 next 与 8-2 节介绍的单链表相同，这里新增的 prev 表示前驱指针，如图 8-22 所示。

*

__init__ 方法接收 data、prev、next 这 3 个形参，并分别将其赋给相应的字段来初始化节点。

另外，如果形参 prev 或 next 接收的值为 None，则将 self 赋给前驱指针 prev 和后继指针 next，而不用 None 赋值。这样一来，前驱指针和后继指针会指向自身的实例。

▶ 所以，赋值语句为 self.prev = prev or self。右侧使用了 or 运算符，赋值过程如下所示（详见专栏 8-2）。

- 如果 prev 为真（不为 None），则将 prev 赋给 self.prev。
- 如果 prev 为假（为 None），则将 self 赋给 self.prev。

self.next 的赋值也同样如此。

双向循环链表类 DoubleLinkedList

DoubleLinkedList 类用于表示双向循环链表。与代码清单 8-1[B] 的单链表类 LinkedList 一样，包含 3 个字段。

- no 　　… 表示表中的节点个数。
- head 　… 表示指向头节点的引用。
- current … 表示指向当前节点的引用（当前指针）。

初始化：__init__

__init__ 方法用于创建一个空的双向循环链表。如图 8-24 所示，**只创建一个不包含数据的节点**。这是一个**虚拟节点**，一直放置在链表头部，以方便执行插入和删除操作。

通过 Node() 创建的节点的 prev 和 next 在 Node 类的 __init__ 方法的作用下，在初始化时指向自身节点。

head 和 current 指向创建的虚拟节点。

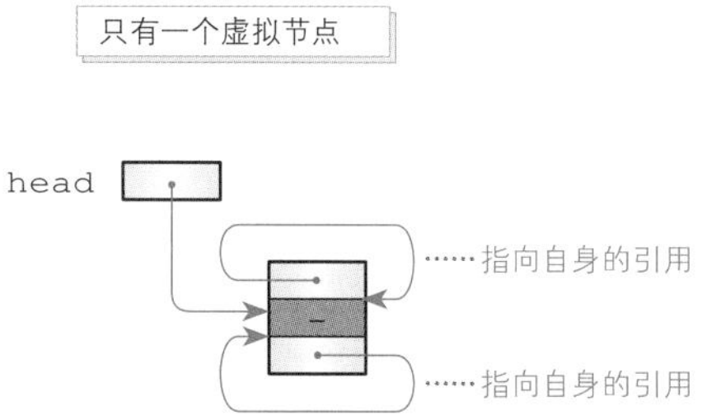

图 8-24　空的双向循环链表

返回节点个数：__len__

__len__ 方法用于返回链表中的节点个数，即直接返回 no 的值。

检查单链表是否为空：is_empty

is_empty 方法用于检查链表是否为空（是否只包含虚拟节点）。

如果虚拟节点的后继指针 head.next 指向了虚拟节点 head，则表示链表为空。

▶ 如图 8-24 所示，在一个空的双向循环链表中，head、head.next 和 head.prev 全部指向虚拟节点（都与 head 的值相同）。

如果链表为空，则返回 True，否则返回 False。

查找节点：search

search 方法用于线性查找与参数 data 相等的节点。

从头节点开始依次遍历后继指针，这个过程与单链表类 LinkedList 的 search 方法几乎相同。但是，双向循环链表中**实际的头节点**并不是第一个虚拟节点，而是其后继节点，所以查找的起点与单链表类不同。

如图 8-25 所示，head 指向虚拟节点，而虚拟节点的后继指针所指的节点 A 才是实际的头节点。因此，查找是从 head.next 开始的，而不是从 head。

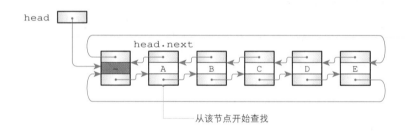

图 8-25 查找节点

▶ head、head.next、head.prev 分别指向虚拟节点、链表（实际的）头节点、链表的尾节点。

假设 Node 类型的变量 a、b、c、d、e 分别指向节点 A，节点 B，…，节点 E，则指向各节点的表达式如下所示。

虚拟节点	head	e.next	d.next.next	a.prev	b.prev.prev
节点 A	a	head.next	e.next.next	b.prev	c.prev.prev
节点 B	b	a.next	head.next.next	c.prev	d.prev.prev
节点 C	c	b.next	a.next.next	d.prev	e.prev.prev
节点 D	d	c.next	b.next.next	e.prev	head.prev.prev
节点 E	e	d.next	c.next.next	head.prev	a.prev.prev

如果在 while 语句的遍历过程中判断相等，则查找成功，返回计数器 cnt 的值（此时，当前

指针 current 更新为指向节点 ptr)。

如果没有找到目标节点,则在链表遍历完成,返回头节点(ptr 与 head 相等)时,while 语句结束。此时返回的是 -1,表示查找失败。

▶ 在图 8-25 的示例中,当 ptr 指向节点 E 时,执行表达式 ptr = ptr.next 后,ptr 便指向虚拟节点。因此,ptr 也指向 head,遍历结束。

代码清单 8-5[B]　　　　　　　　　　　　　　　　　　　　　　　chap08/double_list.py

```python
def search(self, data: Any) -> Any:
    """查找与data相等的节点"""
    cnt = 0
    ptr = self.head.next          # 当前遍历的节点
    while ptr is not self.head:
        if data == ptr.data:
            self.current = ptr
            return cnt            # 查找成功
        cnt += 1
        ptr = ptr.next            # 移动到后继节点
    return -1                     # 查找失败

def __contains__(self, data: Any) -> bool:
    """链表中是否包含data?"""
    return self.search(data) >= 0
```

但是,如果查找的是一个空的双向循环链表,则肯定会失败。我们通过图 8-26 来验证该方法是否会查找失败并返回 -1。

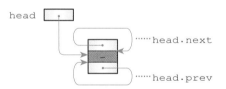

图 8-26　查找一个空的双向循环链表

在方法开头赋给 ptr 的 head.next 是指向虚拟节点的引用。因此,赋给 ptr 的值与 head 相同。

于是,while 语句的判断表达式 ptr is not head 的结果为假。因此,跳出 while 循环语句,执行方法末尾的 return 语句,返回 -1。

▶ 假设 Node 类型的变量 p 指向双向循环链表中的节点。我们可以通过下述表达式判断 p 所指向的节点在链表中的位置(请对照图 8-25 进行理解)。

```python
p.prev is head          # p是头节点吗?(不含虚拟节点)
p.prev.prev is head     # p是从头开始的第 2 个节点吗?(不含虚拟节点)
p.next is head          # p是尾节点吗?
p.next.next is head     # p是从尾部开始的第 2 个节点吗?
```

■ **判断双向循环链表中是否包含数据：__contains__**

__contains__ 方法用于判断链表中是否包含与 data 相等的节点。如果包含，则返回 True，否则返回 False。

▶ 程序内部通过调用 search 方法实现。

■ **显示当前节点：print_current_node**

print_current_node 方法用于显示当前节点的数据域 current.data。

如果链表为空，则当前节点也不存在，该方法会输出 "当前节点不存在"。

■ **输出所有节点：print**

print 方法用于从头到尾依次输出链表中的所有节点。

从 head.next 开始沿着**后继指针**遍历，并显示各个节点的数据。遍历完毕返回到 head 时，遍历结束。

在图 8-27 的示例中，指针按照①→②→③……遍历。当到达⑥时，返回到虚拟节点（ptr 与 head 的引用相同），遍历结束。

▶ 显示的起始位置是遍历①后，head.next 所指向的节点。

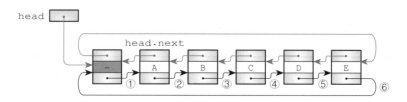

图 8-27　遍历所有节点

■ **逆序显示所有节点：print_reverse**

print_reverse 方法用于从尾到头逆序显示链表中的所有节点。

从 head.prev 开始沿着**前驱指针**遍历，并显示各个节点的数据。在遍历完毕回到 head 时，遍历结束。

在图 8-28 的示例中，指针按照①→②→③……遍历。当到达⑥时，返回到虚拟节点（ptr 与 head 的引用相同），遍历结束。

▶ 显示的起始位置是遍历①后，head.prev 所指向的节点。

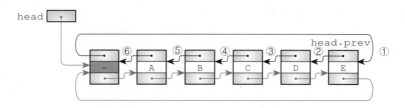

图 8-28　反向遍历所有节点

代码清单 8-5[C]

```python
def print_current_node(self) -> None:
    """显示当前节点"""
    if self.is_empty():
        print('当前节点不存在。')
    else:
        print(self.current.data)

def print(self) -> None:
    """显示所有节点"""
    ptr = self.head.next          # 虚拟节点的后继节点
    while ptr is not self.head:
        print(ptr.data)
        ptr = ptr.next

def print_reverse(self) -> None:
    """逆序显示所有节点"""
    ptr = self.head.prev          # 虚拟节点的前驱节点
    while ptr is not self.head:
        print(ptr.data)
        ptr = ptr.prev

def next(self) -> bool:
    """当前节点向后移动一位"""
    if self.is_empty() or self.current.next is self.head:
        return False              # 无法移动
    self.current = self.current.next
    return True

def prev(self) -> bool:
    """当前节点向前移动一位"""
    if self.is_empty() or self.current.prev is self.head:
        return False              # 无法移动
    self.current = self.current.prev
    return True
```

➡

当前节点向后移动一位：next

next 方法用于将当前节点**向后**移动一位。仅当链表不为空且存在后继节点时，才会移动当前节点。具体来说，就是将当前指针 current 更新为 current.next。

如果当前节点能够移动，则返回 True，否则返回 False。

当前节点向前移动一位：prev

prev 方法用于将当前节点**向前**移动一位。仅当链表不为空且存在前驱节点时，才会移动当前节点。具体来说，就是将当前指针 current 更新为 current.prev。

如果当前节点能够移动，则返回 True，否则返回 False。

插入节点：add

add 方法用于在当前节点之后插入一个新的节点。

我们以图 8-29 为例来看一下插入过程。图 8-29 **a** 表示当前指针 current 指向节点 B，图 8-29 **b** 表示在当前节点之后插入节点 D。插入位置位于 current 和 current.next 所指向的节点之间。

插入过程如下所示。

1 通过 Node(data, current, current.next) 创建待插入的新节点。创建的节点的数据

域为 data，前驱指针指向节点 B，后继指针指向节点 C。

2 将节点 B 的后继指针 current.next 和节点 C 的前驱指针 current.next.prev 同时更新为指向新插入的节点 Node。

3 将当前指针 current 更新为指向新插入的节点。

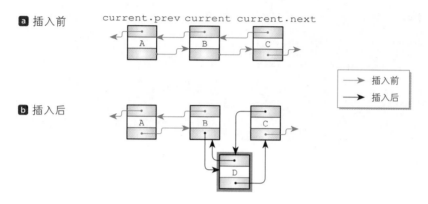

图 8-29　向双向循环链表中插入节点

与前面的单链表程序不同，由于双向循环链表的头部有一个虚拟节点，所以不需要专门对空链表插入节点或在链表头部插入节点。

以图 8-30 为例，向一个只包含虚拟节点的空链表中插入节点 A。在插入之前，current 和 head 都指向虚拟节点，因此插入过程如下所示。

1 将所创建节点的前驱指针和后继指针都指向虚拟节点。

2 将虚拟节点的后继指针和前驱指针都指向节点 A。

3 将当前指针 current 指向已插入的节点。

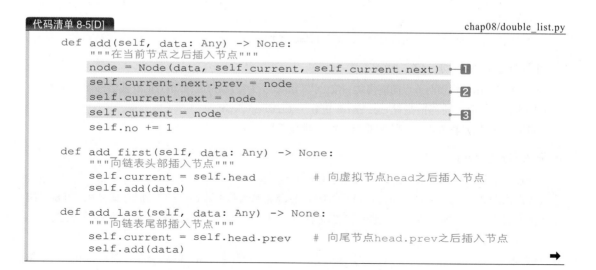

代码清单 8-5[D]　　　　　　　　　　　　　　　　　　　　　chap08/double_list.py

```
def add(self, data: Any) -> None:
    """在当前节点之后插入节点"""
    node = Node(data, self.current, self.current.next)    1
    self.current.next.prev = node
    self.current.next = node                               2
    self.current = node                                    3
    self.no += 1

def add_first(self, data: Any) -> None:
    """向链表头部插入节点"""
    self.current = self.head          # 向虚拟节点head之后插入节点
    self.add(data)

def add_last(self, data: Any) -> None:
    """向链表尾部插入节点"""
    self.current = self.head.prev     # 向尾节点head.prev之后插入节点
    self.add(data)
```

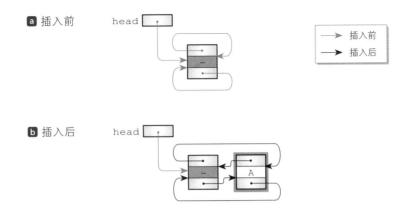

图 8-30 向空的双向循环链表中插入节点

向链表头部插入节点：add_first

add_first 方法用于向链表头部插入节点。

为了在虚拟节点之后插入节点，要先将当前指针 current 指向 head 再调用 add 方法。

▶ 按照图 8-29 执行插入操作。

向链表尾部插入节点：add_last

add_last 方法用于向链表尾部插入节点。

为了在尾节点之后，即虚拟节点之前插入节点，要先将当前指针 current 指向 head.prev 再调用 add 方法。

▶ 按照图 8-29 执行插入操作。

删除当前节点：remove_current_node

remove_current_node 方法用于删除当前节点。因为不能删除虚拟节点，所以首先检查链表是否为空，仅当链表不为空时，才会执行删除操作。

我们通过图 8-31 中的示例来看一下删除的过程。图 8-31 ⓐ 表示当前指针 current 指向节点 B，图 8-31 ⓑ 表示删除节点 B。待删除节点位于 current.prev 所指向的节点 A 和 current.next 所指向的节点 C 之间。删除过程如下所示。

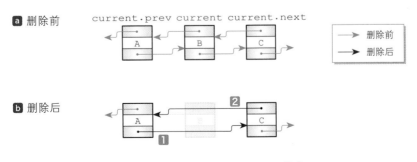

图 8-31 从双向循环链表中删除节点

■ 将节点 A（即 `current.prev` 的后继指针 `current.prev.next`）更新为指向节点 C，即指向 `current.next`。

■ 将节点 C（即 `current.next` 的前驱指针 `current.next.prev`）更新为指向节点 A，即指向 `current.prev`。

至此，没有任何对象再指向节点 B，删除过程结束。

■ 将当前指针 `current` 更新为指向所删除节点 B 的前驱节点 A。

删除任意节点：remove

`remove` 方法用于删除节点 p（p 引用的节点）。仅当链表不为空，并且通过参数指定的节点 p 存在时，`remove` 方法才会执行删除操作。

在通过 `while` 语句遍历所有节点的过程中，如果找到节点 p，则将 `current` 更新为指向 p，然后调用 `remove_current_node` 方法。

删除头节点：remove_first

`remove_first` 方法用于删除头节点。

将当前指针 `current` 更新为指向头节点 `head.next`，然后调用 `remove_current_node` 方法。

代码清单 8-5[E]   chap08/double_list.py

```python
    def remove_current_node(self) -> None:
        """删除当前节点"""
        if not self.is_empty():
            self.current.prev.next = self.current.next        ←■
            self.current.next.prev = self.current.prev        ←■
            self.current = self.current.prev                  ←■
            self.no -= 1
            if self.current is self.head:
                self.current = self.head.next

    def remove(self, p: Node) -> None:
        """删除节点p"""
        ptr = self.head.next

        while ptr is not self.head:
            if ptr is p:             # 找到p
                self.current = p
                self.remove_current_node()
                break
            ptr = ptr.next

    def remove_first(self) -> None:
        """删除头节点"""
        self.current = self.head.next     # 删除头节点head.next
        self.remove_current_node()

    def remove_last(self) -> None:
        """删除尾节点"""
        self.current = self.head.prev     # 删除尾节点head.prev
        self.remove_current_node()

    def clear(self) -> None:
        """删除所有节点"""
        while not self.is_empty():    # 删除头节点
            self.remove_first()       # 直到链表为空
        self.no = 0
```
→

因为不能删除虚拟节点，所以不能删除 head 指向的虚拟节点，而要删除其后继节点（实际的头节点）head.next。

删除尾节点：remove_last

remove_last 方法用于删除尾节点。

将当前指针 current 更新为指向尾节点 head.prve，然后调用 remove_current_node 方法。

删除所有节点：clear

clear 方法用于删除所有节点。

重复使用 remove_first 方法删除头节点，直到链表为空。

▶ 最后，当前指针 current 被更新为指向虚拟节点 head。

代码清单 8-5[F]　　　　　　　　　　　　　　　　　　　　　chap08/double_list.py

```python
    def __iter__(self) -> DoubleLinkedListIterator:
        """返回迭代器"""
        return DoubleLinkedListIterator(self.head)

    def __reversed__(self) -> DoubleLinkedListReverseIterator:
        """返回降序迭代器"""
        return DoubleLinkedListReverseIterator(self.head)

class DoubleLinkedListIterator:
    """DoubleLinkedList的迭代器类"""

    def __init__(self, head: Node):
        self.head    = head
        self.current = head.next

    def __iter__(self) -> DoubleLinkedListIterator:
        return self

    def __next__(self) -> Any:
        if self.current is self.head:
            raise StopIteration
        else:
            data = self.current.data
            self.current = self.current.next
            return data

class DoubleLinkedListReverseIterator:
    """DoubleLinkedList的降序迭代器类"""

    def __init__(self, head: Node):
        self.head    = head
        self.current = head.prev

    def __iter__(self) -> DoubleLinkedListReverseIterator:
        return self

    def __next__(self) -> Any:
        if self.current is self.head:
            raise StopIteration
        else:
            data = self.current.data
            self.current = self.current.prev
            return data
```

迭代器的实现

与上一节的单链表不同，双链表可以双向遍历。

因此，除了向后遍历的迭代器 `DoubleLinkedListIterator`，`DoubleLinkedList` 中还定义一个向前遍历的迭代器 `DoubleLinkedListReverseIterator`。

▶ 代码清单 8-6 的程序中使用了双向循环链表 `DoubleLinkedList`，其中"(15) 遍历"和"(16) 反向遍历"菜单分别使用了这两个迭代器。

在前者中，`for` 循环的遍历对象是 `DoubleLinkedList` 类型的 `lst`；在后者中，`for` 循环的遍历对象是 `reversed(lst)`（不是 `lst`）。

专栏 8-3 | **Python 中的赋值**

代码清单 8-5[D] 中的 add 方法如下所示。

```python
def add(self, data: Any) -> None:
    """ 向当前节点之后插入节点 """
    node = Node(obj, self.current, self.current.next)
    self.current.next.prev = node
    self.current.next = node
    self.current = node
    self.no += 1
```

我们来看阴影部分的代码。因为赋值符号 = 可以连续使用，所以大家（特别是有其他语言编程经验的人）可能会觉得这两个赋值运算可以组合成下面一句代码。

```python
# 在 Python 中不能正常运行（在 C 和 Java 等语言中，等效代码可以正常运行）
self.current.next = self.current.next.prev = node
```

在很多编程语言中，等效代码能得到预期的运行结果。但在 Python 中，却不能得到预期的运行结果。

在 C 和 Java 等编程语言中，赋值运算符 = 是右结合性的运算符。因此，上述连续赋值可以分解成下述两句代码（与函数中的阴影部分相同）。

```python
self.current.next.prev = node      # 赋值 [1]
self.current.next = node           # 赋值 [2]
```

在图 8C-2 中，"赋值 [1]"让节点 C 的前驱指针指向新插入的 D，"赋值 [2]"让节点 B 的后继指针也指向 D。但在 Python 中，上述连续赋值分解后如下所示（顺序相反）。

```python
self.current.next = node           # 赋值 [X]
self.current.next.prev = node      # 赋值 [Y]
```

也就是说先执行"赋值 [X]"，让节点 B 的后继指针指向 D。这样一来，"赋值 [Y]"就会指向节点 D 的前驱指针，而不是节点 C 的前驱指针（因为 `self.current.next` 已经指向了节点 D）。自然地，因为没有任何指针指向节点 C 的前驱指针，所以节点 C 的前驱指针保持不变。

专栏 2-1 也曾介绍过，Python 中的 = 根本不是运算符，更不是有右结合性的运算符。

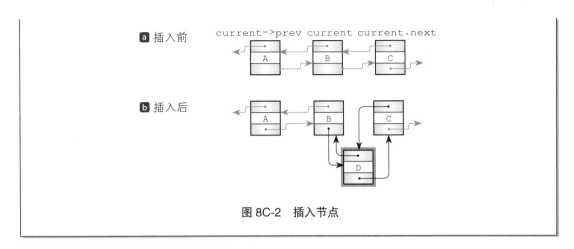

ⓐ 插入前　current->prev current current.next

ⓑ 插入后

图 8C-2　插入节点

在程序中使用双向循环链表

双向循环链表类 DoubleLinkedList 的程序如代码清单 8-6 所示。

代码清单 8-6　　　　　　　　　　　　　　　　　　　　　　　　chap08/double_list_test.py

```python
# 双向循环链表类DoubleLinkedList的使用示例

from enum import Enum
from double_list import DoubleLinkedList

Menu = Enum('Menu', ['向头部插入', '向尾部插入', '向当前节点之后插入',
                     '删除头节点', '删除尾节点', '显示当前节点',
                     '当前节点向后移动', '返回当前节点', '删除当前节点',
                     '全部删除', '查找', '成员判断', '显示所有节点',
                     '逆序显示所有节点', '遍历', '反向遍历', '结束'])
def select_Menu() -> Menu:
    """菜单选择"""
    s = [f'({m.value}){m.name}' for m in Menu]
    while True:
        print(*s, sep='  ', end='')
        n = int(input(':'))
        if 1 <= n <= len(Menu):
            return Menu(n)

lst = DoubleLinkedList()                              # 创建双向循环链表

while True:
    menu = select_Menu()                              # 菜单选择
    if menu == Menu.向头部插入:                        # 向头部插入
        lst.add_first(int(input('值:')))

    elif menu == Menu.向尾部插入:                      # 向尾部插入
        lst.add_last(int(input('值:')))

    elif menu == Menu.向当前节点之后插入:               # 向当前节点之后插入
        lst.add(int(input('值:')))

    elif menu == Menu.删除头节点:                      # 删除头节点
        lst.remove_first()

    elif menu == Menu.删除尾节点:                      # 删除尾节点
        lst.remove_last()

    elif menu == Menu.显示当前节点:                     # 显示当前节点
```

```
        lst.print_current_node()
    elif menu == Menu.当前节点向后移动:                   # 当前节点向后移动
        lst.next()
    elif menu == Menu.返回当前节点:                       # 返回当前节点
        lst.prev()
    elif menu == Menu.删除当前节点:                       # 删除当前节点
        lst.remove_current_node()
    elif menu == Menu.全部删除:                           # 全部删除
        lst.clear()
    elif menu == Menu.查找:                               # 查找
        pos = lst.search(int(input('值:')))
        if pos >= 0:
            print(f'等于该值的数据位于表中第{pos + 1}位。')
        else:
            print('没有符合条件的数据。')
    elif menu == Menu.成员判断:                           # 成员判断
        print('等于该值的数据'
              + ('存在。' if int(input('值:')) in lst else '不存在。'))
    elif menu == Menu.显示所有节点:                       # 显示所有节点
        lst.print()
    elif menu == Menu.逆序显示所有节点:                   # 逆序显示所有节点
        lst.print_reverse()
    elif menu == Menu.遍历:                               # 遍历所有节点
        for e in lst:
            print(e)
    elif menu == Menu.反向遍历:                           # 反向遍历所有节点
        for e in reversed(lst):
            print(e)
    else:                                                 # 结束
        break
```

阴影部分的代码反向遍历所有节点,并将双向循环链表 lst 传给了内置函数 reversed。

这里调用的 reversed 是 Python 的内置函数,用于返回一个逆序取出元素的迭代器。

因此,DoubleLinkedList 类的 __reversed__ 方法可以返回 DoubleLinkedListRever
seIterator。

运行示例

(1)向头部插入　(2)向尾部插入　(3)向当前节点之后插入　(4)删除头节点　(5)删除尾节点　(6)显示当前节点　(7)当前节点向后移动　(8)返回到当前节点　(9)删除当前节点　(10)全部删除　(11)查找　(12)成员判断　(13)显示所有节点　(14)逆序显示所有节点　(15)遍历　(16)反向遍历　(17)结束：1↵
值：2↵ ┄┄ [向头部插入②]

…中间省略（插入后，从头开始依次为1 → 2 → 3 → 4 → 5）…

(1)向头部插入　(2)向尾部插入　… 中间省略 …　(17)结束：11↵
值：3↵ ┄┄ [查找并关注③]
等于该值的数据位于表中第3位。
(1)向头部插入　(2)向尾部插入　… 中间省略 …　(17)结束：9↵ ┄┄┄┄┄┄┄┄┄┄ [删除当前节点③]
(1)向头部插入　(2)向尾部插入　… 中间省略 …　(17)结束：6↵ ┄┄┄┄┄┄┄┄┄┄ [显示当前节点]
2 ┄┄┄
(1)向头部插入　(2)向尾部插入　… 中间省略 …　(17)结束：8↵ ┄┄┄┄┄┄┄┄┄┄ [当前节点向前移动]
(1)向头部插入　(2)向尾部插入　… 中间省略 …　(17)结束：6↵ ┄┄┄┄┄┄┄┄┄┄ [显示当前节点]
1 ┄┄┄
(1)向头部插入　(2)向尾部插入　… 中间省略 …　(17)结束：15↵ ┄┄┄┄┄┄┄┄┄ [向后遍历]
1
2
4
5

(1)向头部插入　(2)向尾部插入　… 中间省略 …　(17)结束：16↵ ┄┄┄┄┄┄┄┄┄ [向前遍历]
5
4
2
1

(1)向头部插入　(2)向尾部插入　… 中间省略 …　(17)结束：17↵

章末习题

▪ 2009 年春季考试 第 6 题

比较单链表和数组，下列哪一项能更好地描述单链表的特性？

A. 在更新元素时，只需按顺序遍历指针，所以处理时间较短

B. 在删除元素时，被删除元素之后的所有元素都需要向前移动，所以处理时间较长

C. 在引用元素时，可以随机访问，所以处理时间较短

D. 在插入元素时，只需要重写几个指针，所以处理时间较短

▪ 1998 年秋季考试 第 13 题

下图表示一个单向链表。“东京”位于表头，其指针指向下一项数据的地址。“名古屋”位于单链表尾部，其指针为 0。

要在“热海”和“滨松”之间插入“静冈”，其地址为 150，下面哪个处理是正确的？

指向第 1 个数据的指针

10

地址	数据	指针
10	东京	50
30	名古屋	0
50	新横滨	90
70	滨松	30
90	热海	70
150	静冈	

A. 将“静冈”的指针设为 50，“滨松”的指针设为 150

B. 将“静冈”的指针设为 70，“热海”的指针设为 150

C. 将“静冈”的指针设为 90，“滨松”的指针设为 150

D. 将“静冈”的指针设为 150，“热海”的指针设为 90

▪ 1996 年秋季考试 第 12 题

下图表示一个单链表。“成田”位于表头，其指针指向后继数据的地址。“米兰”位于单链表尾部，其指针为 0。

要用“巴黎”替换“伦敦”，下面哪个处理是正确的？

设为第 1 个数据的指针

	120

地址	数据域	指针
100	维也纳	160
120	成田	180
140	巴黎	999
160	米兰	0
180	伦敦	100

A. 将"巴黎"的指针设为 100，"成田"的指针设为 140
B. 将"巴黎"的指针设为 100，"伦敦"的指针设为 0
C. 将"巴黎"的指针设为 100，"伦敦"的指针设为 140
D. 将"巴黎"的指针设为 180，"成田"的指针设为 140
E. 将"巴黎"的指针设为 180，"伦敦"的指针设为 140

▪ 2006 年秋季考试 第 13 题

下表通过基于数组的连接单元格表示单链表的内部，单链表中存储了"东京、品川、名古屋、新大阪"。下列哪个操作可以将该单链表修改为"东京、新横滨、名古屋、新大阪"？其中 $A(i, j)$ 表示表中第 i 行第 j 列的元素。例如，$A(3, 1) = $ "名古屋"，$A(3, 2) = 4$。此外，"→"表示赋值。

列

A	1	2
1	"东京"	2
2	"品川"	3
3	"名古屋"	4
4	"新大阪"	0
5	"新横滨"	

行 (对应第 3 行标注)

	第 1 项操作	第 2 项操作
A.	$5 \to A(1, 2)$	$A(A(1, 2), 2) \to A(5, 2)$
B.	$5 \to A(1, 2)$	$A(A(2, 2), 2) \to A(5, 2)$
C.	$A(A(1, 2), 2) \to A(5, 2)$	$5 \to A(1, 2)$
D.	$A(A(2, 2), 2) \to A(5, 2)$	$5 \to A(1, 2)$

▪ **2005 年秋季考试 第 13 题**

下列关于数据结构的描述，哪一项是正确的？

A. 二叉树是一种分层表达数据之间关系的树结构，所有节点都有两个子节点

B. 堆是一种先进先出的数据结构，最先进栈的数据最先出栈

C. 单链表是一种数据结构，由数据域和指向下一个数据存储地址的指针组成

D. 数组是一种数据结构，只修改指针即可实现数据的插入和删除操作

▪ **2010 年春季考试 第 5 题**

下表数据是一组具有双向指针的表结构。在该表中，向员工 A 和员工 K 之间添加一个新员工 G。与添加前相比，指针 a～f 中的哪几个指针的值发生了变化？

添加前

地址	员工姓名	后继指针	前驱指针
100	员工 A	300	0
200	员工 T	0	300
300	员工 K	200	100

添加后

地址	员工姓名	后继指针	前驱指针
100	员工 A	a	b
200	员工 T	c	d
300	员工 G	e	f
400	员工 K	x	y

A. a、b、e、f   B. a、e、f   C. a、f   D. b、e

第 9 章

树结构和二叉查找树

本章主要介绍树结构和二叉查找树。树结构可以表示数据的层级关系，二叉查找树能够大幅提高查找效率。

- 树和树结构
- 节点
- 边
- 上层和下层
- 根节点、叶节点、非终端节点、父节点和子节点、兄弟节点、祖先节点和子孙节点
- 层次、度、深度
- 子树
- 空树
- 有序树和无序树
- 广度优先搜索
- 深度优先搜索
- 前序遍历
- 中序遍历
- 后序遍历
- 二叉树
- 完全二叉树
- 二叉查找树
- 平衡二叉查找树

9-1 树结构

第 8 章介绍的线性表表示数据元素的有序集合，而本章要介绍的树结构则用来体现数据间的层级关系。

树

本章介绍**树**结构。首先，我们来了解一下什么是**树**（tree），同时结合图 9-1 学习树的相关术语。

树的相关术语

树由**节点**（node）和**边**（edge）组成，可以用于表示数据的层级结构。节点通过边与其他节点相连。图 9-1 中空心圆○表示节点，线段——表示边。

图 9-1 中的上部分称为**上层**，下部分称为**下层**。

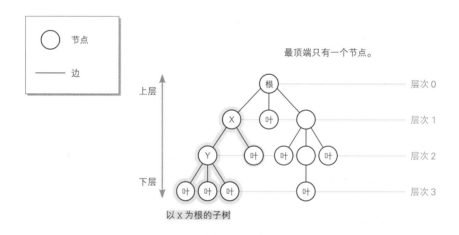

图 9-1　树

根节点	树的最顶端的节点称为**根节点**（root node）。一个树只有一个根节点。
	这与现实世界中的树很相似。如果将图 9-1 颠倒过来，就很容易理解了。
叶节点	树中最底层的节点称为**叶节点**（leaf node），也称为**终端节点**（terminal node）或**外部节点**（external node）。
非终端节点	除叶节点以外的所有节点（包括根节点）称为**非终端节点**（non-terminal node），也称为**内部节点**（internal node）。
子节点	通过边相连的两个节点，位于下层的称为**子节点**（child）。每个节点可以有多个子节点。
	如图 9-1 所示，X 节点有 2 个子节点，Y 节点有 3 个子节点。
	另外，位于**最下层的叶节点没有子节点**。

父节点	通过边相连的两个节点，位于上层的称为**父节点**（parent）。每个节点只能有一个父节点。如图 9-1 所示，X 是 Y 的父节点。 另外，**根节点没有父节点**。
兄弟节点	具有同一父节点的节点称为**兄弟节点**（sibling）。
祖先节点	从一个节点到根节点之间的路径上的所有节点都称为**祖先节点**（ancestor）。
子孙节点	从一个节点到叶节点之间的路径上的所有节点都称为**子孙节点**（descendant）。
层次	一个节点到根节点的距离称为**层次**（level）。根节点的层次为 0，每向下一层，层次加 1。
度	一个节点拥有的子树的数量称为节点的**度**（degree）。在图 9-1 中，X 节点的度为 2，Y 节点的度为 3。 另外，如果一棵树中所有节点的度都不大于 n，那么这棵树就称为 **n 叉树**。在图 9-1 中，所有节点的度都不大于 3，所以这是一棵三叉树。 如果所有节点的度都不超过 2，那么这棵树就称为二叉树。
高度	从根节点到叶节点的最长距离称为**高度**（height），也是叶节点的层次的最大值，也称为深度（depth）。在图 9-1 中，树的高度为 3。
子树	以某个节点为根，由该根节点及其子孙节点组成的树称为**子树**（subtree）。图 9-1 中浅蓝色的部分就是以 X 为根的子树。
空树	没有节点和边的树称为**空树**（empty tree）。

有序树和无序树

根据兄弟节点之间是否存在顺序关系，可以将树分成两种。

兄弟节点之间存在顺序关系的树称为**有序树**（ordered tree），兄弟节点之间不存在顺序关系的树称为**无序树**（unordered tree）。

如图 9-2 **a** 和图 9-2 **b**，如果是有序树，它们就是两棵不同的树，如果是无序树，就是相同的一棵树。

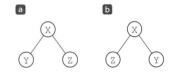

这两棵树是不同的有序树，相同的无序树

图 9-2　有序树和无序树

有序树的查找

主要有 2 种查找有序树中的节点的方法，下面笔者以二叉树为例进行说明。

广度优先搜索

广度优先搜索（breadth-first search）又称为**宽度优先搜索**，具体来说，就是从树的最底层开始，**从左向右依次遍历**，在当前层遍历完成后再遍历下一层。

图 9-3 展示了使用广度优先搜索算法遍历树中节点的过程。

节点的遍历顺序如下所示。

A ➡ B ➡ C ➡ D ➡ E ➡ F ➡ G ➡ H ➡ I ➡ J ➡ K ➡ L

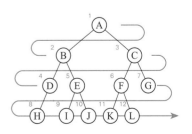

图 9-3　广度优先搜索

▨ 深度优先搜索

深度优先搜索（depth-first search）是沿着树的深度遍历树的节点，直到到达叶节点。

到达叶节点后，再返回根节点开始遍历另一个分支。

图 9-4 展示了使用深度优先搜索算法遍历树中节点的过程。

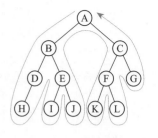

图 9-4 深度优先搜索

*

下面我们关注 A 节点。如图 9-5 所示，在遍历过程中，会到达 A 节点 3 次。

- 从 A 到 B 之前。
- 从 B 返回到 C 的途中。
- 从 C 返回到 A 时。

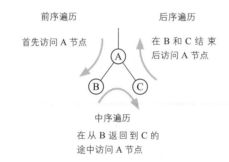

图 9-5 深度优先搜索和遍历

其他节点也同样如此。在没有子节点或只有一个子节点的情况下，到达次数会减少，每个节点最多也就到达 3 次。

根据**访问**节点的时间，可将深度优先搜索算法分成以下 3 种。

▪ 前序（preorder）遍历

遍历过程如下所示。

访问根节点 ➡ 遍历左子树 ➡ 遍历右子树

以图 9-4 所示的树为例，我们关注访问 A 节点的时机，可以看到前序遍历的过程为访问 A ➡ 遍历 B ➡ 遍历 C。

所以，整个树的遍历过程如下所示。

A ➡ B ➡ D ➡ H ➡ E ➡ I ➡ J ➡ C ➡ F ➡ K ➡ L ➡ G

- **中序（inorder）遍历**

遍历过程如下所示。

访问左子树➡遍历根节点➡遍历右子树

仍以图 9-4 所示的树为例，我们关注访问 A 节点的时机，中序遍历的过程为遍历 B➡访问 A➡遍历 C。

所以，整个树的遍历过程如下所示。

H➡D➡B➡I➡E➡J➡A➡K➡F➡L➡C➡G

- **后序（postorder）遍历**

遍历过程如下所示。

遍历左子树➡遍历右子树➡访问根节点

仍以图 9-4 所示的树为例，我们关注访问 A 节点的时机，后序遍历的过程为遍历 B➡遍历 C➡访问 A。

所以，整个树的遍历过程如下所示。

H➡D➡I➡J➡E➡B➡K➡L➡F➡G➡C➡A

9-2 二叉树和二叉查找树

本节将介绍两种既简单又常用的数据结构，即**二叉树**（binary tree）和**二叉查找树**（binary search tree）。

二叉树

如果树中的每个节点都有一个**左子节点**（left child）和一个**右子节点**（right child），那么这棵树就称为二叉树。二叉树也可以只有一个子节点或没有子节点。二叉树的示例如图9-6所示。

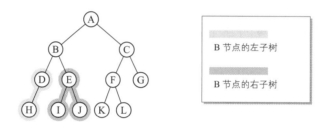

图 9-6　二叉树

与简单二叉树的不同之处在于，**二叉树中区分左子节点和右子节点**。例如在图9-6中，B节点的左子节点为D，右子节点为E。

另外，以左子节点为根的子树称为**左子树**（left subtree），以右子节点为根的子树称为**右子树**（right subtree）。在图9-6的示例中，蓝色部分是B节点的左子树，灰色部分是B节点的右子树。

完全二叉树

在一棵二叉树中，从根节点开始向下无间断，并且每一层从左到右连续无空节点的树称为**完全二叉树**（complete binary tree）。

如图9-7所示，节点的填充方式如下所示。

- 除最后一层外，其他层的节点个数均达到最大值。
- 在最后一层，从左到右连续无空节点，但节点个数无须达到最大值。

高度为 k 的完全二叉树的最大节点数为 $2^{k+1}-1$，具有 n 个节点的完全二叉树的高度是 $\log_2 n$。

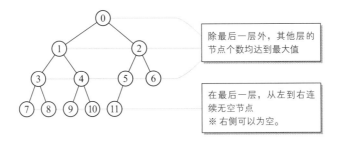

图 9-7 完全二叉树

如图 9-7 所示,利用广度优先搜索算法遍历所有节点,并依次赋值为 0, 1, 2, ⋯,则恰好对应数组的下标。

▶ 第 6 章介绍的堆排序使用的就是该方法。

专栏 9-1 | 平衡二叉查找树

在接下来要介绍的二叉查找树中,如果关键字升序插入节点,树的高度会越来越大,这是二叉查找树的缺点。

例如,按照关键字 1、2、3、4、5 的顺序向一棵空的二叉查找树中插入节点,如图 9C-1 所示,会得到一棵直直的树(实际上与线性表相同,无法实现快速查找)。

平衡二叉查找树(self-balancing search tree)的问世,就是为了将二叉树的高度控制在 $O(\log_2 n)$ 以内。

平衡二叉查找树的类型如下所示。

- AVL 树(AVL tree)
- 红黑树(red-black tree)

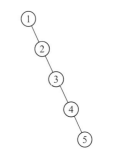

图 9C-1 倾斜的二叉查找树

非平衡二叉查找树的类型如下所示。

- B 树(B tree)
- 2-3 树(2-3 tree)

二叉查找树

如果二叉树的所有节点都满足以下条件,则该二叉树是一棵**二叉查找树**。

> 左子树中所有节点的关键字都小于根节点的关键字;
> 右子树中所有节点的关键字都大于根节点的关键字。

所以,二叉查找树中的关键字是唯一的,不存在相同的关键字。

二叉查找树的示例如图 9-8 所示。

我们来关注节点 5，其左子树中的节点 {4, 1} 都小于 5，右子树中的节点 {7, 6, 9} 都大于 5。

当然，其他节点也同样如此。

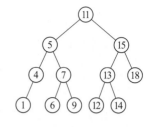

图 9-8   二叉查找树

＊

通过**深度优先搜索算法的中序遍历方法**遍历二叉查找树，可以得到按照关键字升序排列的节点。

以图 9-8 为例，节点依次为 $1 \rightarrow 4 \rightarrow 5 \rightarrow 6 \rightarrow 7 \rightarrow 9 \rightarrow 11 \rightarrow 12 \rightarrow 13 \rightarrow 14 \rightarrow 15 \rightarrow 18$。

二叉查找树能够被广泛使用，得益于它的以下特点。

- 结构简单。
- 通过深度优先搜索算法的中序遍历方法，可以得到按照关键字升序排列的节点。
- 与二分查找法类似，可实现快速查找。
- 方便插入节点。

下面我们结合程序一起学习二叉查找树。

二叉查找树的实现

二叉查找树的程序如代码清单 9-1[A] ~ 代码清单 9-1[F] 所示。

代码清单 9-1[A]   chap09/bst.py

```python
# 二叉查找树

from __future__ import annotations
from typing import Any, Type

class Node:
    """二叉查找树的节点"""
    def __init__(self, key: Any, value: Any, left: Node = None,
                 right: Node = None):
        """构造函数"""
        self.key   = key      # 键
        self.value = value    # 值
        self.left  = left     # 左指针( 指向左子节点的引用 )
        self.right = right    # 右指针( 指向右子节点的引用 )

class BinarySearchTree:
    """二叉查找树"""

    def __init__(self):
        """初始化"""
        self.root = None      # 根节点
```

节点类 Node

Node 节点类用于表示二叉查找树中的节点，包括以下 4 个字段。

- key　：键（任意类型）。
- value：值（任意类型）。
- left　：指向左子节点的引用（称为左指针）。
- right：指向右子节点的引用（称为右指针）。

图 9-9 是节点的示意图。Node 节点类的 __init__ 方法将接收的 4 个形参的值分别赋给相应的字段。

▶ 第 3 个参数 left 和第 4 个参数 right 默认指定为 None。

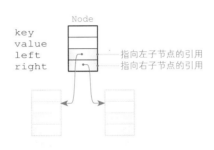

图 9-9　Node 节点类的示意图

▇ 二叉查找树类 BinarySearchTree

　　BinarySearchTree 类用于表示二叉查找树。该类的唯一字段 root 中保存了根节点的引用。

　　通过 BinarySearchTree 类的 __init__ 方法，将 None 赋给 root，就会创建一个不含节点的二叉查找树。

　　图 9-10 展示了通过 __init__ 方法创建的空的二叉查找树。

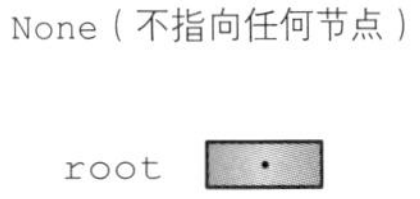

None（不指向任何节点）

root

图 9-10　空的二叉查找树

▇ 根据关键字查找节点：search

　　二叉查找树的查找过程如图 9-11 所示。图 9-11 ⓐ 表示查找成功，图 9-11 ⓑ 表示查找失败。

ⓐ 查找成功的示例

　　从二叉查找树中找出关键字为 3 的节点。

①　首先，根节点的关键字为 5，大于待查找关键字 3，所以向左子树前进一步。
②　左子树的根节点的关键字为 2，小于待查找关键字 3，所以向右子树前进一步。
③　右子树的根节点的关键字为 4，大于待查找关键字 3，所以向左子树前进一步。
④　到达关键字为 3 的节点，查找成功。

ⓑ 查找失败的示例

　　从二叉查找树中找出关键字为 8 的节点。

❶　首先，根节点的关键字为 5，小于待查找关键字 8，所以向右子树前进一步。

2 右子树的根节点的关键字为7，当前节点是叶节点，不存在右子节点，不能继续遍历，所以**查找失败**。

a 查找3（查找成功）

① 关注根节点 5，它大于待查找关键字 3，所以向左子树前进一步

b 查找8（查找失败）

1 关注根节点 5，小于待查找关键字 8，所以向右子树前进一步

② 左子树的根节点为 2，小于待查找关键字 3，所以向右子树前进一步

2 关注右子树，右子树没有子节点，所以查找失败

③ 右子树的根节点为 4，大于待查找关键字 3，所以向左子树前进一步

④ 到达关键字为 3 的左子节点，该节点与待查找关键字相等，查找成功

图 9-11 从二叉查找树中查找节点

*

综上所述，从根节点开始判断关键字的大小关系，根据判断结果，选择下一步是遍历左子树还是右子树，完成查找。算法如下所示。

1 首先，关注根节点。假设当前节点为 p。

2 如果 p 为 None，则查找失败（结束）。

3 比较待查找关键字 key 和当前节点 p 的关键字。

- 如果一致，则查找成功（结束）。
- 如果 key 较小，则将当前节点移动到左子节点。
- 如果 key 较大，则将当前节点移动到右子节点。

4 返回到 2。

search 方法可以基于该算法从二叉查找树中查找任意关键字的节点。

代码清单 9-1[B]　　　　　　　　　　　　　　　　　　　　　　　　　　chap09/bst.py

```
def search(self, key: Any) -> Any:
    """查找关键字为key的节点"""
    p = self.root              # 关注根节点
    while True:
        if p is None:          # 如果无法继续前进
            return None        # ……查找失败
        if key == p.key:       # 如果key与节点p的关键字相等
            return p.value     # ……查找成功
        elif key < p.key:      # 如果key较小
            p = p.left         # ……查找左子树
        else:                  # 如果key较大
            p = p.right        # ……查找右子树
```

查找关键字为 key 的节点，如果查找成功，则返回该节点的值。

插入节点：add

在向二叉查找树中插入一个节点时，必须确保插入后仍是二叉查找树。因此，需要找到合适的位置后再插入节点。

插入过程的具体示例如图 9-12 所示。图 9-12 **a** 表示向含有 4 个节点（即 {2, 4, 6, 7}）的二叉查找树中插入节点 1，插入完成后，继续向该二叉查找树中插入节点 5，结果如图 9-12 **b** 所示。

a 插入1

① 遍历过程与查找操作相同。待插入的值 1 小于 2，因为 2 不含左子节点，所以停止遍历

② 插入 1，将其作为 2 的左子节点

b 插入5

① 遍历过程与查找操作相同。待插入的值 5 大于 2，因为 4 不含右子节点，所以停止遍历

② 插入 5，将其作为 4 的右子节点

图 9-12　向二叉查找树中插入节点

向以 node 为根的子树中，插入关键字为 key 的节点，算法如下所示（node 不为 None）。

① 首先，关注根节点。假设当前节点为 node。

② 比较待插入关键字 key 和当前节点 node 的关键字。

- 如果一致，则插入失败（结束）。
- 如果 key 较小，则
  - □ 当不存在左子节点（例如图 9-12 **a**）时，在该位置插入节点（结束）。
  - □ 当存在左子节点时，将当前节点移动到左子节点。
- 如果 key 较大，则
  - □ 当不存在右子节点（例如图 9-12 **b**）时，在该位置插入节点（结束）。
  - □ 当存在右子节点时，将当前节点移动到右子节点。

③ 返回到②。

add 方法可以基于该算法向二叉查找树中插入关键字为 key、值为 value 的节点。

▶ 如果树中已经存在关键字为 key 的节点，则不执行插入操作（返回 False）。

代码清单 9-1[C]   chap09/bst.py

```python
def add(self, key: Any, value: Any) -> bool:
    """插入关键字为key、值为value的节点"""

    def add_node(node: Node, key: Any, value: Any) -> None:
        """向以node为根的子树中插入关键字为key、值为value的节点"""
        if key == node.key:
            return False                    # 二叉查找树中已经存在关键字为key的节点
        elif key < node.key:
            if node.left is None:
                node.left = Node(key, value, None, None)
            else:
                add_node(node.left, key, value)
        else:
            if node.right is None:
                node.right = Node(key, value, None, None)
            else:
                add_node(node.right, key, value)
        return True

    if self.root is None:
        self.root = Node(key, value, None, None)    ━■1
        return True
    else:
        return add_node(self.root, key, value)      ━■2
```
━━▶

程序会根据 root 的值执行不同的插入操作。

■1 当 root 为 None 时

root 为 None 表示这是一个空树，我们首先需要创建一个只包含根节点的树。

通过 Node(key, value, None, None) 创建一个关键字为 key、值为 value、左指针和右指针均为 None 的节点，然后让 root 指向该节点（图 9-13）。

▶ 请注意，root 是指向根节点的引用，而不是根节点本身。

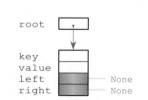

图 9-13　只包含根节点的二叉查找树

2 当 root 不为 None 时

root 不为 None 表示树不为空。我们可以调用内部函数 add_node 插入节点。

内部函数 add_node 的作用是向以 node 为根的子树中插入关键字为 key、值为 value 的节点。递归调用上述算法即可实现插入操作。

▇ 删除节点：remove

删除节点的过程比较复杂，我们分成 3 种情况进行讨论。

Ⓐ 待删除节点没有子节点。

Ⓑ 待删除节点只有一个子节点。

Ⓒ 待删除节点有两个子节点。

Ⓐ 待删除节点没有子节点

待删除节点 3 没有子节点，删除过程如图 9-14Ⓐ 所示。

父节点 4 的左指针指向节点 3，我们将其更新为不指向节点 3（将左指针设为 None）。

由此，没有任何指针指向的节点 3 删除完成。

Ⓐ 删除3

① 遍历过程与查找操作相同。在待删除节点 3 的位置停止遍历

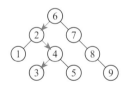

② 将其父节点 4 的左指针设为 None

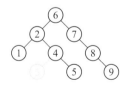

Ⓑ 删除9

① 遍历过程与查找操作相同。在待删除节点 9 的位置停止遍历

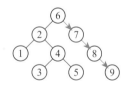

② 将其父节点 8 的右指针设为 None

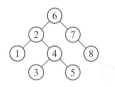

图 9-14　待删除节点没有子节点

图 9-14Ⓑ 的示例同样如此。断开待删除节点与父节点的连接，则删除完成。

*

将该处理过程一般化，内容如下所示。

- 如果待删除节点是左子节点，将父节点的左指针设为 None。
- 如果待删除节点是右子节点，将父节点的右指针设为 None。

B 待删除节点只有一个子节点

待删除节点 7 只有一个子节点，删除过程如图 9-15 **a** 所示。

我们将节点 8 移动到节点 7 的位置，即可完成删除。这是因为 **"在以子节点 8 为根的子树中，所有节点的关键字都大于父节点 6"**。

具体来讲，就是将父节点 6 的右指针**指向待删除节点的子节点 8**，这样就没有任何指针再指向节点 7，删除完成（将节点 6 的子孙节点的指针赋给节点 6）。

a 删除7

① 遍历过程与查找操作相同。在待删除节点 7 的位置停止遍历

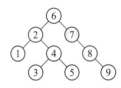

② 将其父节点 6 的右指针更新为指向 7 的子节点 8

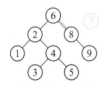

b 删除1

① 遍历过程与查找操作相同。在待删除节点 1 的位置停止遍历

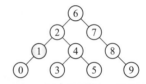

② 将其父节点 2 的左指针更新为指向 1 的子节点 0

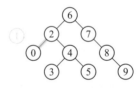

图 9-15　待删除节点只有一个子节点

该过程同样适用于左右相反的图 9-15 **b**。将待删除节点 1 的父节点 2 的左指针更新为指向其子节点 0，即可完成删除处理。

*

将该处理过程一般化，内容如下所示。

- 如果待删除节点是父节点的左子节点，则将父节点的左指针指向待删除节点的子节点。
- 如果待删除节点是父节点的右子节点，则将父节点的右指针指向待删除节点的子节点。

C 待删除节点有两个子节点

如果待删除节点有两个子节点，删除过程就会比较复杂。图 9-16 是删除节点 5 的示例。

 删除5

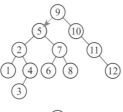

① 遍历过程与查找操作相同。在待删除节点 5 的位置停止遍历

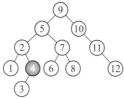

② 从 5 的左子树（以 2 为根的子树）中查找关键字最大的节点。在节点 4 的位置停止遍历

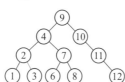

③ 将 4 移动到 5 的位置，删除完成
※ 移动过程如下所示。
  ■ 将 4 的数据复制到 5。
  ■ 将 4 与父节点断开连接。

图 9-16　待删除节点有两个子节点

从节点 5 的左子树（以 2 为根的子树）中，将关键字最大的节点 4 移动到节点 5 的位置，即可完成删除。

将该过程一般化，内容如下所示。

---

① 从待删除节点的左子树中，查找关键字最大的节点。

② 将找到的节点移动到待删除位置。

※ 将找到的节点的数据复制到待删除节点中。

③ 删除已移动的节点。

※ 如果已移动的节点没有子节点，按照 **Ⓐ** 的步骤删除。

如果已移动的节点只有一个子节点，按照 **Ⓑ** 的步骤删除。

---

*

remove 方法用于删除关键字为 key 的节点。

```
    def remove(self, key: Any) -> bool:
        """删除关键字为key的节点"""
        p = self.root                 # 当前遍历的节点
        parent = None                 # 当前遍历节点的父节点
        is_left_child = True          # p是parent的左子节点吗?

        while True:
            if p is None:             # 如果无法继续前进
                return False          # ……该关键字不存在

            if key == p.key:          # 如果key与节点p的关键字相等
                break                 # ……查找成功
            else:
                parent = p                        # 遍历分支前,首先设定父节点
                if key < p.key:                   # 如果key较小
                    is_left_child = True          # ……下一步遍历左子节点
                    p = p.left                    # ……查找左子树
                else:                             # 如果key较大
                    is_left_child = False         # ……下一步遍历右子节点
                    p = p.right                   # ……查找右子树

        if p.left is None:                        # p没有左子节点……
            if p is self.root:
                self.root = p.right
            elif is_left_child:
                parent.left  = p.right            # 将父节点的左指针指向右子节点
            else:
                parent.right = p.right            # 将父节点的右指针指向右子节点
        elif p.right is None:                     # p没有右子节点
            if p is self.root:
                self.root = p.left
            elif is_left_child:
                parent.left  = p.left             # 将父节点的左指针指向左子节点
            else:
                parent.right = p.left             # 将父节点的右指针指向右子节点
        else:
            parent = p
            left = p.left                         # 子树中最大的节点
            is_left_child = True
            while left.right is not None:         # 查找最大节点left
                parent = left
                left = left.right
                is_left_child = False

            p.key = left.key                      # 将left的关键字移动到p
            p.value = left.value                  # 将left的数据移动到p
            if is_left_child:
                parent.left  = left.left          # 删除left
            else:
                parent.right = left.left          # 删除left
        return True                                                              ➡
```

1 查找待删除节点。如果查找成功,则 p 指向找到的节点,parent 指向该节点的父节点。

2 这里执行前面介绍的 **A** 和 **B** 的步骤。之所以能在同一个步骤中执行 **A** 和 **B**,是因为当待删除节点没有左子节点时,左指针为 None;当没有右子节点时,右指针为 None。

3 这里执行 **C** 的步骤。

■ 转储：dump

dump 方法用于按关键字升序显示所有节点，我们可以利用深度优先搜索算法的中序遍历方法进行遍历。

代码清单 9-1[E] *chap09/bst.py*

```
def dump(self) -> None:
    """转储( 按关键字升序显示所有节点 )"""

    def print_subtree(node: Node):
        """按关键字升序显示以node为根的子树中的节点"""
        if node is not None:
            print_subtree(node.left)               # 按升序显示左子树
            print(f'{node.key}   {node.value}')     # 显示node
            print_subtree(node.right)               # 按升序显示右子树

    print_subtree(self.root)
```

该方法以 root 为参数调用内部函数 print_subtree。

print_subtree 是一个递归函数，它按关键字升序显示以 node 为根的子树中的节点。

*

笔者以图 9-17 为例来说明递归函数 print_subtree 执行的操作。

在函数的开头部分，首先检查接收的 node 是否为 None。如果为 None，则直接返回给调用者，不执行任何处理。

在图 9-17 中，函数接收的形参 node 是指向根节点 6 的引用。因为 node 不为 None，所以该方法执行以下操作。

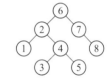

图 9-17　二叉查找树示例

> ① 传入指向节点 2 的左指针，递归调用 print_subtree 函数。
> ② 显示自身节点的数据 6。
> ③ 传入指向节点 7 的右指针，递归调用 print_subtree 函数。

①和③的递归调用过程很难用一两句话描述清楚。以步骤①为例，调用过程如下所示。

> ⓐ 传入指向节点 1 的左指针，递归调用 print_subtree 函数。
> ⓑ 显示自身节点的数据 2。
> ⓒ 传入指向节点 4 的右指针，递归调用 print_subtree 函数。

重复上述递归调用过程，就可以将二叉查找树中的所有节点按关键字升序显示出来。

■ 最小关键字 / 最大关键字：min_key 与 max_key

min_key 方法用于寻找并返回最小关键字，max_key 方法用于寻找并返回最大关键字。

代码清单 9-1[F]   chap09/bst.py

```python
    def min_key(self) -> Any:
        """最小关键字"""
        if self.root is None:
            return None
        p = self.root
        while p.left is not None:
            p = p.left
        return p.key

    def max_key(self) -> Any:
        """最大关键字"""
        if self.root is None:
            return None
        p = self.root
        while p.right is not None:
            p = p.right
        return p.key
```

该算法会一直遍历左子节点或右子节点，直到遇到终端的 `None`。

专栏 9-2 │ **按关键字降序转储**

dump 方法用于按照关键字升序显示所有节点。如果需要按照降序显示所有节点，可以根据代码清单 9C-1 修改 dump 方法。

当第 2 个参数 reverse 为 True 时，调用内部函数 print_subtree 按照关键字升序显示全部节点，否则，调用内部函数 print_subtree_rev 按照关键字降序显示全部节点。

代码清单 9C-1   chap09/bst2.py

```python
    def dump(self, reverse = False) -> None:
        """转储( 按照关键字升序或降序显示全部节点 )"""

        def print_subtree(node: Node):
            """按照关键字升序显示以node为根的子树的节点"""
            if node is not None:
                print_subtree(node.left)                # 按升序显示左子树
                print(f'{node.key}  {node.value}')      # 显示node
                print_subtree(node.right)               # 按升序显示右子树

        def print_subtree_rev(node: Node):
            """按照关键字降序显示以node为根的子树的节点"""
            if node is not None:
                print_subtree_rev(node.right)           # 按降序显示右子树
                print(f'{node.key}  {node.value}')      # 显示node
                print_subtree_rev(node.left)            # 按降序显示左子树

        print_subtree_rev(self.root) if reverse else print_subtree(self.root)
```

在程序中使用二叉查找树

二叉查找树类 BinarySearchTree 的程序如代码清单 9-2 所示。

代码清单 9-2   chap09/bst_test.py

```python
# 二叉查找树类BinarySearchTree的使用示例

from enum import Enum
from bst import BinarySearchTree

Menu = Enum('Menu', ['插入', '删除', '查找', '转储', '关键字范围', '结束'])

def select_Menu() -> Menu:
    """菜单选择"""
    s = [f'({m.value}){m.name}' for m in Menu]
    while True:
        print(*s, sep='   ', end='')
        n = int(input(':'))
        if 1 <= n <= len(Menu):
            return Menu(n)

tree = BinarySearchTree()                          # 创建二叉查找树

while True:
    menu = select_Menu()                           # 菜单选择

    if menu == Menu.插入:                           # 插入
        key = int(input('关键字:'))
        val = input('值:')
        if not tree.add(key, val):
            print('插入失败!')

    elif menu == Menu.删除:                         # 删除
        key = int(input('关键字:'))
        tree.rcmove(key)

    elif menu == Menu.探索:                         # 查找
        key = int(input('关键字:'))
        t = tree.search(key)
        if t is not None:
            print(f'该关键字的值为{t}。')
        else:
            print('没有符合条件的数据。')

    elif menu == Menu.转储:                         # 转储
        tree.dump()

    elif menu == Menu.关键字范围:                    # 关键字范围( 最大值和最小值 )
        print(f'最小关键字 = {tree.min_key()}')
        print(f'最大关键字 = {tree.max_key()}')

    else:                                          # 结束
        break
```

▶ chap09/bst2_test.py 是按关键字降序转储（详见专栏 9-2）的程序示例。

在该程序使用的二叉查找树中，节点的关键字和值如下所示。

- 关键字 : int 类型的整数。
- 值   : str 类型的字符串。

▶ 如果数据中只包含关键字，不包含值，则在传递时，给值传入与关键字相同的参数（例如，可通过 tree.
add(key, key) 调用）。

运行示例					

(1)插入　(2)删除　(3)查找　(4)转储　(5)关键字范围　(6)结束：1⏎
关键字：1⏎
值：赤尾⏎　　　　　　　　　　　　　　　　　　　　　　　　·········· 插入{①　赤尾}

(1)插入　(2)删除　(3)查找　(4)转储　(5)关键字范围　(6)结束：1⏎
关键字：10⏎
值：小野⏎　　　　　　　　　　　　　　　　　　　　　　　　·········· 插入{⑩　小野}

(1)插入　(2)删除　(3)查找　(4)转储　(5)关键字范围　(6)结束：1⏎
关键字：5⏎
值：武田⏎　　　　　　　　　　　　　　　　　　　　　　　　·········· 插入{⑤　武田}

(1)插入　(2)删除　(3)查找　(4)转储　(5)关键字范围　(6)结束：1⏎
关键字：12⏎
值：铃木⏎　　　　　　　　　　　　　　　　　　　　　　　　·········· 插入{⑫　铃木}

(1)插入　(2)删除　(3)查找　(4)转储　(5)关键字范围　(6)结束：1⏎
关键字：14⏎
值：神崎⏎　　　　　　　　　　　　　　　　　　　　　　　　·········· 插入{⑭　神崎}

(1)插入　(2)删除　(3)查找　(4)转储　(5)关键字范围　(6)结束：3⏎
关键字：5⏎　　　　　　　　　　　　　　　　　　　　　　　　·········· 查找⑤
该关键字的值为武田。

(1)插入　(2)删除　(3)查找　(4)转储　(5)关键字范围　(6)结束：4⏎
1　赤尾
5　武田
10　小野　　　　　　　　　　　　　　　　　　　　·········· 按照关键字升序显示全部节点
12　铃木
14　神崎

(1)插入　(2)删除　(3)查找　(4)转储　(5)关键字范围　(6)结束：2⏎
关键字：10⏎　　　　　　　　　　　　　　　　　　　　　　　·········· 删除⑩

(1)插入　(2)删除　(3)查找　(4)转储　(5)关键字范围　(6)结束：4⏎
1　赤尾
5　武田
12　铃木　　　　　　　　　　　　　　　　　　　　·········· 按照关键字升序显示全部节点
14　神崎

(1)插入　(2)删除　(3)查找　(4)转储　(5)关键字范围　(6)结束：5⏎
最小关键字＝1
最大关键字＝14

(1)插入　(2)删除　(3)查找　(4)转储　(5)关键字范围　(6)结束：6⏎

章末习题

2004 年春季考试 第 43 题

关于数据结构中的树结构，以下哪一项描述是正确的？

A. 可以通过从上向下遍历节点的方式取出数据

B. 可以按照存储顺序取出数据

C. 可以按照与存储顺序相反的顺序取出数据

D. 可以通过遍历由数据域和一个指针域组成的单元取出数据

2003 年秋季考试 第 12 题

根据遍历顺序，二叉树的遍历方法有以下 3 种类型。

(1) 前序遍历：按照节点、左子树、右子树的顺序遍历。

(2) 中序遍历：按照左子树、节点、右子树的顺序遍历。

(3) 后序遍历：按照左子树、右子树、节点的顺序遍历。

对下图所示二叉树进行前序遍历，请选择正确的输出结果。

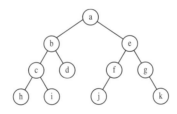

A. abchidefjgk   B. abechidfjgk   C. hcibdajfegk   D. hicdbjfkgea

2007 年秋季考试 第 12 题

如下所示，定义一个递归程序 Proc(节点 n)，用于输出二叉树中各节点的符号。在将该程序应用到下图中二叉树的根节点（最上层的节点）时，正确的输出结果是哪一个？

Proc(节点 n) {

　　如有 n 包含左子节点 l，则调用 Proc(l)。

　　如果 n 包含右子节点 r，则调用 Proc(r)。

　　输出 n 中的符号。

}

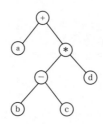

A. b−c ∗ d + a   B. + a ∗ −bcd   C. a + b−c ∗ d   D. abc−d ∗ +

▪ 2005 年秋季考试 第 12 题

有一棵二叉树，所有叶节点都具有相同的深度，并且叶节点以外的所有节点都有两个子节点。在以下选项中，哪一项的节点个数和深度关系是正确的？ n 表示节点个数，k 表示从根节点到叶节点的深度。下图中二叉树的深度为 2。

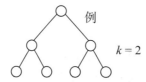

A. $n = k(k + 1) + 1$ B. $n = 2^k + 3$

C. $n = 2^{k+1} − 1$ D. $n = (k−1)(k + 1) + 4$

▪ 1998 年春季考试 第 14 题

用数组表示下面图 1 的二叉树，结果如图 2 所示。请选择可以放入 ☐ a ☐ 中的值。

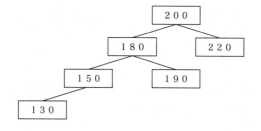

图 1 二叉树

下标	值	指针 1	指针 2
1	200	3	2
2	220	0	0
3	180	5	a
4	190	0	0
5	150	6	0
6	130	0	0

图 2 二叉树的数组表示

A. 2   B. 3   C. 4   D. 5

请从下列选项中选出二叉查找树。数字 1 ～ 9 表示各节点的值。

A.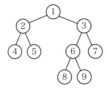

B.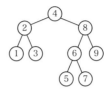

C.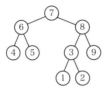

D.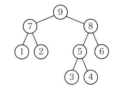

请从以下二叉树中选出二叉查找树。

A.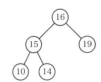

B.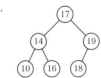

C.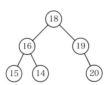

D.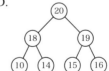

向以下所示的二叉查找树中添加 12，正确添加节点 12 的是哪一个？

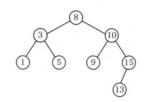

A.
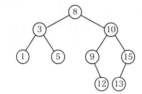

B.
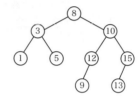

C.
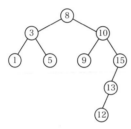

D.
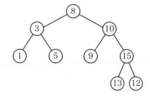

在从以下所示的二叉查找树中删除元素 12 时，要想仅通过将其他元素移动到该位置完成二叉查找树重建，应该将哪个元素移动到被删除节点的位置？

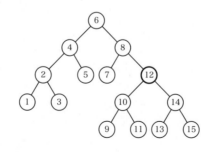

A. 9   B. 10   C. 13   D. 14

有一个堆，其中父节点的值小于子节点的值。在向该堆中插入节点时，可以将元素添加到末尾，如果该元素小于其父节点，就重复交换父节点和子节点，直到元素值大于父节点。在向如下所示的堆中星号 * 的位置添加 7 时，哪一个元素会被交换到 A ？

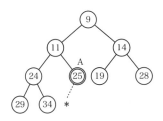

A. 7   B. 11   C. 24   D. 25

章末习题答案

第 1 章

- 1997 年秋季考试   第 37 题   C
- 2006 年春季考试   第 36 题   D
- 2004 年秋季考试   第 41 题   D
- 1994 年秋季考试   第 41 题   C
- 2000 年春季考试   第 16 题   C

第 2 章

- 2019 年秋季考试   第 1 题   D
- 2011 年秋季考试   第 7 题   A
- 2019 年秋季考试   第 9 题   D

第 3 章

- 2012 年秋季考试   第 3 题   A
- 2004 年春季考试   第 15 题   C
- 2005 年秋季考试   第 14 题   A
- 2007 年秋季考试   第 14 题   C
- 1999 年春季考试   第 26 题   B
- 2005 年春季考试   第 15 题   B
- 2018 年春季考试   第 7 题   C
- 2008 年秋季考试   第 30 题   A
- 2014 年秋季考试   第 2 题   A
- 2011 年秋季考试   第 6 题   D
- 2019 年秋季考试   第 10 题   B
- 2004 年春季考试   第 13 题   C
- 1999 年春季考试   第 31 题   C

第 4 章

- 2006 年春季考试   第 12 题   B
- 1999 年秋季考试   第 13 题   B
- 2003 年秋季考试   第 13 题   B
- 2012 年春季考试   第 6 题   B
- 2017 年秋季考试   第 5 题   C
- 2018 年秋季考试   第 5 题   C
- 2015 年春季考试   第 5 题   B
- 2005 年春季考试   第 13 题   A

第 5 章

- 2017 年秋季考试   第 6 题   B
- 2004 年秋季考试   第 42 题   B
- 1996 年秋季考试   第 17 题   E
- 2019 年秋季考试   第 11 题   C
- 2004 年春季考试   第 14 题   B
- 2016 年秋季考试   第 7 题   B
- 2014 年秋季考试   第 7 题   D
- 2016 年春季考试   第 7 题   C
- 1997 年秋季考试   第 5 题   C

第 6 章

- 2001 年春季考试   第 13 题   C
- 2007 年春季考试   第 14 题   A
- 2002 年秋季考试   第 13 题   D
- 2002 年春季考试   第 14 题   C
- 2000 年秋季考试   第 13 题   A
- 1995 年春季考试   第 16 题   D
- 1997 年秋季考试   第 9 题   A
- 2005 年春季考试   第 14 题   D
- 2002 年春季考试   第 13 题   B
- 2018 年秋季考试   第 6 题   C
- 1996 年秋季考试   第 8 题   E

第 7 章

- 2014 年春季考试   第 8 题   A
- 2007 年春季考试   第 13 题   C

第 8 章

- 2009 年春季考试   第 6 题   D
- 1998 年秋季考试   第 13 题   B

- 1996 年秋季考试   第 12 题   A
- 2006 年秋季考试   第 13 题   C
- 2005 年秋季考试   第 13 题   C
- 2010 年春季考试   第 5 题   C

第 9 章

- 2004 年春季考试   第 43 题   A
- 2003 年秋季考试   第 12 题   A

- 2007 年秋季考试   第 12 题   D
- 2005 年秋季考试   第 12 题   C
- 1998 年春季考试   第 14 题   C
- 2005 年春季考试   第 12 题   B
- 2016 年秋季考试   第 6 题   B
- 2007 年春季考试   第 12 题   C
- 2013 年春季考试   第 5 题   C
- 2008 年秋季考试   第 12 题   B

参考文献

[1] Python Software Foundation. Python 3.8.0 documentation.

[2] Python Software Foundation. Python Developer's Guide.

[3] 荻原宏, 西原清一. 現代データ構造とプログラム技法 [M]. 東京: オーム社, 1987.

[4] 近藤嘉雪. 定本 C プログラマのためのアルゴリズムとデータ構造 [M]. 東京: ソフトバンク, 1998.

[5] 尼古拉斯·沃斯. 算法＋数据结构＝程序 [M]. 曹德和, 刘椿年, 译. 北京: 科学出版社, 1984.

[6] Leendert Ammeraal. Programs and data structures in C [M]. New York: Wiley, 1987.

[7] 阿霍, 霍普克劳夫特, 乌尔曼. 数据结构与算法 (影印版) [M]. 北京: 清华大学出版社, 2003.

[8] 阿霍, 霍普克劳夫特, 乌尔曼. 算法设计与分析 (影印版) [M]. 北京: 中国电力出版社, 2003.

[9] 罗伯特·拉佛尔. Java 数据结构和算法 (第 2 版) [M]. 计晓云, 赵研, 曾希, 等译. 北京: 中国电力出版社, 2004.

[10] 安德鲁·宾斯托克, 约翰·瑞克斯. 程序员实用算法 [M]. 陈宗斌, 等译. 北京: 机械工业出版社, 2009.

[11] 杉山行浩. C で学ぶデータ構造とアルゴリズム [M]. 東京: 東京電機大学出版局, 1995.

[12] 奥村晴彦. C 言語による最新アルゴリズム事典 [M]. 東京: 技術評論社, 1991.

[13] 中内伸光. 数学の基礎体力をつけるためのろんりの練習帳 [M]. 東京: 共立出版, 2002.

[14] 柴田望洋. 新·明解 C 言語で学ぶアルゴリズムとデータ構造 [M]. 東京: SB クリエイティブ, 2017.

[15] 柴田望洋. 新·明解 Java 言語で学ぶアルゴリズムとデータ構造 [M]. 東京: SB クリエイティブ, 2017.

[16] 柴田望洋. 明解 Python [M]. 周凯, 译. 北京: 人民邮电出版社, 2022.

致谢

在整理本书的过程中承蒙 SB Creative 公司的野泽喜美男主编关照, 在此表示衷心的感谢!